清华大学电气工程系列教材

电工技术与电子技术
实验指导
（第3版）

王艳丹　段玉生　编著

清华大学出版社
北京

内 容 简 介

本实验指导书适用于大专院校非电类工科专业各种学时的电工学(电工电子技术)课程的实验教学。其内容分为 3 部分：第 1 部分是电工技术实验，编有 8 个实验，分别是基本电工仪表的原理与使用、RLC 串联电路的频率特性实验、三相电路实验、RC 电路的过渡过程实验、继电器-接触器控制实验、可编程逻辑控制器实验、SPICE 电路仿真实验和 Multisim 电路仿真实验；第 2 部分是电子技术实验，包含单管放大电路实验、直流稳压电源实验、集成运放电路实验、数字电路基础实验及可编程逻辑器件实验等，共有 17 个实验；第 3 部分是电子技术远程实验，编有 4 个实验，分别是两级交流放大电路的研究、反馈放大电路的研究、运放的动态范围与转换速率的测量、方波发生器。与本书的第 2 版相比,增加了系统型实验、设计型实验和在线实验,为了便于学生自学和预习,增加了比较详细的软件工具使用说明。

图书在版编目（CIP）数据

电工技术与电子技术实验指导 / 王艳丹，段玉生编著. -- 3 版. -- 北京 ：清华大学出版社，2025. 6. --（清华大学电气工程系列教材）. -- ISBN 978-7-302-69529-5

Ⅰ. TM-33；TN-33

中国国家版本馆 CIP 数据核字第 2025S847W2 号

责任编辑：王　欣
封面设计：常雪影
责任校对：欧　洋
责任印制：刘　菲

出版发行：清华大学出版社
　　　　网　　　址：https://www.tup.com.cn, https://www.wqxuetang.com
　　　　地　　　址：北京清华大学学研大厦 A 座　　　邮　　编：100084
　　　　社　总　机：010-83470000　　　　邮　　购：010-62786544
　　　　投稿与读者服务：010-62776969, c-service@tup.tsinghua.edu.cn
　　　　质量反馈：010-62772015, zhiliang@tup.tsinghua.edu.cn
印　装　者：涿州市般润文化传播有限公司
经　　销：全国新华书店
开　　本：185mm×260mm　　印　张：13　　　　字　　数：316 千字
版　　次：2004 年 3 月第 1 版　2025 年 6 月第 3 版　　印　　次：2025 年 6 月第 1 次印刷
定　　价：65.00 元

产品编号：108520-01

前　言

　　清华大学"电工技术与电子技术"课程至今已经连续多次被评为清华大学一类课程。其中的"电工技术"课程于 2018 年获得"国家级精品资源课程"和"线上一流课程"称号。电工技术与电子技术的飞速发展与快速迭代要求我们必须不断改革教学内容和教学方式,以适应数字化时代的发展。在多年的教学实践中,我们始终遵循理论教学和实验教学协同发展的原则,任何理论课内容的变动都必须有相应的实验项目支持,新实验技术与实验项目的引入也促进了理论课内容的更新。本书中的新内容就是在清华大学"电工技术与电子技术"课程团队近 10 年来的教学改革的基础上形成的,其实验内容丰富,保留了部分经典实验,增加了大量的反映新技术、新方法的实验项目,特别是研究型和设计型实验项目。同时,仿真与设计软件作为从事电工电子技术相关工作的必不可少的软件工具,在本书的实验项目中得到了加强。

　　本实验指导书是在 2012 年第 2 版的基础上修订而成的,其内容分为 3 部分:第 1 部分是电工技术实验,仍然保留了 8 个实验,其中前 5 个实验基本没变,后 3 个实验中的 PLC 实验的设备改成了三菱 FX3U 可编程控制器。根据我们以往的经验,实验预习材料的缺乏会影响实验效果,因此,PLC 实验和电路仿真实验都以附录的形式增加了详细的实验预习材料,以便于学生做好实验预习,从而顺利完成实验。第 2 部分是电子技术实验,从原来的 12 个实验增加到了 17 个实验。与理论课程相对应,实验项目中加强了集成运算放大器(简称"集成运放")系统应用方面的内容,比如,"实验 13　集成运放失调参数的测量""实验 15　音频信号的幅度调制、传输与解调实验",让学生认识实际运放,并用实验运放搭建电路系统,对于培养学生的工程意识和动手能力具有很好的作用。在数字电路方面,更新了可编程逻辑器件部分的内容,要完成实验 24、实验 25,必须能够使用硬件描述语言 Verilog 编写并仿真数字系统,因此其附录中提供了简洁的软件使用说明,帮助学生在实验前做好准备。第 3 部分是电子技术远程实验,是在 2020—2023 年期间临时开发并经过后续使用不断完善的实验项目。远程实验是一种全新的实验方法,学生可以远程操作实验室的实验设备,获取真实的实验数据。学生可以不用预约,不受实验时间的限制,随时随地上网进行实验,与传统的实验室现场实验相比具有很多优点,但是也有其局限性,比如学生不能接触实验设备,无法锻炼其动手能力。因此,远程实验不能替代现场实验,但是可以作为现场实验的补充,让学生有充足的实验研究时间。鉴于远程实验的优点,教师可以在课上演示实验,也可以以作业的方式布置给学生线下完成。因此,第 3 部分给出了详细的远程实验平台的使用说明,只提供了 4 个实验项目,教师可以自己编写小实验项目供学生课下完成。

　　本书的撰写人员有王艳丹、段玉生、王鹏、刘艳、刘文武、邢广军,由段玉生统稿。

　　由于作者水平有限,书中肯定还存在很多疏漏和不足,希望使用本书的教师和同学提出宝贵意见,以便本书再次修订时进一步地修改和完善。

作　者

2024 年 12 月

目 录

电工电子技术实验室规则

为了在实验中培养学生严谨科学的作风,确保人身和设备的安全,顺利完成实验任务,特制定以下规则:

(1) 教师应在每次实验前对学生进行安全教育。

(2) 严禁带电接线或拆线。

(3) 接好线路后,要认真复查,确认无误后方可接通电源。如无把握,须请教师审查。

(4) 发生事故时,要保持镇静,迅速切断电源,保护现场,并向教师报告。

(5) 如欲增加或改变实验内容,必须事先征得教师同意。

(6) 非本次实验所用的仪器、设备,未经教师允许不得动用。

(7) 损坏了仪器、设备,必须立即向教师报告,并写出书面检查。责任事故要酌情赔偿。

(8) 保持实验室整洁、安静。

(9) 实验结束后,要拉下电闸,并将有关实验用品整理好。

实验报告与预习报告的要求

规定一律用 16 开纸或 A4 纸认真书写实验报告,并加上专用的实验报告封面整齐装订。实验报告所含具体内容要求如下:

(1) 实验目的。

(2) 课前完成的预习内容,包括实验报告所要求的理论计算、回答问题、设计记录表格等。

(3) 实验数据表格及数据处理。此处所指数据是课后根据实验原始记录整理重抄的正式数据,并按实验指导书要求作必要处理。

(4) 实验总结,即完成实验指导书所要求的总结、问题讨论及自己的心得体会。如有曲线,应在坐标纸上画出。

(5) 实验前要做好预习。预习报告应该包括(1)、(2)两部分内容。完善的预习报告可以作为实验报告的前半部分内容。

学生课前应做的准备工作

(1) 阅读实验指导书,了解实验内容,明确实验目的,清楚有关原理。

(2) 事先完成正式实验报告中的"实验目的"和"实验预习"两项内容,特别是实验预习,必须在课前认真完成,否则不准做实验。

(3) 按实验指导书要求,设计原始数据记录表格,以备实验记录和课后整理用。

基本实验技能和要求

要求通过本课程的实验,能使同学们掌握实验的基本技能,希望同学们在实验中注意基本技能的培养和训练。

1. 安全操作训练和科学作风

(1) 接线时最后接电源部分(拆线时应先拆电源部分),接完线后仔细复查。严禁带电拆、接线。出现事故时应立即断开电源,并向教师报告情况,检查原因。切勿乱拆线路。

(2) 接完电路后,在开始实验前应做好准备工作。

① 调压器三端变阻器的可动端应放在无输出电压的位置上,或放在线路中电流最小的位置上。

② 电压表、电流表或其他测量仪器(如指针式万用表、数字式万用表)的量程应置于经过估算的一挡或最大量程挡上。

(3) 合电源闸前要征得教师和同组人的允许。每次开始操作前应告诉同组的人,互相密切配合。加负荷或变电路参数时应监视各仪表,若有异常现象,如冒烟、有烤糊味、指针到极限位置、指针打弯等,应立即断电检查。

(4) 注意各种仪表仪器的保护措施,如电流表的短路开关(防止电动机启动电流冲击);有些仪器用熔断器作过载保护,不得随便更换;监视仪表过载指示灯、过载跳闸机构,等等。

(5) 预操作(在实验前先操作和观察一下),其目的在于:

① 看电路运行及仪表指示是否正常;

② 看所测电量数据变化趋势,以便确定实验曲线取点;

③ 找出变化特殊点,作为取数据时的重点;

④ 熟悉操作步骤。

2. 基本实验技能

(1) 接线能力。

① 合理安排仪表元件的位置,接线该长则长、该短则短,尽量做到接线清楚、容易检查、操作方便。

② 接线要牢固可靠。

③ 先接电路的主回路,再接并联支路。有些电路(如电动机控制),主电路电流大用粗导线,控制电路电流小则用细导线。

(2) 合理读取数据点。

应通过预操作,掌握被测曲线趋势和找出特殊点:凡变化急剧的地方取点要密,变化缓慢处取点要疏。应使取点数尽量少而又能真实反映客观情况。

(3) 正确、准确地读取电表指示值。

① 合理选择量程,应力求使指针偏转大于 2/3 满量程;同一量程中,指针偏转越大越准确。

② 在电表量程与表面分度标示一致时,可以直读;不一致时则先读分度数,即记下指针指示的格数,再进行换算,并注意读出足够的有效数字,不要少读或多读。

(4) 配合实验结果的有效数字选择曲线坐标比例尺,避免夸大或忽略实验结果的误差。

3. 使用设备的一般方法

(1) 了解设备的名称、用途、铭牌中的规格、规定值及面板旋钮情况。

（2）着重搞清楚设备使用的极限值。

① 着重搞清楚设备情况。要注意其最大允许的输出值，如调压器、稳压电源有最大输出电流限制，电动机有最大输出功率限制，信号源有最大输出功率及最大信号电流限制。

② 对量测仪表仪器，要注意最大允许的输入量。如电流表、电压表和功率表要注意最大的电流值或电压值。指针式万用表、数字式万用表、数字频率计、示波器等的输入端都规定有允许的最大输入值，不得超过该输入值，否则会损坏设备。对多量程仪表（如万用表）要正确使用量程，千万不能用欧姆挡测量电压或用电流挡测量电压等。

③ 了解设备面板上各旋钮的作用，使用时应放在正确位置，禁止无意识地乱拨动旋钮。

④ 正式使用设备前应设法判断其是否正常。有自校功能的设备可通过自校信号对设备进行检查，如示波器有自校正弦波或方波，频率计有自校标准频率。

第 1 部分　　电工技术实验

实验 1　基本电工仪表的原理与使用

1. 实验目的

（1）熟悉电压表、电流表、欧姆表的基本原理，能组装简易万用表。
（2）学习校验电工仪表的基本方法。
（3）了解基本电工仪表的使用常识及其对被测电路的影响。

2. 实验仪器和设备

（1）简易万用表组装实验箱。
（2）直流稳压电源。
（3）0.5 级标准直流电压表和直流电流表。
（4）500 型万用表。
（5）滑线变阻器，标准电阻箱。

3. 实验说明

（1）图 1.1 所示为自装简易万用表原理图。其中 K_1、K_2 是两个机械上联动的"单刀多投"旋转开关，旋转公共旋钮，动端（M、N）可同时换位，以改变测量功能及量程。

图 1.2 为简易万用表组装实验箱的元件布置示意图。其中 K_1、K_2 被表达成联动式，可理解为动端 M、N 两个箭头在上下两条组线上滑动，同步换位。在实际万用表原理图中也经常采用这种方法表示旋转开关。

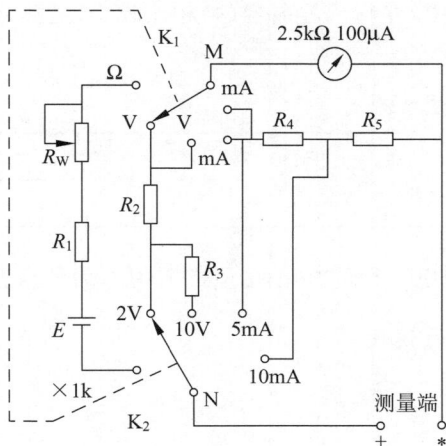

图 1.1　简易万用表原理图

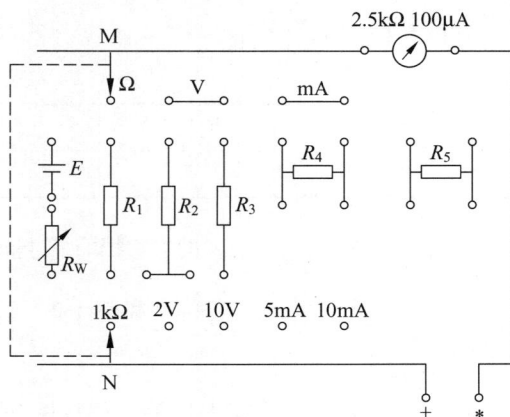

图 1.2　实验箱的元件布置示意图

（2）图 1.1 中，表头满偏电流 $I_g = 100\mu A$，表头内阻 $R_g = 2.5 k\Omega$。

（3）待装万用表的测量功能及量程如下：

① 电阻挡：×1k 量程（即表盘读数(Ω)×1 000），标称中心阻值为 15kΩ。

② 直流电压挡：2V 和 10V 量程。

③ 直流电流挡：5mA 和 10mA 量程。

（4）质量指标。

① 电阻挡中心阻值的相对误差<10%。

② 直流电压、电流挡各量程的准确度等级不低于 2.5 级。

4. 预习内容

（1）仔细阅读了解有关 500 型万用表和直流稳压电源的使用说明及本实验附录。

（2）阅读各项实验内容，理解有关原理，明确实验目的。

（3）根据图 1.1 所示电路，弄懂接于测量端的未知电阻 R_x 的测量原理，写出能够说明测量原理的表达式。

（4）计算图 1.1 中电阻 $R_2 \sim R_5$ 的阻值。设电池 E 的电压变化范围为 1.3～1.7V，计算 $R_W + R_1$ 的值，并说明电位器 R_W 的作用是什么。

（5）假设图 1.1 中电池电压为标称值 1.5V，为使表头指针正好指在中间，R_x 应等于多少？表盘中心的阻值刻度数为多少？（该值称为电阻挡的标称中心阻值。）

（6）根据图 1.1 所示的电路图，在图 1.2 中画出连接图。

（7）设计实验 1-4 的原理图，并写出实验步骤。

5. 实验内容

实验 1-1   初步掌握 500 型万用表的使用方法

（1）用该表测量实验箱上电池的端电压 $E = $ _____ V。

（2）测量实验箱上各电阻的阻值，记录于表 1.1 中，并与预习内容（4）相比较。注意：改换量程时，务必重新调零。

表 1.1   实验 1-1 数据记录表

R_1	R_2	R_3	R_4	R_5

思考题：能否用万用表的"Ω"挡直接测得正在通电运行的某电阻 R 的阻值？为什么？

实验 1-2   组装简易万用表

1）连接线路

按照图 1.2 在实验箱上插接全部线路，并认真复查。

2) 对自装万用表进行校验

（1）校验电阻挡。

① 将换挡开关置于 Ω 挡。

② 调零：将两个测量表笔短接，调节 R_W，使表针指在 0Ω 处。

③ 测量中心阻值相对误差：用所装万用表测量图 1.3 中的标准电阻 R_{ab}，调节电阻箱的阻值，使表针在标称中心阻值处，记录 $R_{ab} = _____$ Ω。则有

$$\text{中心阻值相对误差} = \frac{\text{被校表标称中心阻值} - R_{ab}}{R_{ab}} \times 100\%$$

（2）校验直流电压挡。

① 将换挡开关置于 2V 挡。

② 按图 1.4 接线，其中 V_1 是标准表，V_2 是被校表。通电前，应将滑线变阻器 R 调于最小输出位置。

图 1.3　标准电阻 R_{ab} 的电路图

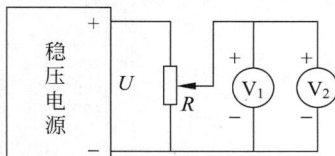

图 1.4　万用表电压挡的校验电路图

③ 将电源电压 U 调到 2.5V 左右，再调节滑线变阻器，使被校表读数 U_2 依次为表 1.2 所列各值，同时分别记下对应的标准表读数 U_1。

表 1.2　实验 1-2 数据记录表（1）

U_2/V	0.4	0.8	1.2	1.6	2.0
U_1/V					
β					

④ 计算各次测量的满刻度相对误差 β（引用误差）：

$$\beta = \frac{U_2 - U_1}{\text{被校表量程}} \times 100\%$$

（3）校检直流电流挡。

将换挡开关置于 5mA 电流挡，将电源电压 U 调到 6V。按图 1.5 接线，其中 mA_1 为标准表，mA_2 为被校表。依照电压挡的校验方法，完成表 1.3 的测量及计算任务。

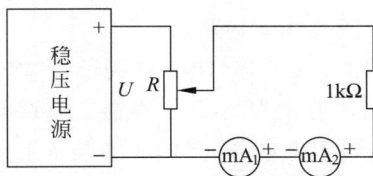

图 1.5　万用表电流挡的校验电路图

表 1.3　实验 1-2 数据记录表(2)

I_2/mA	1	2	3	4	5
I_1/mA					
β					

$$\beta = \frac{I_2 - I_1}{\text{被校表量程}} \times 100\%$$

思考题:在图 1.5 中,1kΩ 电阻的作用是什么?

实验 1-3　研究电工仪表对被测电路的影响

按图 1.6 接线。分别用 500 型万用表的直流电压挡和 0.5 级标准直流电压表测量 A、B 两点间的电压,记录测量结果。A、B 两点间的电压理论值应该是 5V,这两块表的测量误差是多少? 记下这两块表的内阻并分析。

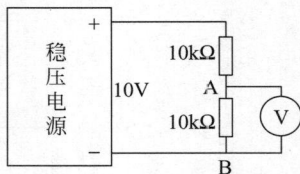

图 1.6　电压测量电路图

实验 1-4　验证戴维南定理(设计型实验)

现有晶体管稳压电源一台(电压调节范围 0～30V),万用表一台,标准电阻箱一台,10kΩ 电阻两个,1kΩ 电阻 1 个。试设计一种验证戴维南定理的方法,画出实验电路图,写出实验步骤,记录实验数据,并进行分析。

6. 总结要求

(1) 说明自装万用表的质量指标如何,并简要分析误差原因。

直流电压挡、直流电流挡的准确度等级确定方法如下:

若某一挡(如直流 2V 挡)的校验数据中,

$$|\beta|_{\max} \leqslant 2.5\%$$

则该挡的准确度等级不低于 2.5 级。

(2) 讨论实验 1-3 的测量结果。

(3) 整理思考题的答案,并回答如下问题:

① 自装万用表处于电阻挡时,红表笔(接＋号端子)和黑表笔(接 ＊ 号端子)中,哪支的电位高,哪支的电位低? 试述利用万用表的 Ω 挡鉴别二极管极性的方法。

② 在用万用表电阻挡测量电阻之前,需要做哪些准备工作? 为什么?

实验 1 附录　测量仪表的准确度与灵敏度

1. 误差及表达形式

将用实验手段测出的被测量的测量值与该量的标准值进行比较,其差值称为误差。有以下 3 类量值常被用作被测量的标准值：真值、指定值和实际值。

1) 真值(A_0)

真值就是被测量本身的真实值。真值一般是不可测出来的,因此真值也称为理论值或定义值。

2) 指定值(A_s)

由国际组织或国家测量局设立各种标准器,并以它的测量值作为一种测量标准,这种标准值称为指定值。

3) 实际值(A)

在一般测量工作中,不可能将所有的测量仪器直接与国际或国家标准器进行校准,而只能用准确度高一级或高几级的仪器仪表测量值作为标准,这种标准值称为实际值。

4) 误差的表示方法

(1) 绝对误差 ΔX：

$$\Delta X = X - A$$

式中　X——测量值(也称为示值);

　　A——实际值。

(2) 相对误差 Δr：

实际相对误差为

$$\Delta r_1 = \frac{X - A}{A} \times 100\%$$

示值相对误差为

$$\Delta r_2 = \frac{X - A}{X} \times 100\%$$

引用误差(即满刻度相对误差)为

$$\Delta r_3 = \frac{X - A}{X_m} \times 100\%$$

式中　X——测量值;

　　A——实际值;

　　X_m——上量限值(即满刻度值)。

2. 电工仪表的准确度等级

在规定的工作条件下,由于仪表本身造成的测量误差称为基本误差,由于使用不当(即工作条件不符合规定)而造成的除基本误差之外的误差称为附加误差。

因为仪表在不同刻度点的绝对误差略有不同,所以一般电工仪表的基本误差($\pm K\%$)常用最大的引用误差来表示,即

$$\pm K\% = \frac{(X-A)_{\max}}{X_m} \times 100\%$$

式中 K——仪表的准确度。

我国的仪表按其准确度共分为 0.1、0.2、0.5、1.0、2.0、2.5、5.0 七个等级。0.1、0.2 级仪表通常选作标准表,0.5~2.0 级仪表多用于实验室,2.5、5.0 级仪表通常用于要求不高的工程测量。

由上面的公式可知,测量时可能产生的最大绝对误差为

$$(X-A)_{\max} = \pm K\% \cdot X_m$$

若读数为 X,则测量结果可能出现的最大相对误差 Δr 为

$$\Delta r = \frac{\pm K\% \cdot X_m}{X}$$

例如,500 型万用表直流电压挡的准确度等级为 2.5,若用此表 50V 量程挡去测量 30V 电压,可能出现的最大绝对误差为

$$\pm 2.5\% \times 50V = \pm 1.25V$$

最大相对误差为

$$\frac{\pm 2.5\% \times 50V}{30V} = \pm 4.17\%$$

若用此表 500V 量程挡去测量同一个电压,则可能出现的最大绝对误差为

$$\pm 2.5\% \times 500V = \pm 12.5V$$

而最大相对误差为

$$\frac{\pm 2.5\% \times 500V}{30V} = \pm 41.7\%$$

仪表误差占被测量的 41.7%,测量结果就不可信了。由此可见,测量结果的准确度不仅与仪表的准确度有关,而且还与被测量的大小有关。所用仪表确定后,选用的量程越接近被测量值,测量结果的误差就越小。这就是使指针偏转角大于满刻度的 2/3 以上才读取测量结果的原因。

3. 准确度等级的确定

以校验电压表的 10V 挡(直流)为例。若假定被校表 V_x 为 2.0 级,按规定要选用准确度比被校表高两级的表作为标准表,所以选用 0.5 级表 V_A 作为标准表。按图 EF1.1 所示接线。

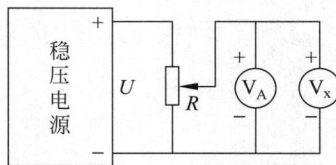

图 EF1.1 校验电压表的接线图

选取几个数据点来进行校验,记录数据并进行计算。

若

$$\frac{|(X-A)_{\max}|}{X_{m}}\times100\%=\frac{|(X-A)_{\max}|}{10}\times100\%\leqslant2.0\%$$

则该表可定为 2.0 级。

若

$$\frac{|(X-A)_{\max}|}{X_{m}}\times100\%=\frac{|(X-A)_{\max}|}{10}\times100\%>2.0\%$$

则应降低标准表的准确度等级,再按上述做法重新校核。

4. 灵敏度

灵敏度用来表示仪表对被测量的反应能力,它反映了仪表所能测量的最小被测量。在指示仪表中,被测量的变化将引起仪表的可动部分偏转角变化,如果被测量变化了 ΔX,引起偏转角相应变化 $\Delta\alpha$,则 $\Delta\alpha$ 与 ΔX 的比值就是仪表的灵敏度,用 S 表示,即

$$S=\frac{\Delta\alpha}{\Delta X}$$

若灵敏度过高,量限可能过小,故不能单纯追求高灵敏度;而灵敏度过低,又不能反应被测量较小的变化。

万用表电压挡的灵敏度是用 Ω/V 来表示的。例如 500 型万用表 500V 以下的直流电压挡灵敏度为 20 000Ω/V,这就是说,500V 以下的直流电压各挡,表头的满偏电流为

$$1V/20\,000\Omega=5.0\times10^{-5}A=50\mu A$$

若选用 50V 挡去量电压时,此表的内阻为

$$20\,000\Omega/V\times50V=1\times10^{6}\Omega=1000k\Omega$$

若选用 10V 挡去量电压时,此表的内阻为

$$20\,000\Omega/V\times10V=2\times10^{5}\Omega=200k\Omega$$

由此可进一步分析仪表对被测线路的影响。

实验 2　*RLC* 串联电路的频率特性实验

1. 实验目的

(1) 测量 *RLC* 串联电路电流响应的幅频特性。
(2) 研究串联谐振现象及特点。
(3) 研究元件参数对电路频率特性的影响。
(4) 熟悉测量仪器、仪表的使用方法。

2. 实验仪器和设备

(1) 函数信号发生器。
(2) 数字存储示波器。
(3) 双路智能数字交流毫伏表。
(4) 数字万用表。

　　(5) 九孔实验板,电阻、电容、电感线圈、实验导线等元件。九孔板是用来插接元件及导线,实现电路连接的实验板,如图 2.1 所示。板上用线条连接的 9 个孔是电连接到一起的,只要在板上适当插接元件,就可以组成电路。

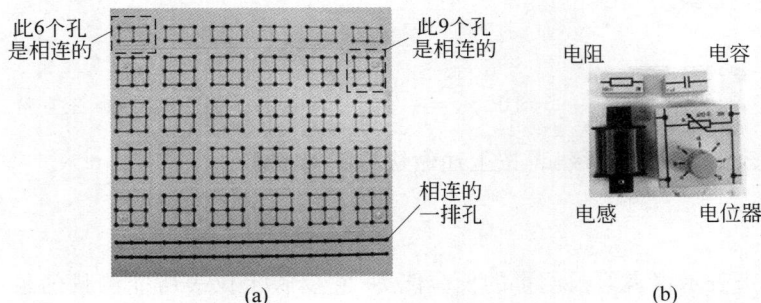

图 2.1　九孔实验板
(a) 九孔板的外形;(b) 电路元件

3. 预习内容

　　(1) 阅读各项实验内容,看懂有关原理,明确实验目的。详细阅读各种仪器的使用说明,掌握实验中要用到的各种仪器的使用方法,特别是函数信号发生器、数字存储示波器的使用方法。而双路智能数字交流毫伏表只有显示单位需要调节(mV/dB,本实验中以 mV 为单位显示),使用比较简单。

　　主要仪器的使用要点:

　　① 函数信号发生器:如何输出正弦波,如何调节频率和输出电压。

　　② 数字存储示波器:如何得到稳定的信号波形,如何调节、测量信号的电压,如何显示李萨如图形。需详细阅读示波器的使用说明,实验时用心练习使用。

　　(2) 图 2.2 中,设外接电阻 $R=10\Omega$,电感线圈的直流电阻 $r\approx19\Omega$(可以用万用表测量电感线圈的直流电阻), $L\approx96\mathrm{mH}$,电容 $C=1\mu\mathrm{F}$, $U(f)=$ 常数(2V)(注:实验时要根据电感的实际数据进行核算)。

　　① 写出 $I(f)$ 的表达式;

　　② 求电路的谐振频率 f_0 及谐振时的电流 I_0;

　　③ 求 $I(f)$ 的通频带宽度 Δf;

　　④ 电路发生谐振时, $U_C/U=$ _____。

　　(3) 图 2.2 中,若电阻 $R=30\Omega$, $I(f)$ 的通频带宽度 Δf 又为多少?

4. 实验内容

实验 2-1　*RLC* 串联电路的幅频特性测量及相频特性测量(1)

　　接线前先用万用表测量并记录电感的直流电阻(注意:如果用万用表电阻挡的自动量程进行测量,需要等读数稳定才能读取数据)。

　　然后按图 2.2 接线(注意:接线时,应使信号源、毫伏表和示波器共地,否则容易引入信号干扰)。电路参数: $R=10\Omega$, $C=1\mu\mathrm{F}$,使用实验室提供的电感。信号源、毫伏表和示波器接线的外皮线(黑色)为地,芯线(红色)为信号线。示波器两个通道接线中的一个"地"接共地点,另一个悬空即可(因为两个通道的"地"是通过仪器的外壳相连的),参照表 2.1 的要求,完成如下实验内容。

图 2.2　实验线路图

表 2.1　实验 2-1 数据记录表

$C=1\mu F$	$R=$_____ , $L=$_____ , $f_0=$_____ , $\Delta f=$_____										
U/V	2	2	2	2	2	2	2	2	2	2	2
f/Hz						f_0					
I/mA											
$\varphi_{ui}\begin{cases}>0\\=0\\<0\end{cases}$											
U_C/V											
U_L/V											
$U_{C\text{-}L}/V$											
U_R/V											

注:此表需在谐振频率 f_0 附近增加频率测量点。

1) 测量谐振曲线 $I(f)$

先测量谐振状态下的电流 I_0,并记录电压 U_L、U_C、$U_{C\text{-}L}$ 和 U_R;然后调整信号源频率(注意:使函数信号源输出正弦波,并随时调节其输出电压,用毫伏表监测,保持信号源输出给电路的电压为 2V 不变),使其频率在 f_0 左右一个范围内变化,测量各频率点相应的电流 I。

(1) 使正弦信号源的频率等于核算值 f_0,电压 $U=2V$ 左右。

(2) 图 2.2 中,示波器 Y_1 通道显示总电压 u 的波形,Y_2 通道显示 u_R(即电流 i)的波形。在核算值 f_0 的基础上微调信号源频率,使 Y_1、Y_2 两波形同相,此时电路处于谐振状态。或应用李萨如图形法来判断谐振是否发生(参考本实验的附录)。谐振时信号源的频率即是谐振频率 f_0。记录相应的 U_C、U_L、$U_{C\text{-}L}$、U_R。

(3) 改变信号源频率(注意:电源电压 $U=2V$ 保持不变。用毫伏表监测电路的输入电压,每改变一次频率就要调节一次信号源的输出电压),测取相应的电流 I(可测量 U_R,通过计算得出 I)。按照表 2.1 的样式记录数据。

注：为了能够画出比较光滑的曲线,建议从谐振频率开始,分别增加或减小频率进行测量。即从谐振频率 f_0 开始,频率每变化 5Hz 测量 5 个点,变化 10Hz 测量 4 个点,变化 20Hz 测量两个点,变化 50Hz 测量两个点。

2) RLC 串联电路相频特性的定性观察

用示波器定性观察 $\varphi_{ui}(f)$ 的波形,将结果填入表 2.1 中。

实验 2-2　*RLC* 串联电路的幅频特性测量及相频特性的观察(2)

更换外接电阻,使 $R=30\Omega$,其他参数同实验 2-1。重复实验 2-1 的实验过程。

实验 2-3　*RLC* 测量电路的幅频特性测量(3)

更换电容 C,使 $C=0.5\mu F$,其他参数同实验 2-1,重新实测谐振频率 f_0 以及谐振状态下的 I_0、U_C 和 U_L,注意保持 $U=2V$ 不变。

5. 总结要求

(1) 在同一坐标系上画出实验 2-1 和实验 2-2 的 $I(f)$ 曲线,比较二者之间的异同点(注:可以直接在坐标纸上画曲线,也可以使用绘图软件如 Origin 画曲线)。

(2) 已知实验中使用的 $1\mu F$ 电容的精确值为 $C=1.048\,1\mu F$,根据测量结果计算实验中所使用的电感值。

(3) 总结 RLC 串联电路发生谐振时所具有的特点,并结合本实验结果说明 $U_{C\text{-}L}$ 为什么不等于 0V。根据实验结果估算电感谐振时的电阻,研究电感谐振时的电阻为什么不等于直流电阻。

(4) 以实验为依据,从谐振频率 f_0、品质因数 Q、通频带宽度 Δf 等方面说明元件参数对电路频率特性的影响。

实验 2 附录　李萨如图形法测谐振频率的原理

由物理学可知,当一质点同时参与两个不同方向振动时,质点的位移是两个分位移的矢量和。在一般情况下,质点将在平面上做曲线运动。它的轨迹形状由两个振动的周期、振幅和相位差所决定。假设两个谐振动分别在 x 轴和 y 轴上进行,其位移方程为

$$x = A_1 \cos(\omega t + \varphi_1) \tag{2.1}$$

$$y = A_2 \cos(\omega t + \varphi_2) \tag{2.2}$$

上述两方程是用参量 t 表示质点运动轨道的参量方程。质点的位置 $S(x,y)$ 随 t 改变。当 $\varphi_2 - \varphi_1 = 0$,即两个振动的相位相同时,将式(2.2)除以式(2.1),可消去参量 t,得

$$\frac{y}{x} = \frac{A_2}{A_1} \tag{2.3}$$

因此,质点的轨迹是通过坐标原点、斜率为 A_2/A_1 的一条直线(图 EF2.1)。

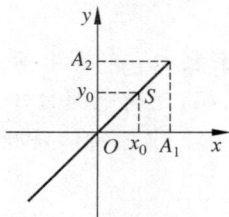

图 EF2.1　x 和 y 两个方向的振动同相时质点的轨迹

在任何时刻 t,质点离平衡位置的位移 $S = \sqrt{x^2 + y^2} =$

$\sqrt{A_1^2+A_2^2}\cos(\omega t+\varphi)$。其合振动也是谐振动。如果 $\varphi_2-\varphi_1\neq0$ 或 π(相位差为 π 时,合振动是斜率为 $y/x=-A_2/A_1$ 的另一条直线),质点的轨迹是椭圆(或圆)。

在示波器中,由示波管阴极发射出来的电子束同时受到两对相互垂直的偏转板(即 x 轴方向和 y 轴方向)上的电压控制,其电子运动轨迹遵循上述原理。如果将 RLC 电路中的电压 u 和 u_R(与电流 i 同相)分别加于 x 轴和 y 轴偏转板上,若 u、i 同相,则示波器的显示(光点轨迹)为一条直线;若 u、i 不同相,则显示为一椭圆或圆。调节正弦信号源的频率,当示波器的显示为一条直线时,可判断电路发生了谐振,从而可测得谐振频率。

实验 3　三相电路实验

1. 实验目的

(1) 掌握三相四线制电源的构成和使用方法。
(2) 掌握对称三相负载的线电压与相电压、线电流与相电流的关系。
(3) 了解中线在供电系统中的作用。
(4) 学习三相功率表的作用。
(5) 了解安全用电的常识。

2. 实验仪器和设备

实验设备如图 3.1～图 3.5 所示。其中图 3.1 所示为三相电源板和熔断器板,其上的 L1、L2、L3 分别对应于 A、B、C 三相;图 3.2 所示为三相负载板,每相负载为两个 60W 的灯泡串联;图 3.3 所示为三相瓦特计;图 3.4 所示为电流表和测电流插孔、电流表专用测试线;图 3.5 所示为交流电压表。

注意事项:本实验所使用的设备为插板式、模块化结构,所有的实验板和仪表均插在实验架上,并且可以很容易地卸下,实验板还可以根据所做的不同实验任意组合。做实验的同学不得自行将实验板卸下!不要动实验中不用的设备!如果实验设备有问题,请先关闭总电源,然后向老师说明情况,由老师更换实验板。

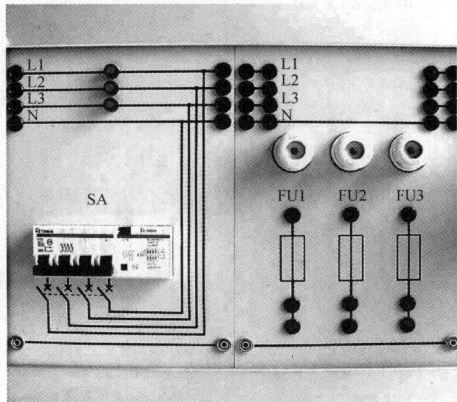

图 3.1　三相电源板和熔断器板

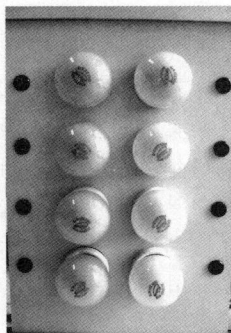

图 3.2　三相负载板

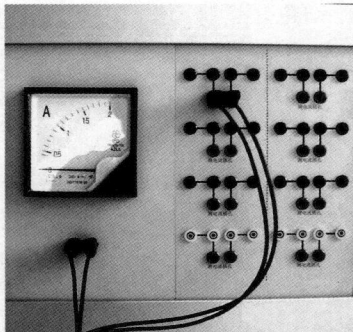

图 3.3 三相瓦特计   图 3.4 电流表和测电流插孔   图 3.5 交流电压表

3. 预习内容

(1) 阅读各项实验内容,理解有关原理,明确实验目的。

(2) 图 3.6 所示为测量 Y 形接法的负载接线图。在图中,设电源线电压 $U_1 = 380\text{V}$,A 相、B 相各为两个 60W 的灯泡串联,C 相为两个串联支路并联。灯丝电阻本来是非线性的,此处取额定条件下的电阻值,按线性考虑。

① 若不接中线,求 $U_{N'N}$ 及各相负载的电压及电流。

② 若接上中线,求各相负载电流及中线电流。

(3) 阅读用电安全技术知识。

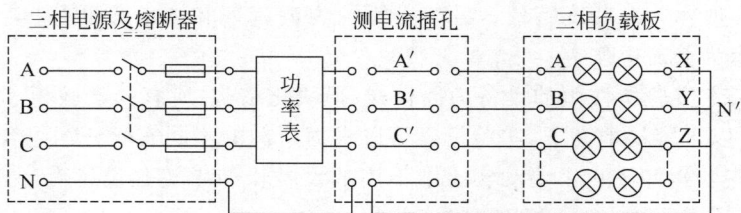

图 3.6 测量 Y 形接法的负载接线图

4. 安全用电规则

本实验所用电压较高(线电压 380V),为确保人身安全,要求学生遵守以下规则:

(1) 实验时不得接触任何金属部件。为了安全,使用了全封闭导线,不得用手或任何物品接触导线内部的金属线。

(2) 严禁带电拆、接线。接线时,要先接线,后闭合电源刀闸;拆线时,应先拉闸断电,后拆线。改接线路必须在断电的情况下进行。

(3) 单手操作。两个同学一组,实验时一个同学负责监督,发生问题立即关闭总电源。

5. 实验内容

实验 3-1   测量电源电压

测量三相四线制电源各电压,记录于表 3.1 中,注意线电压与相电压的关系。

表 3.1   实验 3-1 数据记录表

U_{AN}/V	U_{BN}/V	U_{CN}/V	U_{AB}/V	U_{BC}/V	U_{CA}/V

实验 3-2   测量 Y 形接法各种负载情况下的电压、电流及功率

(1) 按图 3.6 接线。为了能方便地用一块电流表测量多处电流,线路中预先串入多个"测电流插孔",电流表接上专用的测试线。不测电流时用短路桥短接测电流插孔,测电流时插上测电流测试线,然后拔下短路桥(参考图 3.4)。此种设计是为了避免同学们在实验中用电流表测试电压而使其损坏。将测量结果填入表 3.2 中。

表 3.2   实验 3-2 数据记录表

项目		负载支路数			测量值								
		A 相	B 相	C 相	$U_{AN'}/V$	$U_{BN'}/V$	$U_{CN'}/V$	$U_{N'N}/V$	I_A/A	I_B/A	I_C/A	I_O/A	P_Y/W
Y形接法平衡负载	无中线	1	1	1								✕	
	有中线	1	1	1									
Y形接法不平衡负载	无中线	1	1	2								✕	
		断开	1	2								✕	
	有中线	1	1	2									
		断开	1	2									✕

思考题:将 Y 形接法不对称负载情况下的测量结果与预习计算值比较,计算灯丝在不同电压下的电阻值,并与额定条件下的电阻值比较,说明灯丝电阻的非线性。

(2) 本实验中用三相瓦特计测量无中线时的三相功率,属于两表测量法。有中线且负载不对称时必须用三块单相瓦特计测量功率,因此本实验中对于有中线且负载不对称的情况,瓦特计读数没有意义。三相瓦特计的接线法见图 3.7。

图 3.7   三相瓦特计的接线图

实验 3-3   测量△形接法各种负载情况下的电压、电流及功率

(1) 将图 3.6 中的中线和 X、Y、Z 间的连线拆除,然后按图 3.8 所示接线。

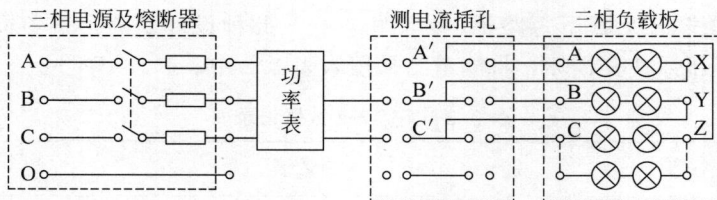

图 3.8   测量△形接法的负载接线图

(2) 按表 3.3(△形接法测量数据表)完成各项测量。

表 3.3   实验 3-3 数据记录表

项目		负载支路数			测量值									
		AB 相	BC 相	CA 相	U_{AB}/V	U_{BC}/V	U_{CA}/V	I_A/A	I_B/A	I_C/A	I_{AB}/A	I_{BC}/A	I_{CA}/A	$P_\triangle$/W
△形接法负载	对称	1	1	1										
	不对称	1	1	2										

实验 3-4   三相交流电的相序指示器(设计型实验)

现有 60W/220V 的灯泡 4 个,2μF/450V 的电容 1 个,试设计一个三相交流电的相序指示器,要求利用灯泡亮度的差异可以判断 A、B、C 三相电源的相序。设计该实验的电路图,说明原理,并判断实验台上电源板的相序是否正确(注意:实验台上的线电压是 380V,灯泡的耐压是 250V,将两个灯泡串联可以提高总的耐压。不正确的设计可能会损坏灯泡!

将电路图及实验方案交由指导教师审查通过后,方可允许进行实验)。

6. 总结要求

(1) 总结丫形接法和△形接法的三相对称负载上的线电压与相电压、线电流与相电流的关系。

(2) 说明电源中线的作用以及实验应用中的注意事项。照明负载为什么必须有中线?

(3) 指出表 3.2 中所测得的功率数据中哪些数据是没有意义的。

实验 4　RC 电路的过渡过程实验

1. 实验目的

(1) 研究一阶 RC 电路的阶跃响应和零输入响应。

(2) 研究连续方波电压输入时,RC 电路的输出波形。

2. 实验仪器和设备

(1) 数字存储示波器。

(2) 函数信号发生器。

(3) 直流稳压电源。

(4) 九孔实验板,电阻、电容、实验导线等元件。

3. 预习内容

(1) 阅读各项实验内容,看懂有关原理,明确实验目的。详细阅读各种仪器的使用说明,掌握实验中要用到的各种仪器的使用方法。

主要仪器的使用要点:

① 数字存储示波器:如何利用外触发,使用单次触发功能,显示单次信号波形,以及如何利用示波器的追踪光标测量时间常数。

② 函数信号发生器:如何输出方波,如何调节方波的频率和输出电压幅度。

(2) 图 4.1 中,$R=10\text{k}\Omega$,$C=10\mu\text{F}$,求电路的时间常数 τ。

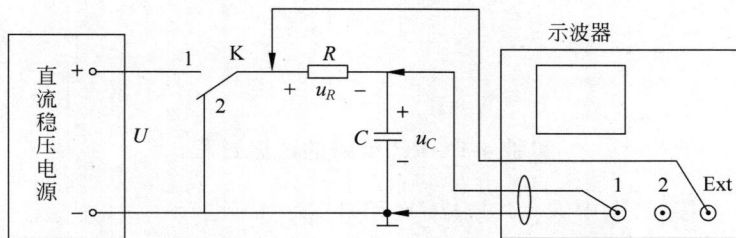

图 4.1　实验 4-1 的电路图

(3) 图 4.2(a)中,RC 电路与函数信号发生器已接通很长时间,输入方波波形见图 4.2(b),其幅度为 5V,周期为 1ms,频率为 1kHz,占空比为 $(1-0.5)/1=50\%$。

① 若 $R=10\text{k}\Omega, C=5\,600\text{pF}$,试分别画出 u_R 和 u_C 的波形。

② 若 $R=100\text{k}\Omega, C=5\,600\text{pF}$,试分别画出 u_R 和 u_C 的波形。

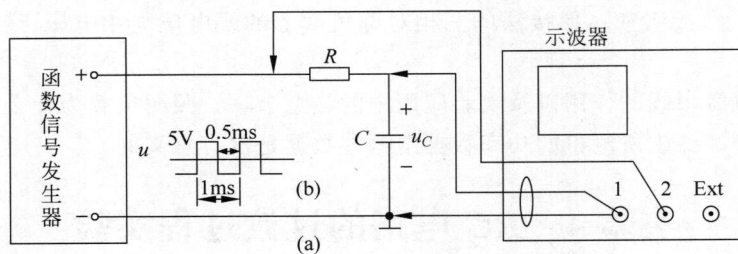

图 4.2　实验 4-2 的电路图

(4) 分析图 4.3,定性画出当 C_1 大于、等于、小于 560pF 三种情况下 u_{C2} 的波形图。

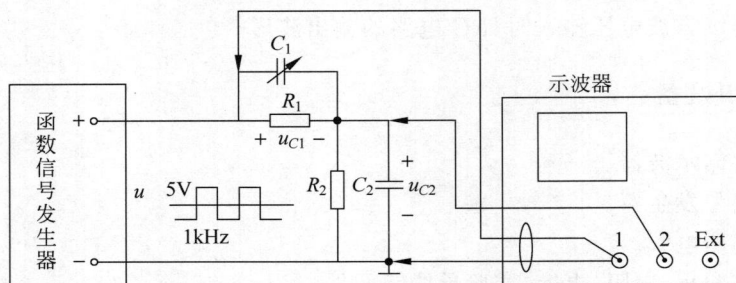

图 4.3　实验 4-3 的电路图

(5) 定性画出图 4.4 换路后 u_{C2} 的波形图。

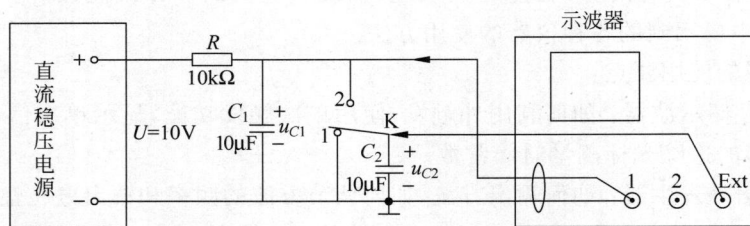

图 4.4　实验 4-4 的电路图

4. 实验内容

实验 4-1　RC 电路的过渡过程

(1) 按图 4.1 接线,图中 $R=10\text{k}\Omega, C=10\mu\text{F}, U=6\text{V}$。

(2) 示波器的调整。

① 此电路使用示波器的"1"通道及外触发输入。首先将"1"通道的输入耦合模式设置为"直流"。

② 为了观察到完整的波形，做如下调整：

将通道"1"的垂直幅度调整为 1V/div。

将扫描时间设置为"50ms"。

③ 将触发模式设置为"单次""上升沿触发"。

④ 将波形保持设置为"无限"。

（3）观察 u_C 的充电波形，测定时间常数。

① 观察充电波形。将电路中的 K 由"2"合向"1"，示波器上将显示电容充电过渡过程曲线，当过渡过程基本结束时， RUN/STOP 键变为红色，同时屏幕的左上角字符变为"STOP"。这时曲线冻结，单次信号被显示在屏幕上。

② 利用光标追踪功能测量时间常数。

先将一对光标固定在波形的起始点位置，移动另一对光标，使 ΔY 等于最大值的 63.2%，此时 ΔX 的值便是时间常数。

如果要将波形存储在 U 盘中，将 U 盘插入 USB 接口，进行如下操作：按 MENU 区中的 STORAGE 键，设置存储类型为"位图存储"。选择外部存储菜单后弹出文件操作界面，结合多功能旋钮和菜单，可以完成"删除文件""新建文件"和"保存"等操作。

将开关 K 由"1"合向"2"，可以得到电容的放电过程波形。

（4）更换电阻，使 $R=1\text{k}\Omega$，适当调整示波器（将扫描时间设置为 10ms），重复以上步骤。

实验 4-2　连续方波电压输入时 *RC* 串联电路的过渡过程

（1）按图 4.2 接线，其中 $C=5\ 600\text{pF}$，按 AUTO 自动设置键，分别观察 $R=10\text{k}\Omega$ 和 $R=100\text{k}\Omega$ 两种情况下 u 和 u_C 的波形，并定性记录（或存储）波形。

（2）将图 4.2 中的 R 和 C 互换位置，分别观察 $R=10\text{k}\Omega$ 和 $R=100\text{k}\Omega$ 两种情况下的 u 和 u_R 波形，并记录（或存储）波形。

实验 4-3　研究脉冲分压器的过渡过程

图 4.3 所示为一个脉冲分压器的电路，输入 u 为方波。图中 $R_1=100\text{k}\Omega$，$R_2=10\text{k}\Omega$，$C_2=5600\text{pF}$，C_1 为可变电容。

（1）调节 C_1 使 u_{C2} 为前后沿较好的矩形波，记录此时的 C_1 值。

（2）改变 C_1 的大小，观察 u_{C2} 波形的失真情况，研究 C_1 的大小与 u_{C2} 波形失真的关系。

实验 4-4　电容并联电路的过渡过程

实验电路如图 4.4 所示，$C_1=C_2=10\mu\text{F}$，换路前 K 处于"1"位置，$u_{C1}(0)=U=10\text{V}$，$u_{C2}(0)=0\text{V}$，示波器调整同实验 4-1。$t=0$ 时，开关 K 合向"2"，观测换路前后 $u_{C1}(t)$ 的波形，并记录或存储波形。

5. 总结要求

画出各实验内容的波形图，并与预习内容相比较。

实验 5　继电器-接触器控制实验

1. 实验目的

(1) 了解三相异步电动机的结构,熟悉其使用方法。
(2) 了解所用到的控制电器的结构和动作原理,掌握其在控制电路中的作用。
(3) 掌握几种典型的控制环节。
(4) 培养连接、检查和操作简单控制电路的能力。

2. 实验仪器和设备

(1) 三相异步电动机(图 5.1)。
(2) 按钮(图 5.2),交流接触器(图 5.3),电子式时间继电器(图 5.4),行程开关。
(3) 万用表。

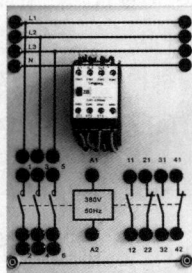

图 5.1　三相异步电动机　　　图 5.2　按钮　　　图 5.3　交流接触器　　　图 5.4　电子式时间继电器

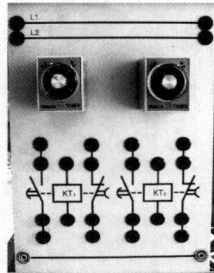

3. 预习内容

阅读各项实验内容,理解有关原理,明确实验目的。

4. 实验内容

实验 5-1　三相异步电动机的认识与检查

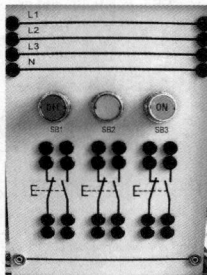

(1) 从外观上熟悉三相异步电动机的基本结构形式;观察电动机上的铭牌数据;根据实验室电源电压等级,判断电动机的规定接线方法应是△形接法还是丫形接法。

(2) 用万用表检查电动机三相绕组有无断线故障,测量并记录各相绕组的电阻值。

(3) 观察和熟悉接触器、热继电器、时间继电器、按钮及行程开关等电器的主要结构,分清各种触点、控制线圈、发热元件的接线插孔及面板符号,用万用表测量并记录接触器和时间继电器的线圈电阻。

实验 5-2　三相异步电动机的直接启动控制

(1) 图 5.5 为三相异步电动机直接启动电路图,按图接线。先接主回路,电动机采用△

形接法；后接控制电路，注意按节点编号顺序连接。

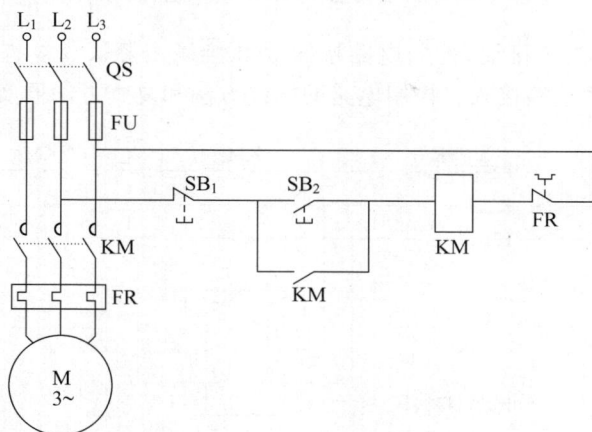

图 5.5 实验 5-2 的电路图

（2）检查接线是否有误。

① 直观检查：对照原理图，按接线顺序复查一遍。

② 用万用表检查控制电路：根据接触器线圈的电阻值选好量程，分别测量控制电路中各相邻节点编号之间的电阻值，判断是否与原理图状态相符合。

（3）检查无误后，合上电源刀闸 QS，按下启动按钮 SB_2，待电动机达到稳定转速后，按动 SB_1 停车，观察接触器和电动机的工作情况。如果发现电动机或接触器声音异常，应立即关闭总电源，然后分析故障原因。

实验 5-3 三相异步电动机的正、反转控制

图 5.6 为三相异步电动机的正反转控制电路，按此图接线，检查方法同上。一定要确保主电路正确无误，然后才可合闸实验。依次按下正转、停止、反转、停止按钮，观察电动机转向的变化。

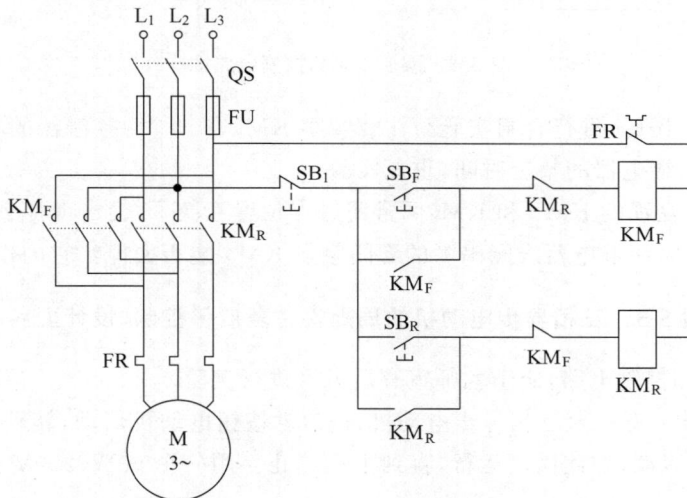

图 5.6 实验 5-3 的电路图

实验 5-4   三相异步电动机的Y-△启动控制

（1）主电路按图 5.7 接线，控制电路按图 5.8 接线。要认真复查，特别要注意 KM_Y、$KM_\triangle$ 两互锁触点是否正确接入。控制电路的接线方法和复查方法同实验 5-3。

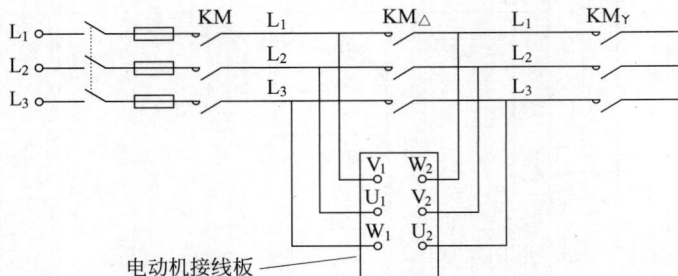

图 5.7   实验 5-4 的主电路图

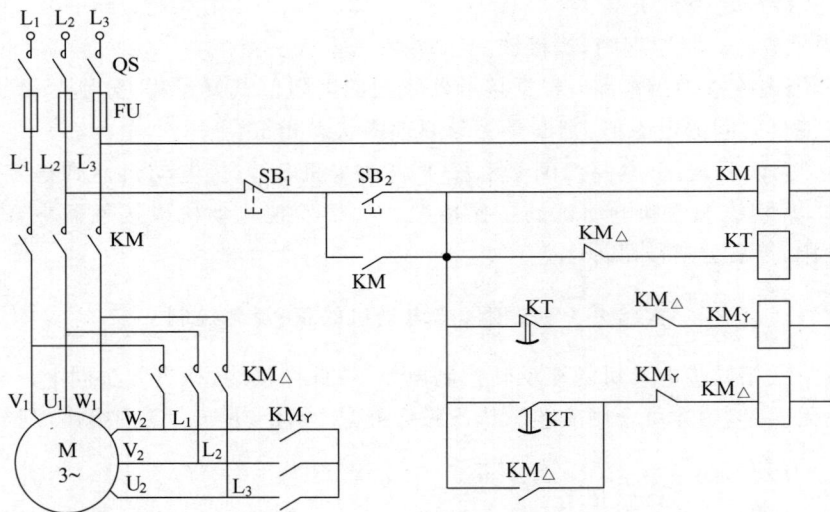

图 5.8   实验 5-4 的控制电路图

（2）经检查无误后，进行合闸实验。注意观察 KM_Y、$KM_\triangle$ 两接触器的动作转换。

（3）调整时间继电器的整定时间，重复实验。

思考题 1：若互锁的 $KM_\triangle$ 和 KM_Y 两常闭触点位置互换了，会出现什么现象？

思考题 2：和时间继电器线圈串联的常闭触点 $KM_\triangle$ 能否去掉？它的作用是什么？

实验 5-5   三相异步电动机的周期性往复启停控制（设计型实验）

画出主电路和控制电路，交于教师审查后方可进行实验。

控制功能要求：有一台三相异步电动机，按启动按钮电动机启动，转动 5s 后自动停止，停止 7s 后又自动启动，如此反复运行，直到手动停止。用一个 60W/220V 的灯泡指示电动机的运行情况。

5．注意事项

（1）首先要认清接线板上线圈、触点的符号和端子，再进行接线，以防短路。

（2）必须遵守"先接线，后合闸"和"先拉闸，后接线"的安全操作规则。

（3）切忌在带电情况下用万用表欧姆挡检查线路故障。

（4）启动电动机时，应密切注意电动机工作是否正常，若发现电动机有"嗡嗡"声或不转等异常现象，应马上拉闸，排除故障。

实验 6 可编程逻辑控制器实验

1．实验目的

（1）了解三菱 FX3U 小型可编程逻辑控制器（programmable logic controller，PLC）的基本结构，熟悉其输入输出端子与外部电路的连接。

（2）熟悉 FX3U PLC 编程软件 GX Works2 的编程、仿真和下载实验方法，熟悉触摸屏设计软件 GT Designer3 和触摸屏仿真软件 GT Simulator3 的使用方法，能够根据要求设计PLC 程序和触摸屏画面，并组成 PLC＋触摸屏控制系统，完成控制功能。

2．实验设备

（1）PLC 实验箱，包括三菱 FX3U-MR/ES(-A)可编程逻辑控制器、GS2107-WTBD 触摸屏、实验模块等。

（2）三菱 PLC 编程软件 GX Works2、触摸屏设计软件 GT Designer3 和触摸屏仿真软件 GT Simulator3。

3．预习内容

（1）认真阅读本实验中的功能要求，看懂或设计程序。

（2）自己下载 GX Works2、GT Designer3 和 GT Simulator3 软件，熟悉软件的使用方法。提前对本实验中的实验内容进行仿真练习。

（3）需要设计的实验预习时要画好 I/O 表，设计出程序。

4．实验内容

实验 6-1　PLC 编程软件的基本操作

（1）输入如图 6.1 所示程序，下载运行。当将 M001 强制为 1 时 Y000 如何动作？

（2）分析如图 6.2 所示程序，假设 PLC 扫描周期时间可以忽略，当 M001 被置 1 后，Y000 经过多长时间输出变为 1？输入程序并验证之。如果 M003 接通再断开，起什么作用？

（3）输入如图 6.3(a)所示程序，设计图 6.3(b)所示触摸屏画面，并下载运行，观察。

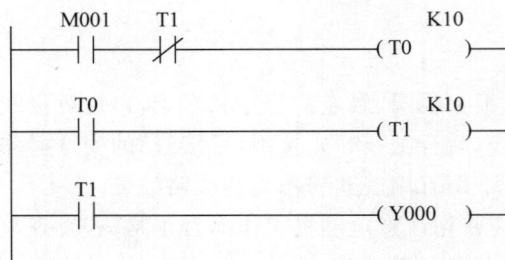

图 6.1　定时器程序练习

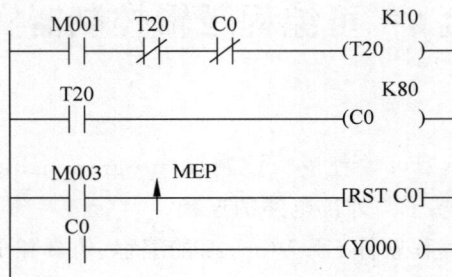

图 6.2　定时器、计数器程序练习

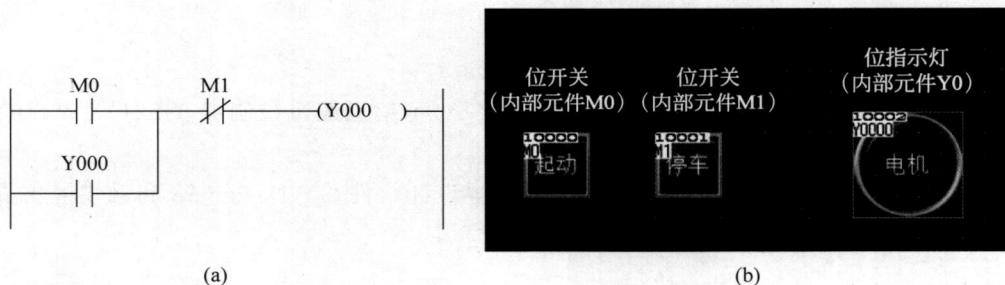

(a)　　　　　　　　　　　(b)

图 6.3　电动机的直接启动练习

实验 6-2　电动机的正反转控制

图 6.4(a)是电动机正反转控制的硬件接线图,设计 PLC 程序,并按照图 6.4(b)的要求设计触摸屏画面,下载 PLC 并完成控制要求。

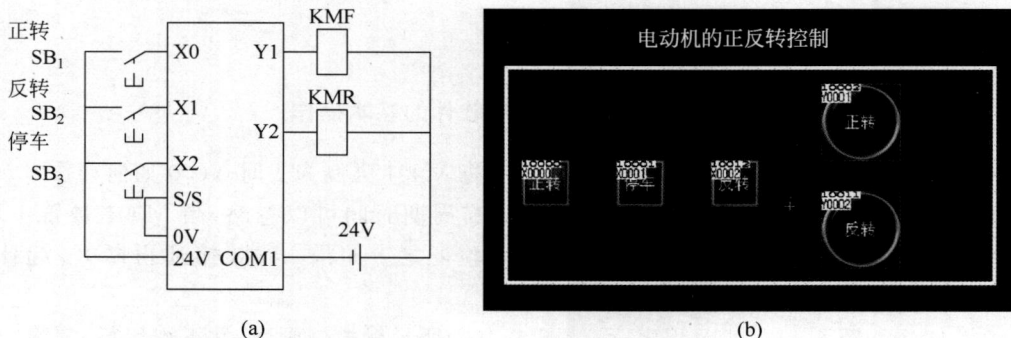

(a)　　　　　　　　　　　(b)

图 6.4　电动机的正反转控制

实验 6-3 电动机的星形-三角形启动控制

图 6.5(a)是电动机星形-三角形启动控制的硬件接线图,设计 PLC 程序,并按照图 6.5(b)的要求设计触摸屏画面,下载 PLC 并完成控制(转换时间为 20s)。要求能显示定时器当前值,同时能用实验箱上的按钮控制。

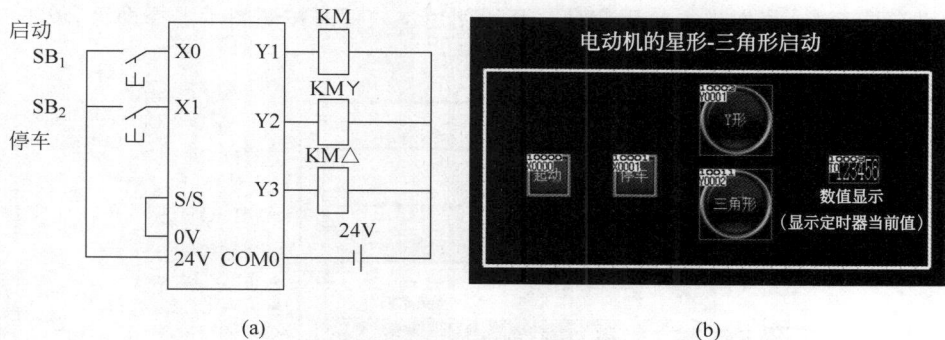

(a)　　　　　　　(b)

图 6.5　电动机的星形-三角形启动控制

实验 6-4 灯光控制

在触摸屏上设计如图 6.6 所示画面,画面上有 1~8 号 8 个位指示灯,另有一个启动按钮和一个停止按钮。要求 PLC 上电后所有的灯不亮,按启动按钮启动后,全部指示灯以 1Hz 的频率闪烁 5s。然后 1、3、5、7 号灯闪烁,频率为 1Hz,持续 5s。接着 2、4、6、8 号灯闪烁,频率为 1Hz,持续 5s。再又是 1、3、5、7 号灯闪烁,频率为 1Hz,持续 5s。如此循环,直到按动停止按钮,灯全部熄灭。

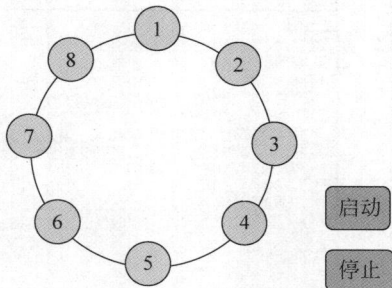

图 6.6　灯光控制

提示:M8002 在 PLC 上电后的第一个扫描周期为 1,M8012 提供 10Hz 脉冲,M8013 提供 1Hz 脉冲。要求基于顺序功能图(sequential function chart,SFC)编程。

实验 6 附录　PLC 编程软件与触摸屏设计软件的使用方法

1. GX Works2 编程软件的使用方法

1) GX Works2 编程软件的窗口界面

GX Works2 是三菱 PLC 的编程软件,可以为 FX3U 系列 PLC、Q 系列 PLC、L 系列

PLC 以及 S 系列移动控制器进行编程和仿真,但是不能为 FX5U 系列 PLC 编程,另一个编程软件 GX Works3 可以为 FX5U 系列 PLC 编程。GX Works3 并不是 GX Works2 的升级版本,而是为了适应不同型号系列的 PLC 而设计的。运行 GX Works2 后需要新建工程,选择"文件/新建"菜单指令,弹出新建工程窗口,如图 EF6.1 所示。在此窗口中选择 PLC 系列及型号、工程种类、编程语言。窗口中的"标签"指的是"变量",可以利用变量进行编程,让软件自动分配变量,我们先不使用变量。开始使用本软件时按照图示选择即可,单击"确定"后打开 GX Works2 窗口界面,如图 EF6.2 所示。

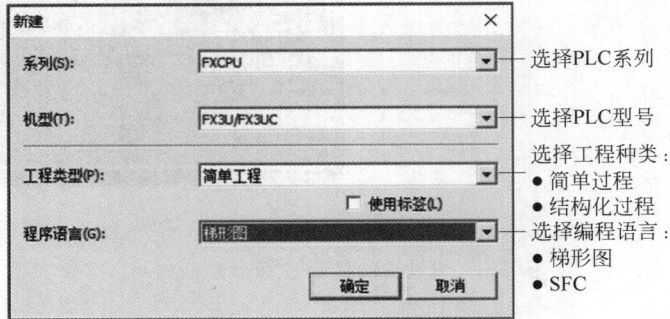

图 EF6.1　新建工程窗口

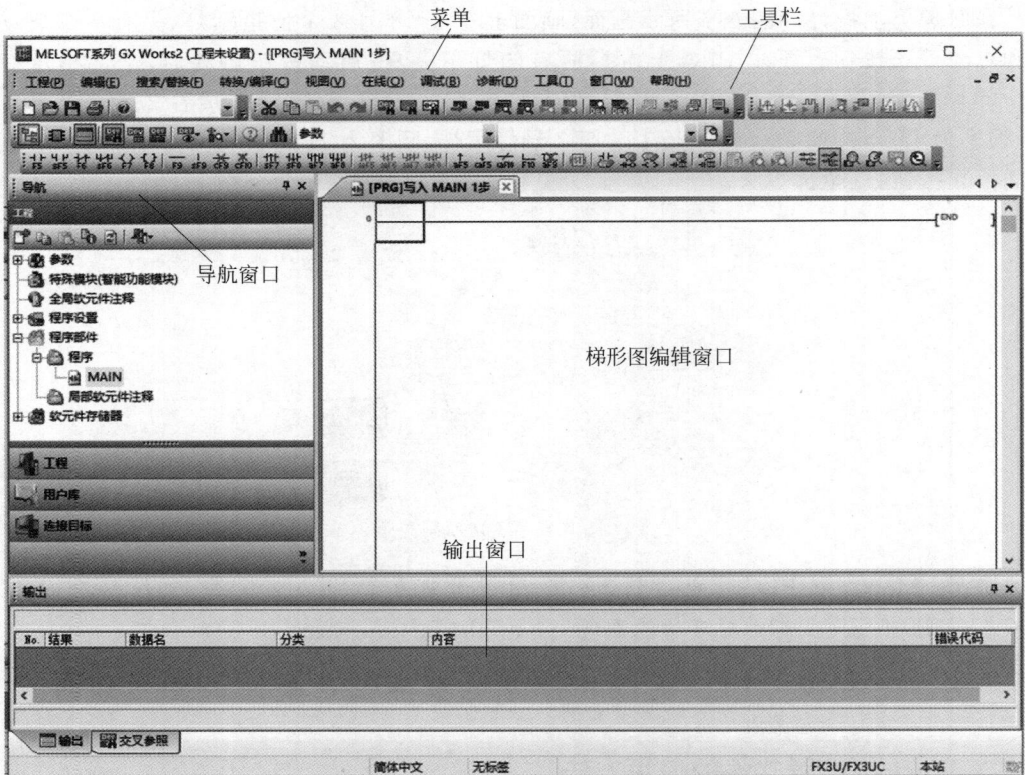

图 EF6.2　GX Works2 窗口界面

菜单命令包括所有的操作命令,主菜单是按照命令的应用范围进行归类的,将一类应用

相近的指令归在一个主菜单下。主菜单包括**工程**、**编辑**、**搜索|替换**、**转换|编译**、**视图**、**在线**、**调试**、**诊断**、**工具**、**窗口**和**帮助**共 11 个菜单，单击某个主菜单将打开其子菜单，某些子菜单还有下级子菜单。使用软件前需要先熟悉各主菜单的应用范围，比如"**文件**"菜单主要是完成文件操作的，"**转换|编译**"菜单主要是完成对程序的编译操作的，"**在线**"菜单主要是连接 PLC 进行程序下载和监控运行的，"**调试**"菜单主要是进行程序仿真调试的。进一步的熟悉需要读者自己打开菜单测试。

工具条指令的快捷模式，单击某个工具条图标就会运行相应的指令。按照功能分类，将多个工具条归为一组工具栏。GX Works2 有 4 个主要的工具栏：标准工具栏、切换折叠窗口/工程数据工具栏、程序通用工具栏、梯形图工具栏。标准工具栏包含文件打开、存储和打印工具条，与一般软件中的文件工具栏类似。其他 3 个工具栏的各工具条的功能如图 EF6.3 所示。将光标对准某个工具条，弹出的小黄条会显示相应的功能，单击工具栏最右端的小三角可以删除或添加工具条。将光标对准工具栏的最左端，光标变成双十字箭头时，拖动光标可以移动工具栏。

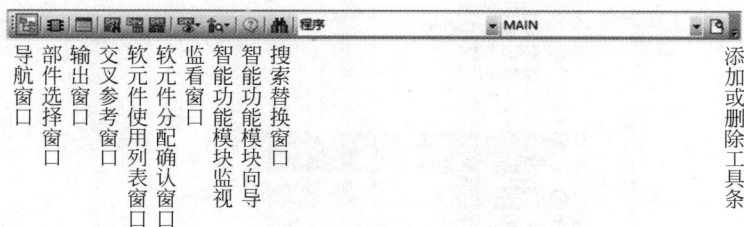

(a)

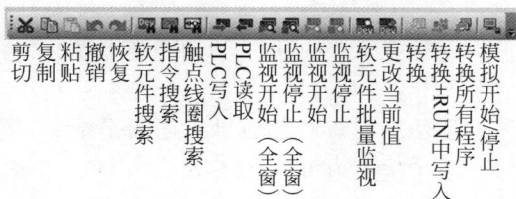

(b)

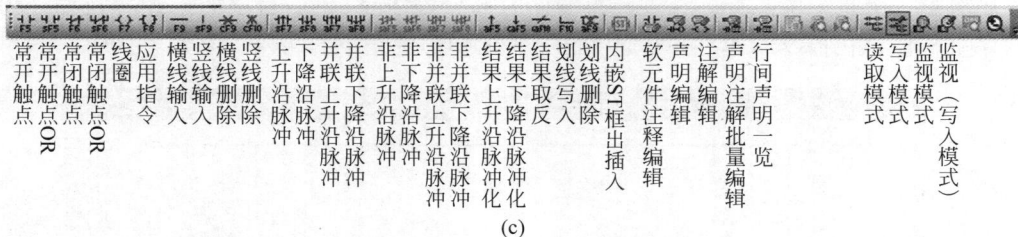

(c)

图 EF6.3　GX Works2 工具栏

(a) 切换折叠窗口/工程数据工具栏；(b) 程序通用工具栏；(c) 梯形图工具栏

单击导航窗口下端的标签可以切换显示三个子窗口：工程窗口、用户库窗口和连接目标窗口。每个子窗口都有自己的工具条命令，用来进行与本子窗口相关的操作。将光标对准导航窗口上端可以拖动其位置，双击窗口上端使其恢复到原始位置。工程窗口中包含了组成一个 PLC 控制项目的所有部件，如图 EF6.4 所示，项目部件类别包括参数、程序设置、程序部件和软元件存储器四类，每个类别内部可能还需要分类，最下级图标是具体的部件。

单击部件便可以打开相应的窗口。程序部件中的"MAIN"便是梯形图程序,如果关闭了梯形图编辑窗口,双击"MAIN"可以将其打开。对于简单工程而言,工程窗口中"程序设置"中的"MAIN"和"程序部件"中的"MAIN"是一回事。

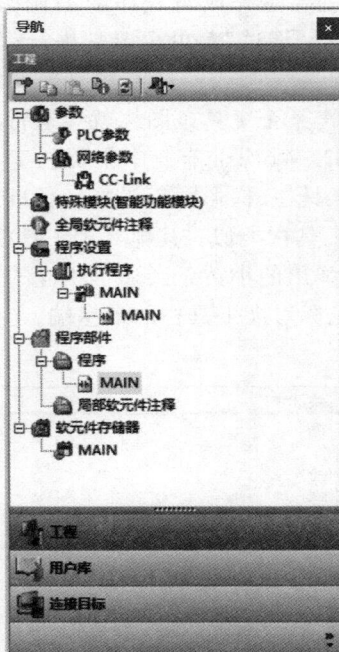

图 EF6.4　工程窗口

2）梯形图编辑

梯形图的结构如图 EF6.5 所示。左母线和右母线之间是指令,用划线将指令相连。相互连通的划线具有相同的信号,类似电路中的连线等电位一样。指令左端是输入端,右端是输出端。光标呈蓝色边缘的正方形,起始点是左边缘的中点。左母线的左边是步号,表示相应程序块第一个指令的步号。经过转换编译的部分程序呈白色,后增的未经转换编译的部分程序呈灰色。在指令的最后一行是 END,表示梯形图结束。

图 EF6.5　梯形图编辑窗口

（1）与梯形图编辑相关的几种模式。

① "插入模式"和"覆盖模式"的切换。

单击"Insert"键，在"插入模式"和"覆盖模式"间转换，软件窗口的右下角显示当前模式。在"覆盖模式"时新输入的指令将覆盖光标所在位置的指令，在"插入模式"时新输入的指令将插入到光标前面的位置。

② "读取模式"和"写入模式"的切换。

对程序编辑器进行"读取模式"和"写入模式"的切换：单击梯形图工具栏中的"读取模式"工具条，转换为"读取模式"；单击"写入模式"工具条，转换为"写入模式"。只有在"写入模式"下才能编辑梯形图。

所有窗口的"读取模式"和"写入模式"的切换：选取菜单指令"**编辑|梯形图编辑|读取模式（全窗口）**"或者"**编辑|梯形图编辑|写入模式（全窗口）**"进行切换，只能使用菜单指令完成。

（2）指令的输入和删除。

① 指令的输入。

将光标移动到要输入的位置，有四种方法输入指令：第一种，单击要输入的指令工具条。这种方法比较直观，但是速度较慢。第二种，使用菜单指令，即选择菜单指令"**编辑|梯形图符号**"，在其子菜单中选择相应的 PLC 指令即可。这种方法操作比较麻烦。第三种，使用快捷键。这种方式可以不用鼠标，输入速度快，但是需要记住指令的快捷键。第四种，在光标位置直接用键盘输入指令表语句，包括指令和软元件。这种方法很快捷，也可以不用鼠标，但是要熟悉指令表语句。表 EF6.1 是主要指令的工具条图标与快捷键。

表 EF6.1　主要指令的工具条图标与快捷键

指　　　令	工　具　条	快　捷　键
常开触点		F5
常开触点 OR		Shift＋F5
常闭触点		F6
常闭触点 OR		Shift＋F6
线圈		F7
应用指令		F8
上升沿脉冲		Shift＋F7
下降沿脉冲		Shift＋F8
上升沿脉冲 OR		Alt＋F7
下降沿脉冲 OR		Alt＋F8
结果上升沿脉冲化		Alt＋F5
结果下降沿脉冲化		Ctrl＋Alt＋F5
结果取反		Ctrl＋Alt＋F10

注：＋表示几个键的组合，不是加号键。

使用前三种方式输入指令时,都会弹出"梯形图输入"窗口,如图 EF6.6 所示。在软元件输入栏里输入软元件,单击"确定"即完成指令输入。如果单击梯形图连续输入按钮,使其有效,单击"确定",输入当前指令后,会在下一个光标位置(原光标右侧)自动打开相同指令的梯形图输入窗口,方便输入相同的指令。使"软元件注释连续输入"有效,单击"确定"后会自动打开注释输入窗口,提示输入注释。在指令选择栏里打开下拉菜单可以更改指令。

梯形图连续输入—

软元件注释连续输入　　指令选择栏　　软元件输入栏

图 EF6.6　梯形图输入窗口

使用第四种方式输入指令时,输入指令表语句的第一个语句字母,便会弹出"梯形图输入"窗口,并在软元件输入栏的下方显示指令提示列表,列出了第一个字母相同的所有指令,如图 EF6.7 所示。这时可以选择要输入的指令,也可以继续用键盘输入指令。指令输入结束后,要输入编程对象软元件,按回车键结束。

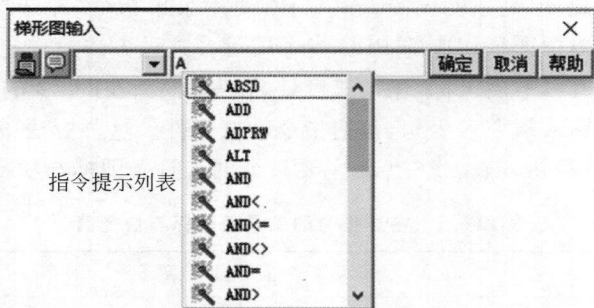

指令提示列表

图 EF6.7　输入指令时显示提示列表

除此之外,还有两种方式输入指令:在光标处回车和在光标位置双击。采用这两种方式输入指令后都会打开梯形图输入窗口,只不过在指令选择栏里没有选定某个指令和软元件,需要在下拉菜单里选择需要的指令,并在软元件输入栏填写软元件。如果没有选择具体指令,将会默认输入"常开触点",但是在"改写模式"下,在靠近右母线的位置无法用这种方式输入指令。只有在"插入模式"下,才能在靠近右母线位置用这种方法输入指令(线圈)。

以上各种输入方式都允许暂不填写软元件,但是在转换程序前必须全部填写软元件,否则将报错。

② 指令的删除。

将光标移动到要删除的指令位置,按 Delete 键即可删除指令。如果要删除一个区域内的所有指令,要先拖动鼠标,选择要删除的区域,使该区域变为蓝色,然后按 Delete 键把该区域的指令和连线全部删除。

另外,将光标置于要删除的指令右边,按 Backspace 键也可删除指令。

对于转换后的梯形图,从梯形图块的步号位置开始向下拖动一下鼠标,便会选中几个梯形图块,按 Delete 键将其全部删除。

（3）划线的输入和删除。

输入和删除划线的工具条图标和快捷键如表 EF6.2 所示。既可以使用工具条和快捷键输入和删除划线，也可以直接拖动鼠标画出划线或者删除划线。单击"划线输入"工具条，或者按 F10，便可以激活划线写入功能，从光标处开始拖动鼠标便画出划线，光标矩形左边缘的中点是划线的位置。单击"划线删除"工具条，或者使用快捷键 Alt＋F9，便可以激活划线删除功能，沿要删除的方向拖动鼠标，便会删除划线。

表 EF6.2　创建划线的工具条图标和快捷键

指　　令	工　具　条	快　捷　键
划线写入		F10
划线删除		Alt＋F9
横线输入		F9,Ctrl＋←/→
横线删除		Ctrl＋F9
竖线输入		Shift＋F9,Ctrl＋↑/↓
竖线删除		Ctrl＋F10
横线连续输入		Ctrl＋Shift＋←/→

（4）行和列的插入和删除。

只能用快捷键插入和删除行、列，如表 EF6.3 所示。进行行插入时，在光标的上部插入行。进行列删除时，删除的是光标所在的整个列。列插入和删除都是针对整个梯形图的操作，即插入和删除的是整个梯形图所有行中的同一列，因此建议谨慎使用。

表 EF6.3　行插入和删除的快捷键

指　　令	快　捷　键	指　　令	快　捷　键
行插入	Shift＋Insert	列插入	Ctrl＋Insert
行删除	Shift＋Delete	列删除	Ctrl＋Delete

（5）声明、注释和注解。

声明（statement）是对一个梯形图块、子程序和中断的说明，使得该程序块的工作流程易于理解。

注释（comment）是为程序中的软元件添加的容易理解的名字，其作用类似于 I/O 表。

注解（note）是对线圈及应用指令附加的简短解释，使其功能和作用一目了然。

声明、注释和注解都是编程者为程序添加的标记，使得程序的编写、调试、阅读和维护更容易。图 EF6.8 显示了声明、注释和注解的位置。声明有行间声明、指针声明和中断声明三种，行间声明位置在梯形图块的上方，后两种分别在子程序和中断子程序的上方。注释在软元件的下方，注解在线圈或应用指令的上方。插入声明、注释和注解的工具条在"程序通用"工具栏中，如图 EF6.9 所示。在"视图"菜单里有可以选择是否显示声明、注释和注解的子菜单指令。对于比较简单的工程，如果程序中的梯形图块不多，只使用软元件的注释就够了。因此，有关声明、注释和注解的进一步操作不再赘述。

声明（在每个梯形图块的前面，允许有多个）　　　　　　　　　　　　注解（在线圈或应用指令上方）

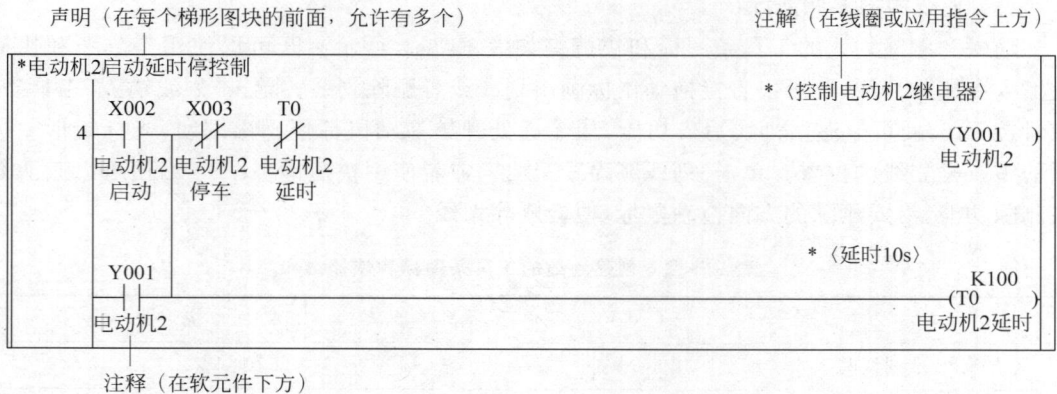

图 EF6.8　声明、注释和注解

图 EF6.9　插入声明、注释和注解的工具条

（6）梯形图的剪切与粘贴。

部分梯形图的复制、剪切与粘贴操作的快捷键分别是 Ctrl＋C、Ctrl＋X 和 Ctrl＋V。先拖动鼠标选中某个区域，按快捷键进行复制或者剪切，然后将鼠标移动到要粘贴的位置，按快捷键 Ctrl＋V 就将部分梯形图粘贴到了鼠标位置。

（7）梯形图的转换。

转换即对程序进行编译。选择菜单指令“**转化**|**编译**|**转换（B）**”，或者单击“程序通用”工具栏中的“转换”工具条（快捷键 F4），将对正在编写的程序进行转换；选择菜单指令“**转化**|**编译**|**转换＋RUN 写入（O）**”，或者单击相应的工具条（快捷键 Shift＋F4），在转换的同时，将与 PLC 的 CPU 内的程序的差异反映到 PLC 的 CPU 中；选择菜单指令“**转化**|**编译**|**转换（所有程序）（R）**”，对工程中的全部程序进行转换。

如果程序有错误，将会在输出窗口报错。在保存工程前必须先进行转换，程序正确无误时才能保存。

3）程序的模拟

在不与 PLC 相连接的状况下，通过编程软件自带的虚拟 PLC 对顺控程序进行调试的方法，对于将程序下载到实际的 PLC 运行之前的功能确认十分方便。执行模拟功能时，使用模拟用的存储器对 PLC 的输入/输出以及智能功能模块进行数据的输入/输出。但是要注意的是，虚拟 PLC 中的运算结果有可能与实际 PLC 的运算结果有所不同，模拟并不能完全保证程序下载到实际 PLC 后运行完全正确。另外，虚拟 PLC 不支持部分的指令/函数及软元件存储器，即对有些指令是不支持模拟的。

（1）模拟开始。

选择“调试（B）|模拟开始|停止”菜单指令，或者单击“程序通用”工具栏中的“**模拟开始**|**停止**”工具条，开始模拟后弹出 PLC 写入窗口显示下载进度，同时弹出 GX Simulator2 仿

真器窗口,如图 EF6.10 所示。下载结束后可以关闭 PLC 写入窗口。在 GX Simulator2 仿真器窗口可以停止仿真(单击"STOP")或者重新运行仿真(单击"RUN"),LED 显示 PLC 的工作状态。

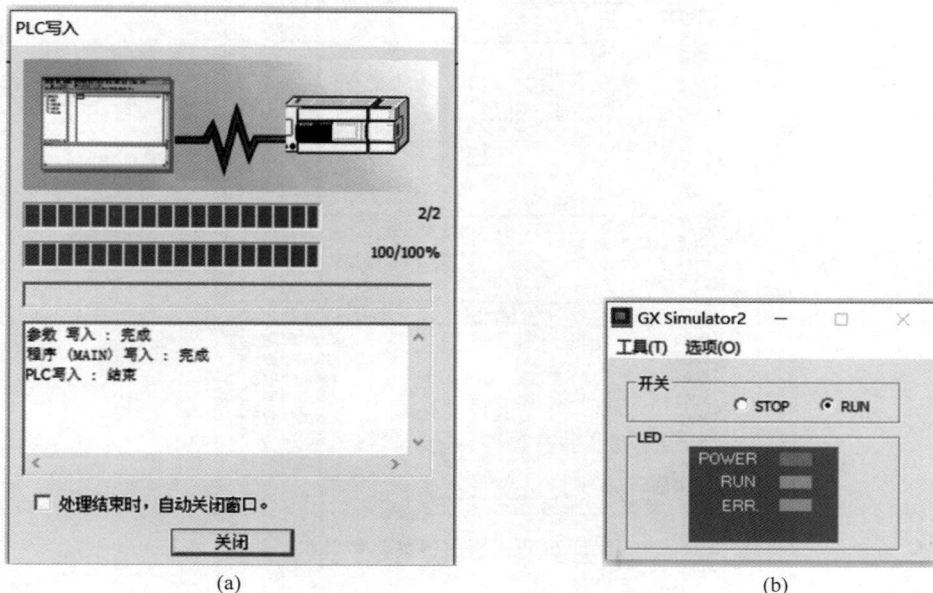

图 EF6.10　PLC 写入窗口和 GX Simulator2 窗口

(a) PLC 写入窗口；(b) GX Simulator2 窗口

再次执行"**调试(B)**|**模拟开始**|**停止**"菜单指令,或者单击"程序通用"工具栏中的"**模拟开始**|**停止**"工具条,将会停止仿真。

(2) 当前值的更改。

运行仿真后,选中某个触点元件,执行"**调试(B)**|**当前值更改**"菜单指令,或者右击触点元件,从弹出式菜单里选择"**调试**|**当前值更改**"指令,便会出现当前值更改窗口,如图 EF6.11 所示。单击"ON"或者"OFF",使当前触点为"ON"或者"OFF"状态。

另外一个改变触点当前状态的快捷方式是:选中触点后,按住 Shift 键,双击鼠标或者按回车一次,每操作一次会使当前触点的状态转换一次。在模拟过程中,触点闭合或者线圈得电时其符号变为蓝色。如图 EF6.12 所示,X000 的常开触点处于打开状态,即 X000＝0,而 X001 的常闭触点处于闭合状态,即 X001＝0。输出继电器线圈 Y000 得电,其常开触点闭合。定时器 T0 显示当前值为 39,因为还没达到设定值 10000,其常闭触点还处于闭合状态。

4) 程序的下载与运行

(1) 连接目标设置。

计算机可以有多种方式访问 PLC 的 CPU:第一种,直接访问,包括通过串行/USB 连接访问、通过以太网访问两种方式；第二种,经由串行模块连接访问；第三种,经由全局偏移表(GOT)连接访问；第四种,经由电话线连接访问。每种连接方式需要的硬件设备和软件设置都不同。这里我们以经由 GOT 连接访问为例进行设置。

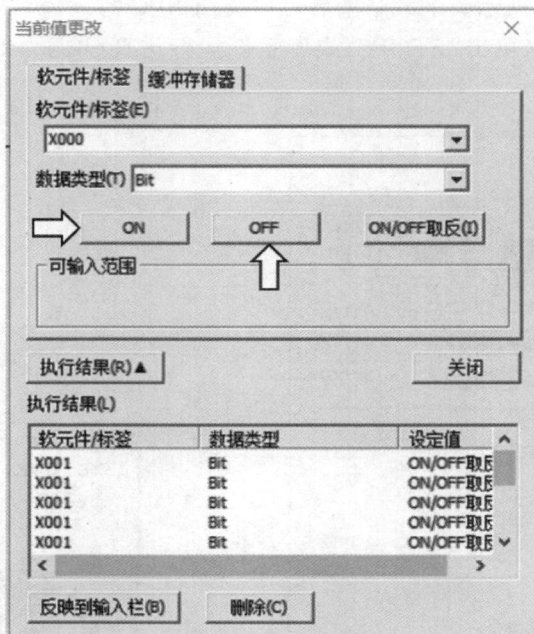

图 EF6.11　当前值更改窗口

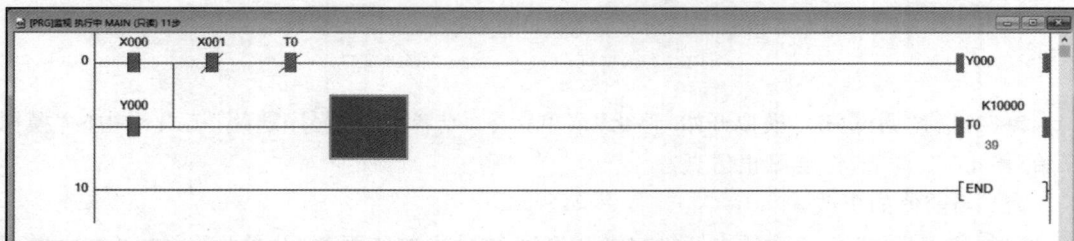

图 EF6.12　处于模拟状态的梯形图程序

　　建立 FX CPU 的简单工程后,导航窗口的"连接目标"窗口中会显示当前连接目标和全部连接目标,见图 EF6.13 中的导航窗口。双击当前连接目标窗口中的"connection1"图标,弹出如图 EF6.14 中的连接目标设置窗口,在"计算机侧 I/F"中双击"Serial USB"并在弹出的窗口中选择"USB",在"可编程逻辑控制器侧 I/F"中选择 CPU 模式为"FXCPU"并使用 GOT 透明传输功能,在"其他站指定"中选择"No Specification"。然后单击"通信测试",如果没有问题,将显示通信成功窗口,关闭此窗口。单击"确定"后连接设置成功。

　　(2) 下载与运行程序。

　　编写好程序并汇编无误,经过模拟 PLC 验证功能后,就可以下载到实际 PLC 中运行了。选择菜单指令"**在线|PLC 写入**",或者单击"程序通用"工具栏中的"PLC 写入"工具条,弹出在线数据操作窗口,如图 EF6.14 所示,选择要写入的"模块名/数据名"(此处选择程序和 PLC 参数/网络参数),然后单击"执行"按钮,开始下载程序,同时在 PLC 写入窗口中显示写入进度。然后关闭 PLC 写入窗口和在线数据操作窗口。此时程序已经写入 PLC 中了。

连接目标设置窗口

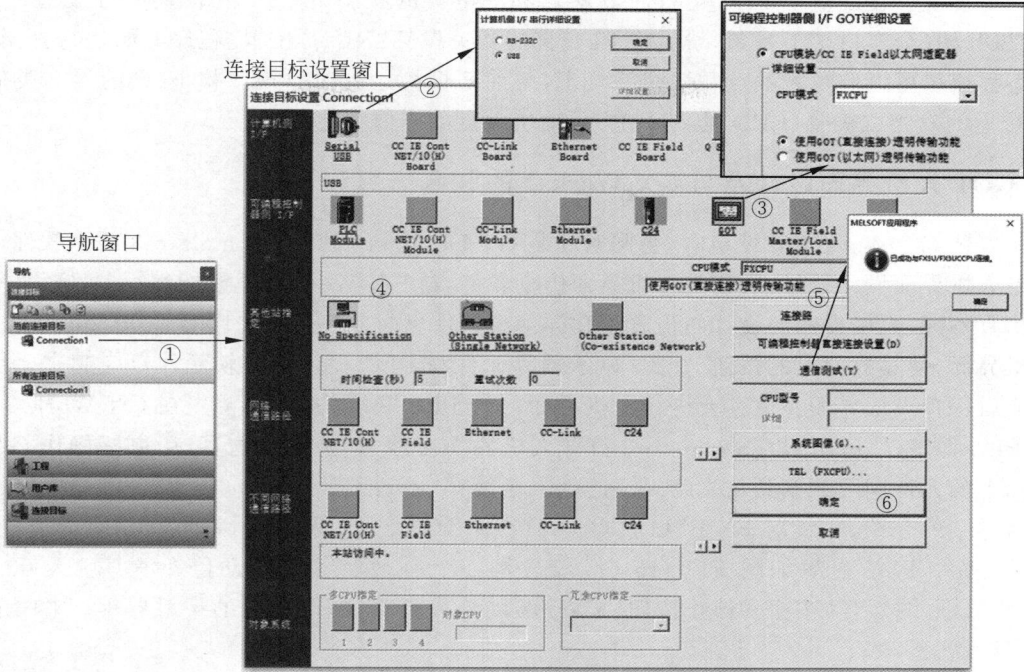

导航窗口

图 EF6.13　连接目标设置与通信测试

在线数据操作窗口

PLC写入窗口

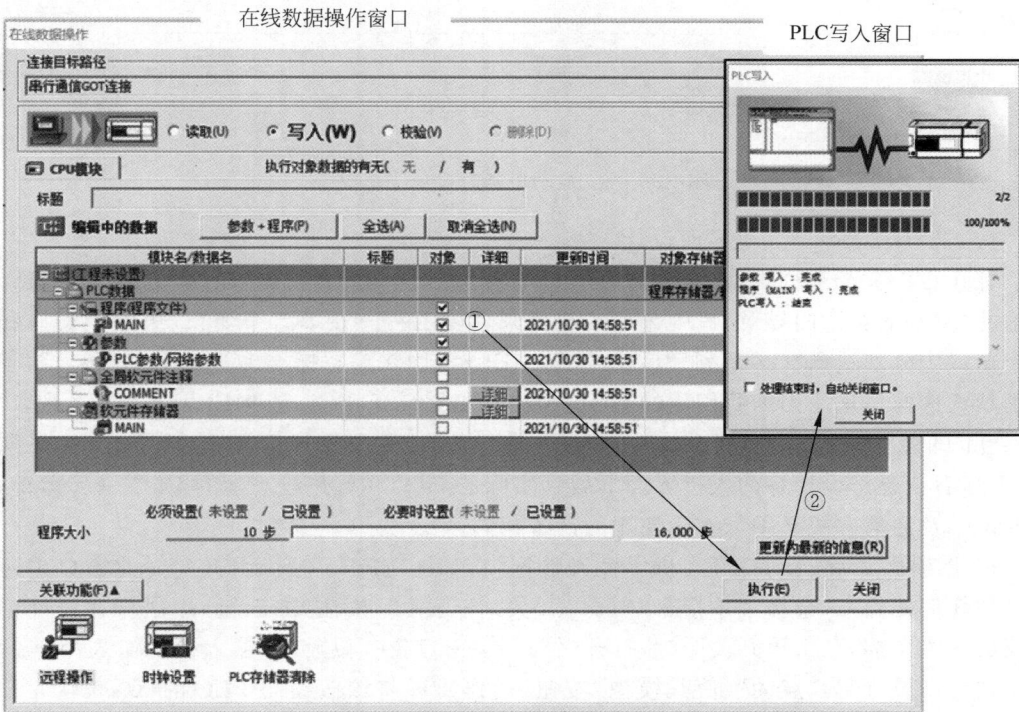

图 EF6.14　PLC 程序的下载

为了能够在线监视 PLC 运行时其触点和继电器的状态,单击"程序通用"工具栏中的"监视开始(全窗口)"工具条,然后将 PLC 上的开关拨到"RUN"位置,程序开始运行。同时在编程窗口可以监视到触点和线圈的状态,与前面模拟运行时监视虚拟 PLC 的界面类似,PLC 上的发光二极管(LED)也显示输入/输出触点的当前状态。

2. GOT 人机界面设计及与 GX Works2 的联合仿真

安装 GT Works3 软件包时,会同时安装 GT Designer3 和 GT Simulator3 两个软件,前者是人机界面设计软件,后者是人机界面仿真软件,与 GX Works2 里既能编写 PLC 程序又能仿真不同,人机界面的设计与仿真不在同一个软件里面。使用时先用 GT Designer3 设计人机界面,使其界面上的按钮、开关、显示器等元件与 PLC 程序中的软元件对应起来,设计完成后保存人机界面文件。要进行人机界面与软 PLC 联合仿真,需要先在 GX Works2 仿真 PLC 程序,然后用 GT Simulator3 打开人机界面文件,开始联合仿真,用鼠标操作 GOT 画面上的元件即可观察到仿真结果。此处限于篇幅,不对 GT Designer3 和 GT Simulator3 进行详细的介绍,只针对 FX PLC 和 GS 2017 型 GOT 进行界面设计和联合仿真的流程做简单介绍。PLC 程序如图 EF6.15 所示,这是一个启动后延时自动停车程序。X000 和 X001 分别外接启动按钮和停止按钮,Y000 驱动外界负载,如电动机的接触器等。T0 是延时定时器。

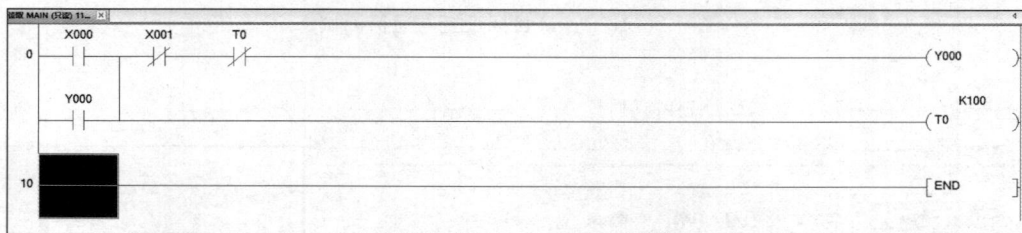

图 EF6.15　启动后延时自动停车程序

1) GT Designer3 人机界面设计

打开 GT Designer3 软件,在弹出的"工程选择"界面中单击"新建",后续将根据图 EF6.16 所示的"工程的新建向导"窗口中选项的选择来创建工程。在第二个窗口、第四个窗口和第五个窗口中分别选择"GS 系列""GS21**""MELSEC-FX"和"标准 I/F(RS422/485)",其他都是默认选择。这是因为我们用的 GOT 型号是 GS 2107,PLC 是 MELSEC-FX 系列,PLC 与 GOT 的通信方式是 RS422/485。如果只进行仿真,只要选择 PLC 的型号是 FX 系列即可,但是后续要将设计好的人机界面下载到实际的 GOT 中,并与实际的 PLC 一起运行,仿真的型号及通信方式必须与实际使用的设备相同。

创建工程后,将自动打开人机界面设计窗口,如图 EF6.17 所示(开始时此窗口中还没有添加任何元件)。选择菜单指令"对象|开关|位开关",按住 Shift 键,用鼠标在设计窗口中拖出开关图标,双击该开关图标,打开"位开关"窗口,在"位元件"输入框中输入"X000"后回车,"动作设置"为"点动"(使其模拟"按钮"动作),即将该按钮与 PLC 的 X000 软元件对应,按下该按钮时 X000=1,否则 X000=0。再以同样的操作过程添加另一个开关,并将其与 X001 对应。

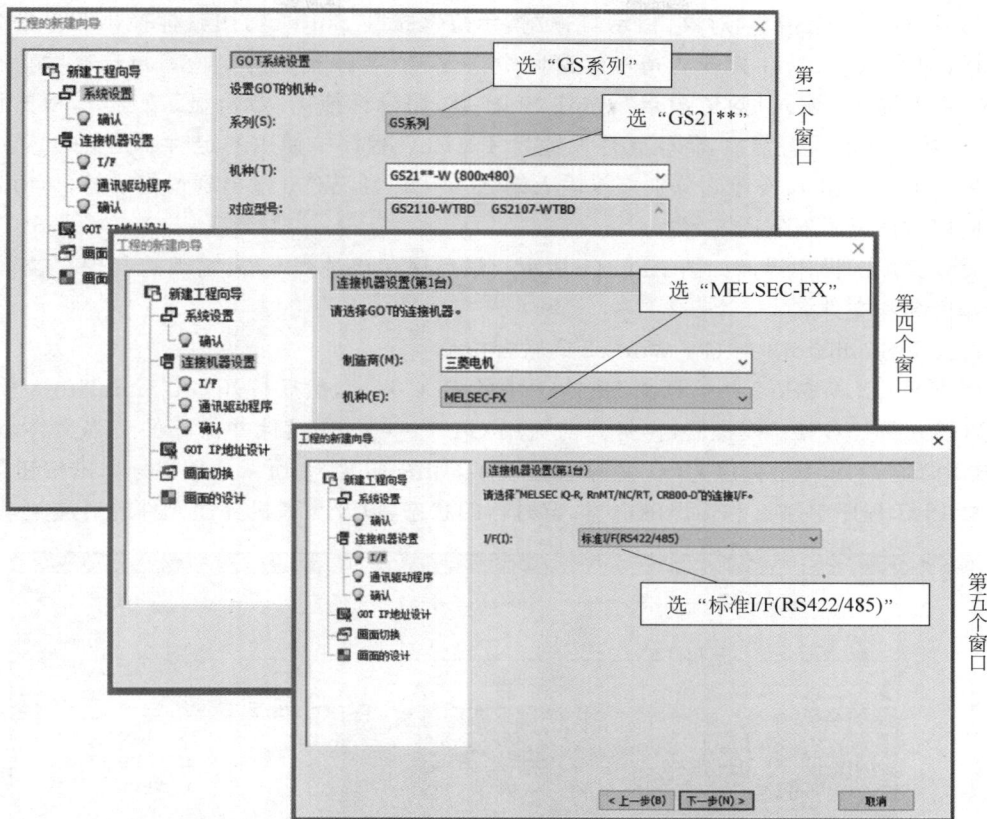

图 EF6.16　人机界面"工程的新建向导"窗口选项的选择

图 EF6.17　GT Designer3 人机界面设计窗口

然后,选择菜单指令"**对象**|**指示灯**|**位指示灯**",按住 Shift 键,用鼠标拖出圆形的指示灯图标,双击该图标,在打开的指示灯窗口中将 Y000 与该指示灯对应。再选择菜单指令"**对象**|**数值显示**|**输入**|**数值显示**",按住 Shift 键,用鼠标拖出"数值显示"窗口,双击该窗口,打开数值显示设置窗口,将软元件设置为 T0(PLC 程序中使用的定时器是 T0)。这样,人机界面上的按钮 1、按钮 2 分别连接输入端 X000、X001,Y000 输出到位指示灯,定时器的当前值用数值显示器实时显示。

设计完成的操作界面如图 EF6.17 所示。最后保存该过程文件,需要选择保存位置,填写工作区名和文件名。

2) GT Simulator3 与 GX Works2 的联合仿真

先打开 GX Works2 并仿真图 EF6.15 中的 PLC 程序,然后打开 GT Simulator3 软件,选择"GS 系列—GS21"模拟器,再打开前面用 GT Designer3 设计并保存的工程文件,这样 FX 软 PLC 与 GS21 触摸屏 GOT 就联合运行了,如图 EF6.18 所示。用鼠标单击按钮 1,可以观察 PLC 程序中触点和输出继电器、定时器的状态,以及与人机界面元件的对应关系。

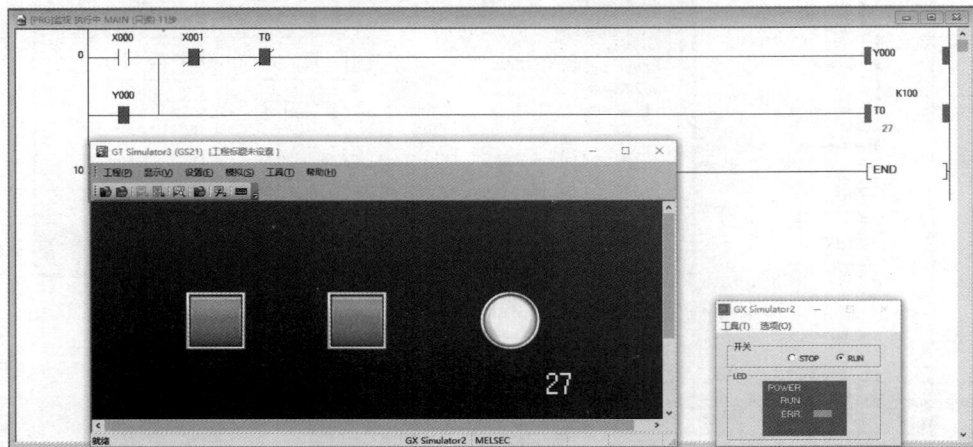

图 EF6.18　GT Simulator3 与 GX Works2 的联合仿真

3. FX 系列 PLC 编程训练软件 FXTRN-BEG-C 简介

FXTRN-BEG-C 是练习 FX 系列 PLC 编程软件 FXTRN-BEG 的中文版,不仅具有梯形图编程界面,还有模拟负载、操作面板、PLC 的 I/O 面板等,完全仿真了带有负载的 PLC 控制系统。训练项目由易到难,循序渐进,配有详细的说明,使用起来非常有趣。

运行软件后出现输入用户密码的窗口,这里无需输入,直接单击"确定",显示图 EF6.19 所示的训练项目选择窗口。训练项目按照难易程度分为 A~F 六类,每类有数个项目。

选择项目后显示如图 EF6.20 所示的窗口,该窗口的虚拟负载和操作面板是与训练项目相匹配的,不同的项目将显示不同的负载和操作面板。操作面板上有按钮、开关和输出显示灯,与 PLC 输入/输出的连接关系标在了元件旁边。如在图 EF6.20 中,按钮 PB1 与 X20 相连,旋转开关 SW1 与 X24 相连,显示灯 PL1 与输出 Y20 相连。软件负载与 PLC 的输入/输出对应关系也标在负载的元件旁边。比如,在中段输送带上,Y2 控制着输送带正转,Y3 控制着输送带反转;在机械手上,当机械手在原点时,传感器使 X5=1、Y7=1 时机械手供料。

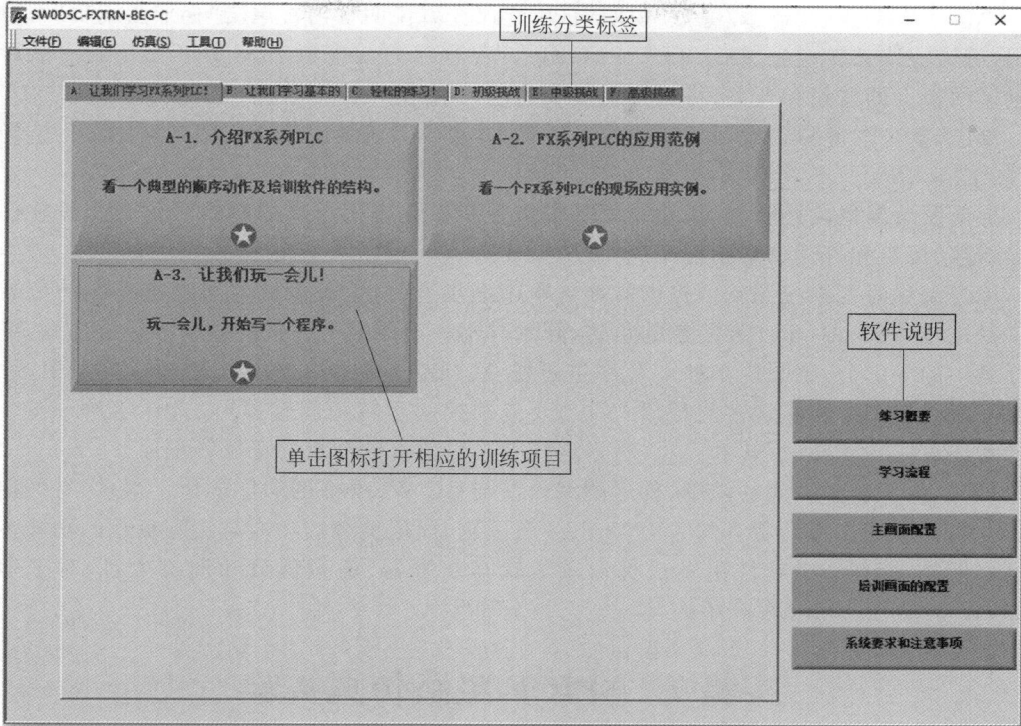

图 EF6.19 训练项目选择窗口

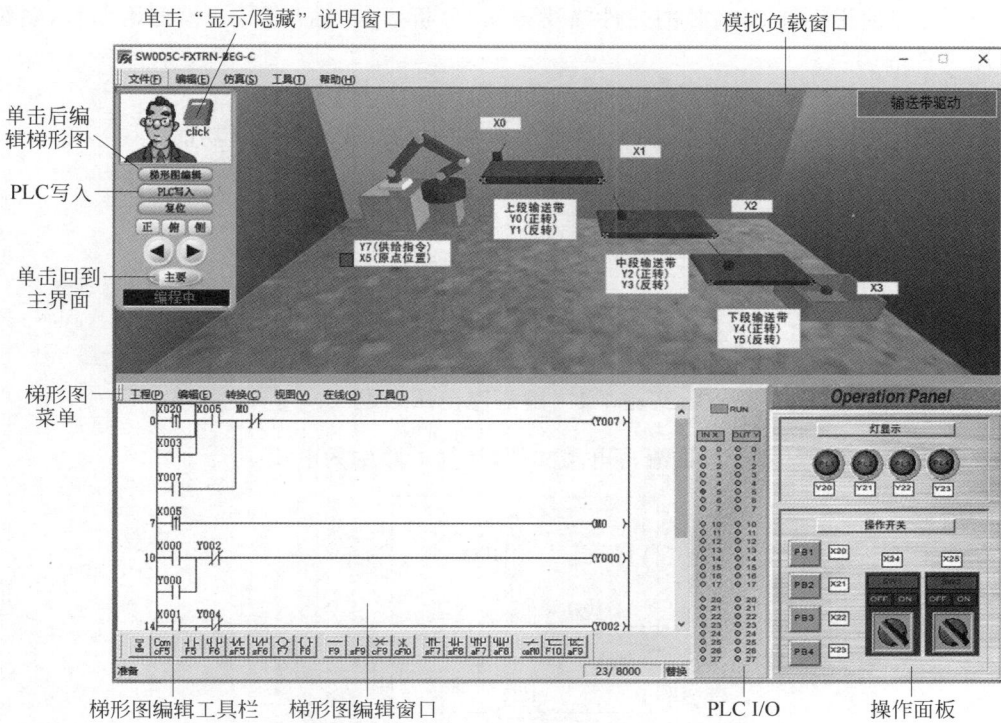

图 EF6.20 软件训练窗口

单击小人头像会"显示/隐藏"说明窗口,建议先看说明学习。单击"梯形图编辑"编辑梯形图,编辑完毕并转换完成后,单击"PLC写入"将程序写入虚拟PLC并开始仿真。然后利用鼠标面板上的按钮和开关,将观察到负载的运行情况。

单击"复位",虚拟负载回复初始位置。单击"主要",将结束仿真并回到训练项目选择窗口(图EF6.19)。

梯形图编辑器功能有限,只能完成基本指令和少数应用指令的编辑和仿真。该软件也可以新建、保存和打开梯形图程序。

练习编程时可以按照软件提供的项目顺序逐步进行,也可以针对自己感兴趣的负载选择项目进行编程。对于比较复杂的负载,开始时不一定要编写完整的程序才进行仿真,可以选择其中的一部分,编写简单些的程序进行仿真。比如,在图EF6.20的虚拟负载中,可以编写一段只控制中段输送带的程序,Y2、Y3分别控制正转和反转,可以选择X20～X23中的任意三个作为正转、反转和停止按钮,这样就可以仿真电动机的正反转程序了。

另外,由于软件功能的限制,梯形图编辑器与GX Works2的功能弱化了很多,有的梯形图指令符号和现在最新版本的GX Works2有区别,虚拟负载的功能与实际负载的功能也有差别。但是,能在一个软件里集成梯形图编辑与仿真器、虚拟负载和训练项目,对于学习FX PLC的编程还是非常有用的。

实验7　SPICE电路仿真实验

1. 实验目的

(1) 练习使用标准SPICE的元件描述语句、分析语句、输出语句、模型语句等,熟练掌握电路文件的编写。

(2) 能够根据电路分析的具体要求灵活使用SPICE。

(3) 练习使用AIM-SPICE软件,特别是其中的标准SPICE分析功能。

2. 实验仪器和设备

AIM-SPICE软件。

3. 实验内容

实验7-1　解直流电路习题1

已知电路如图7.1所示,试编写电路文件,计算电路中的电流I。

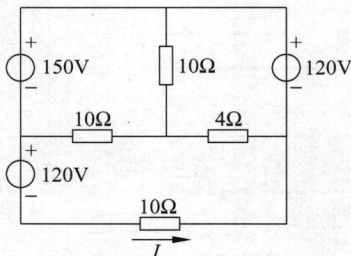

图7.1　实验7-1电路图1

实验 7-2　解直流电路习题 2

已知电路如图 7.2 所示,试画出当电压源从 2V 变化到 6V 时,电流 I 的变化曲线。

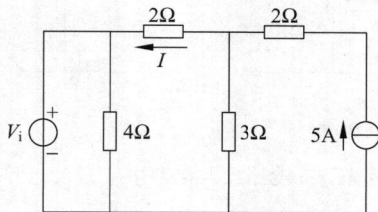

图 7.2　实验 7-1 电路图 2

实验 7-3　解交流电路习题

已知交流电路如图 7.3 所示,其中 $u = 220\sqrt{2}\sin(1\,000t - 45°)\,\text{V}$, $R_1 = 100\Omega$, $R_2 = 200\Omega$, $R_3 = 50\Omega$, $L_1 = 0.1\text{H}$, $L_2 = 0.5\text{H}$, $C = 5\mu\text{F}$。试画出电流 i 的波形(要求与 u 画在一起)。

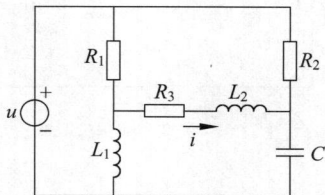

图 7.3　实验 7-3 电路图

实验 7-4　文氏电桥电路的频率特性

已知文氏电桥电路如图 7.4 所示,试画出其幅频特性曲线和相频特性曲线。

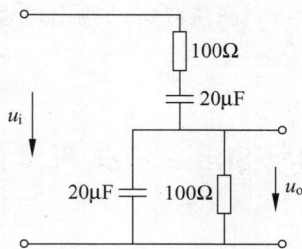

图 7.4　实验 7-4 电路图

实验 7-5　RC 电路的一阶过渡过程

已知电路如图 7.5(a)所示,输入电压 u 如图 7.5(b)所示,设 $u_C(0_-) = 0$。试用 SPICE 画出 u 过渡过程的波形。

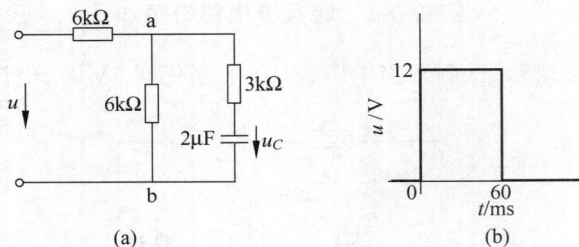

图 7.5　实验 7-5 电路图及电路中 u 过渡过程的波形图

实验 7-6　*RLC* 串联电路的二阶过渡过程

已知电路如图 7.6 所示,$t<0$ 时电路已经处于稳态,$t=0$ 时开关 K 闭合,试用 SPICE 画出开关闭合后电路中电流 i 的波形。

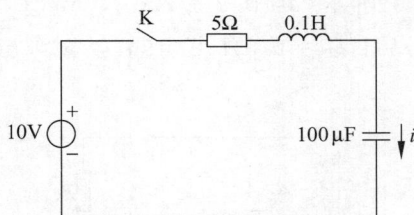

图 7.6　实验 7-6 电路图

实验 7-7　画二极管的伏安特性曲线

已知二极管 1N4148 的 SPICE 参数为：IS＝0.1PA，RS＝16,CJO＝2PF,TT＝12N, BV＝100,IBV＝0.1PA。试用 SPICE 画出 1N4148 的伏安特性曲线,要求横轴为电压,纵轴为电流。电压：0～1.2V。

实验 7-8　画三极管的输出特性曲线

自拟方案。

实验 7 附录　AIM-Spice 的使用方法与 SPICE 指令

1. AIM-Spice 的使用方法

AIM-Spice 是 Automatic Integrated Circuit Modeling Spice 的缩写,它基于 Berkley 的 SPICE3E1,可以在 PC 机和 MAC 计算机上运行。AIM-Spice 由电路模拟内核和后处理器 两部分组成。AIM-Spice 界面简洁、使用方便、占用内存小、图形后处理功能强大,具有电路 编辑器,可以运行标准的 SPICE 文件,特别适合于学习和练习 SPICE 时使用。

AIM-Spice 支持的分析包括 DC、AC、Transient、Transfer Function、Pole-Zero、Noise,

支持的模型包括 BSIM2、BSIM3、损耗传输线和 MOS Level6。但是由于是免费版,且是没有任何扩充的 SPICE 版本,其功能受到一定的限制,仅仅适用于仿真规模比较小的电路。

1) 软件的窗口界面

运行 AIM-Spice,出现如图 EF7.1 所示的主窗口与编辑窗口。编辑窗口是纯文本的编辑窗口,电路文件保存为 .cir 格式。

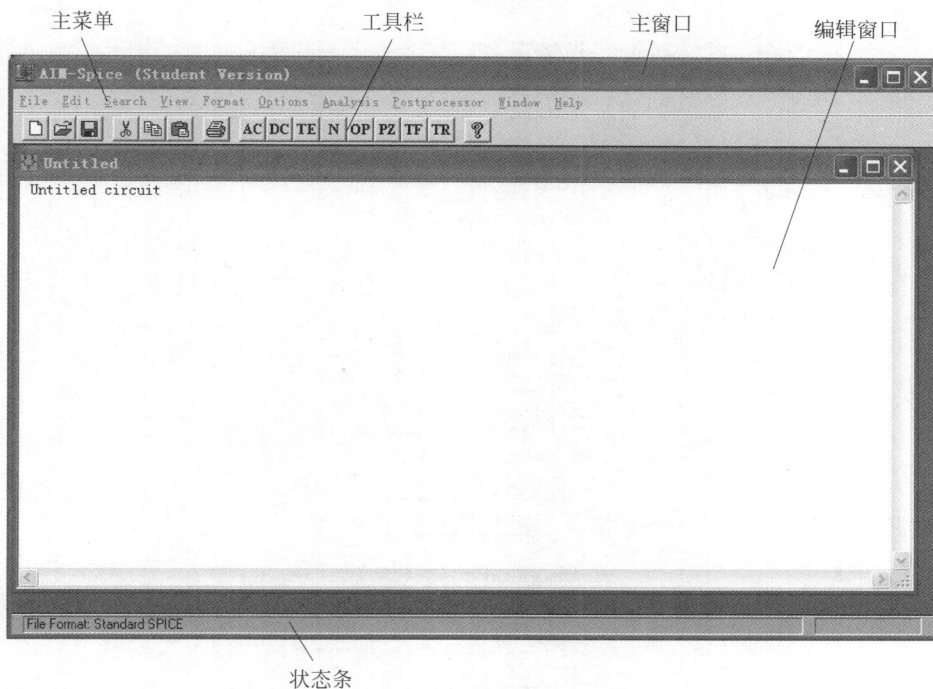

图 EF7.1　AIM-Spice 软件窗口

2) 主菜单与工具条

主菜单与工具条如图 EF7.2 所示。软件的所有指令都能在主菜单中找到,工具栏是菜单指令的快捷模式。当只是用标准 SPICE 进行仿真时,所用到的指令不多,编辑好标准的 SPICE 文件,然后运行标准的 SPICE 文件即可。

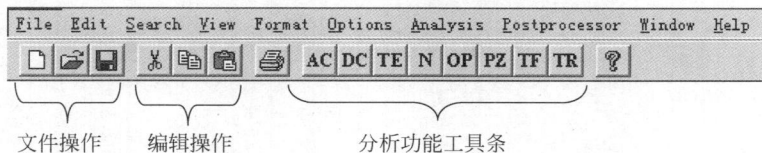

图 EF7.2　主菜单与工具条

图 EF7.3～图 EF7.10 是各主菜单及子菜单的功能说明。在工具条中,文件操作和编辑操作工具条经常用到。但是,运行标准的 SPICE 文件时,分析功能工具条是用不到的。

（1）File(文件)菜单。

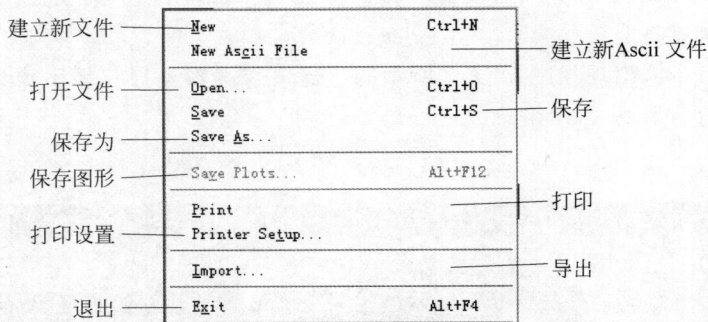

图 EF7.3　File(文件)菜单

（2）Edit(编辑)菜单。

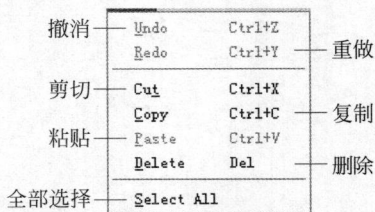

图 EF7.4　Edit(编辑)菜单

（3）Search(查找)菜单。

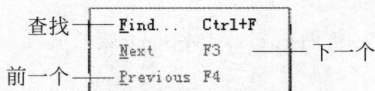

图 EF7.5　Search(查找)菜单

（4）View(视图)菜单。

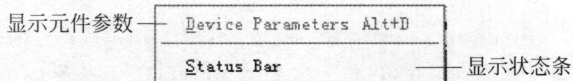

图 EF7.6　View(视图)菜单

（5）Format(格式)菜单。

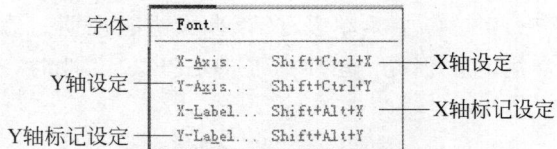

图 EF7.7　Format(格式)菜单

（6）Options（选项）菜单。

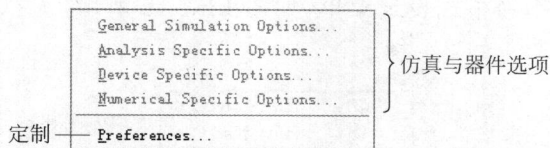

图 EF7.8   Options（选项）菜单

（7）Analysis（分析）菜单。

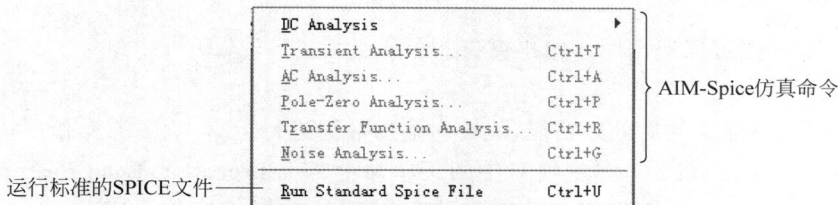

图 EF7.9   Analysis（分析）菜单

（8）Postprocessor（后处理器）菜单。

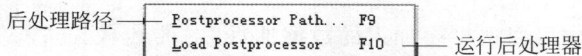

图 EF7.10   Postprocessor（后处理器）菜单

3）输出窗口

当运行标准的 SPICE 文件模拟结束后，出现模拟统计窗口，显示仿真时间、点数等数据，单击"确定"后出现消息文件窗口（Messege File），报告模拟中出现的问题。如果仿真没有问题，会出现表格输出或图形输出窗口，其中，图形输出窗口如图 EF7.11 所示。在图形输出窗口中可以对图形进行操作，如进行图形格式设定、保存结果数据等。为了得到合适的图形曲线，对初始图形要进行重新设置，一般在模拟结束后选择图形输出窗口的菜单命令

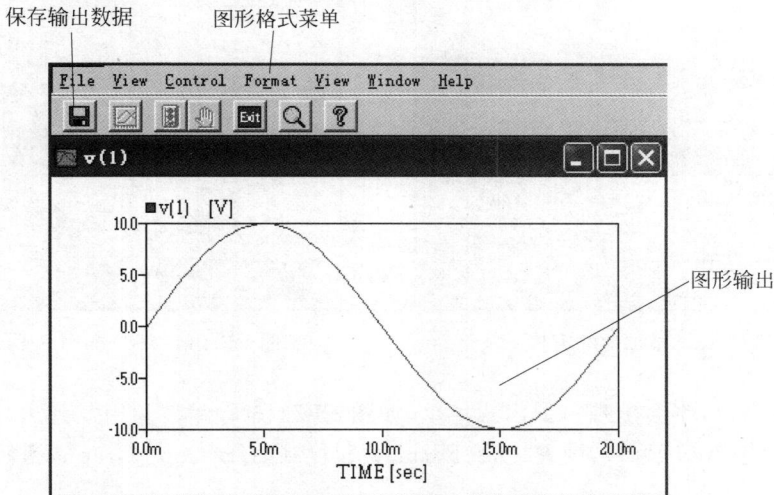

图 EF7.11   图形输出窗口

"**Format**|**Auto Scale**"自动设置格式,显示整个曲线后可以进行进一步的设置。在图形输出窗口中右击鼠标,弹出图形格式设定菜单,如图 EF7.12 所示,选择相应的指令进行图形设置。

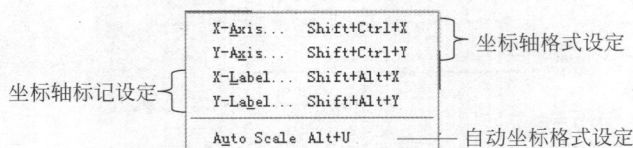

图 EF7.12　图形格式设定菜单

单击工具条 **Exit** 可以退出图形输出窗口。

4) 后处理器

AIM-Spice 有强大的后处理功能,能够对输出数据进行运算、绘图等操作。仿真结束后对输出数据进行保存,然后选择主窗口中的菜单命令"**Postprocessor**|**Load Postprocessor**"就可以运行后处理器。后处理器窗口类似图形输出窗口,选择菜单命令"**File**|**Open Datafile**"就可以打开已保存的数据文件(.out 文件)。

选择菜单命令"**Plot**|**Add Plot**"或单击 🖾 工具条,出现增加曲线窗口,如图 EF7.13所示。

在增加曲线窗口中可以选择要加入的数据曲线,对曲线数据进行运算,然后加入曲线。"const〉"后边可以输入要使用的常数。例如,要将v(1)乘 10 后加入图形中,操作步骤为:选择 v(1),单击"﹡",在"const〉"后面输入"10",然后单击"const〉",最后单击"Add Expression"。加入所有需要加入的曲线后,单击"New Plot"绘出图形。

绘出图形后,单击图形上端的曲线名称,弹出 Format Legend 窗口,如图 EF7.14 所示,在此窗口中可以设置曲线的颜色、线宽、形状等。

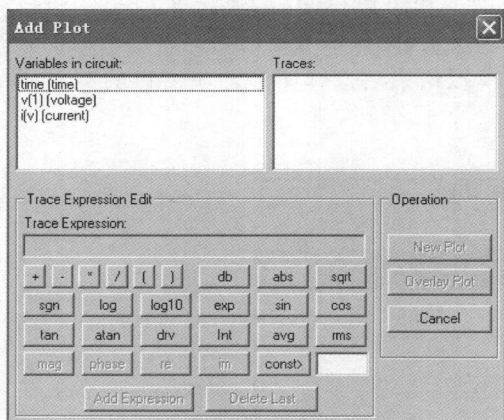

图 EF7.13　增加曲线窗口

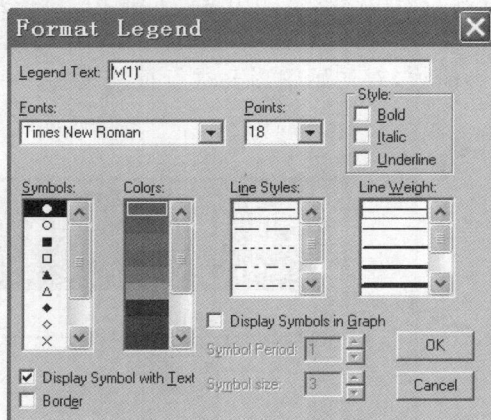

图 EF7.14　Format Legend 窗口

右击曲线窗口,将会出现一弹出式菜单,如图 EF7.15 所示。利用此弹出式菜单中的命令可以增加曲线(Add Plot)、设置格式(Format)和复制曲线(Copy Graph)到剪切板。

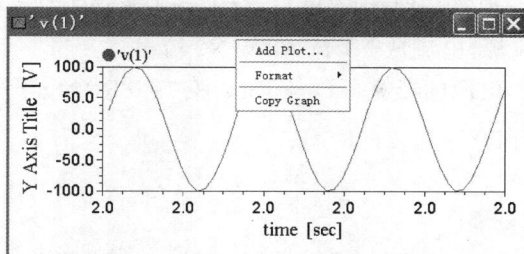

图 EF7.15 曲线窗口的弹出式菜单

2. SPICE 指令列表

1) 元件语句(Element Statement)

(1) 电阻、电容和电感。

① 电阻(R)。

R⟨name⟩ N1 N2 Value

元件的首字母是标识符,电阻元件的标识符是 R,N1 和 N2 是电阻两端的节点名。"⟨ ⟩"中的内容是可选的。如果值省略,则会取默认值 1V(电压源)或 1A(电流源)。

② 电容(C)和电感(L)。

C⟨name⟩ N1 N2 Value ⟨IC⟩
L⟨name⟩ N1 N2 Value ⟨IC⟩

电容和电感元件的标识符分别是 C 和 L,N1、N2 是元件两端的节点。IC 是元件电压或电流的初始值。

③ 互感与理想变压器。

Lname1 N1 N2 Lname1 Value
Lname2 M1 M2 Lname2 Value
K⟨name⟩ Lname1 Lname2 k

N1、N2 和 M1、M2 分别是电感 Lname1 和 Lname2 两端的节点,N1、M1 是同名端。耦合系数:$k = \dfrac{M}{\sqrt{L_1 L_2}}$。SPICE 没有用于理想变压器的模型,一般用耦合系数等于 1 的互感来模拟。但是 SPICE 不支持耦合系数 $k=1$ 的互感,所以理想变压器的耦合系数 k 的取值尽量接近 1 但不能等于 1(如:取 $k=0.999\,99$)。

(2) 电源。

① 独立恒压源和恒流源(Independent Voltage Sources and Current Sources)。

恒压源:

V⟨name⟩ N1 N2 Type Value

恒流源:

I⟨name⟩ N1 N2 Type Value

电压源和电流源的标识符分别是 V 和 I。对于电压源,N1 是电源的正端节点,N2 是电源的负端节点;对于电流源,电流从 N1 流入,从 N2 流出。

Type 指电源的形式,电源的形式可以是 DC、AC 或 TRAN,与分析的种类有关。

② 正弦交流电源(Sinus)。

正弦电压源:

V⟨name⟩ N1 N2 SIN (U_0　U_m　f　t_d　α　φ)

正弦电流源:

I⟨name⟩ N1 N2 SIN (I_0　I_m　f　t_d　α　φ)

对电压源,电动势的参考方向由 N2 指向 N1;对电流源,电流的参考方向由 N1 指向 N2。语句中的各个参数的含义请参考正弦电源的表达式和表 EF7.1:

$$u = U_0 + U_m e^{\alpha(t-t_d)} \sin\left[2\pi f(t-t_d) + 2\pi \cdot \frac{\varphi}{360}\right] (\text{V})$$

$$i = I_0 + I_m e^{\alpha(t-t_d)} \sin\left[2\pi f(t-t_d) + 2\pi \cdot \frac{\varphi}{360}\right] (\text{A})$$

表 EF7.1　正弦交流电源的参数

参　数	含　义	默　认　值	单　位
U_0	直流偏置电压	0	V
U_m	交流电压的幅值	1	V
I_0	直流偏置电流	0	A
I_m	交流电流的幅值	1	A
f	频率		Hz
φ	初相位	0	°
t_d	延迟时间	0	s
α	阻尼系数	0	0

如果阻尼系数和初相位取默认值 0,可以省略。

如果只进行频率扫描分析,交流信号源写成如下形式:

V⟨name⟩ N1 N2 AC Value Phase

Value 是幅值,默认值是 1。Phase 是初相位,默认值是 0。默认值可以省略。

③ 脉冲电源(Pulse Source)。

电压源:

V⟨name⟩ N1 N2 Pulse(V1 V2 Td Tr Tf Pw Per)

电流源:

I⟨name⟩ N1 N2 Pulse(V1 V2 Td Tr Tf Pw Per)

结合图 EF7.16,各项参数的含义、默认值和单位见表 EF7.2。请注意,脉冲是从 $t=0$ 时刻开始的,即 $t<0$ 时的电压是 0。

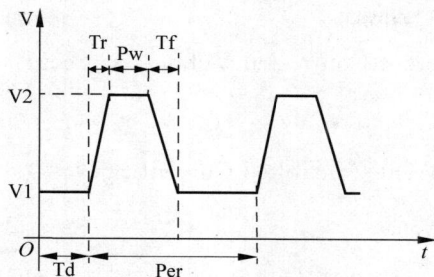

图 EF7.16　脉冲波形

表 EF7.2　脉冲电源的参数

参　　数	含　　义	默　认　值	单　　位
V1	低电压(或电流)		V 或 A
V2	高电压(或电流)		V 或 A
Td	延迟时间	0.0	s
Tr	上升时间	TSTEP	s
Tf	下降时间	TSTEP	s
Pw	脉冲宽度	TSTOP	s
Per	周期	TSTOP	s

④ 分段线性化电源(Piece-Wise Linear Source)。

V〈name〉N1 N2 PWL(T1 V1 T2 V2 T3 V3 …)
I〈name〉N1 N2 PWL(T1 I1 T2 I2 T3 I3 …)

其中,PWL 是分段线性化电源的标识,T1 和 V1、T2 和 V2、T3 和 V3……是各拐点的时间和电压值。

例如,图 EF7.17 所示的分段线性化电源可表示为

Vg 1 2 PWL(0 0 10U 5 100U 5 110U 0)

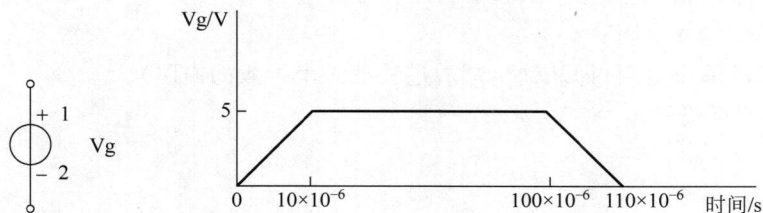

图 EF7.17　分段线性化电源

⑤ 线性受控源(Linear Dependent Sources)。

压控电压源(Linear Voltage-Controlled Voltage Sources):

E〈name〉N1 N2 NC1 NC2 Value

压控电流源(Linear Voltage-Controlled Current Sources):

G〈name〉N1 N2 NC1 NC2 Value

流控电压源(Linear Current-Controlled Voltage Sources)：

H〈name〉N1 N2 Vcontrol Value

流控电流源(Linear Current-Controlled Current Sources)：

F〈name〉N1 N2 Vcontrol Value

在压控电压源和压控电流源中,控制电压的端点是节点 NC1 和 NC2;在流控电压源和流控电流源中,控制电流是电压源 Vcontrol 中的电流,Vcontrol 可能是为了测量支路电流而添加到电路中的 0V 电压源。

2) 分析语句

(1) .OP 分析语句。

.OP 命令指示 SPICE 计算如下结果：

① 各节点的电压；

② 流过独立恒压源的电流；

③ 每个元件的静态工作点。

.OP 是分析直流电路最常用的命令。

(2) .DC 分析语句。

一般形式：.DC SRCname START STOP STEP。

其中,SRCname 是要扫描的电源,START 是起始值,STOP 是终止值,STEP 是扫描步长。

.DC 命令对独立直流电源的参数进行扫描计算。

(3) .TF 分析语句。

一般形式：.TF OUTSRC INSRC

其中,OUTSRC 是输出变量,INSRC 是输入变量。.TF 命令指示 SPICE 计算电路的如下直流小信号特性：

① 输出变量与输入变量的比值(称为增益或传输函数)；

② 输入端的输入电阻；

③ 输出端的输出电阻(即从输出端看进去戴维南等效的内阻)。

(4) .AC 分析语句。

一般形式：

```
.AC    Lin N_p    f_start f_stop
.AC    Dec N_d    f_start f_stop
.AC    Oct N_o    f_start f_stop
```

其中,f_{start} 表示起始频率,单位 Hz;f_{stop} 表示结束频率,单位 Hz;Lin 表示横轴频率刻度为线性;Dec 表示横轴频率刻度为十倍制;Oct 表示横轴频率刻度为八倍制;N_p 表示从起始频率到终止频率间采样的点数;N_d 表示每十倍频的采样点数;N_o 表示每八倍频的采样点数。

.AC 语句用于分析电路中任意电量的幅频特性和相频特性,分析的结果可以以幅频特性曲线和相频特性曲线的方式输出。

（5）.TRAN 分析语句。

一般形式：

.TRAN T_{step} T_{stop} 〈T_{start}〈T_{max}〉〉〈UIC〉

其中，T_{step} 表示打印结果的时间步长；T_{stop} 表示终止时间；T_{start} 表示起始时间，若不设定，则缺省值为 0；T_{max} 表示最大步长。

若语句中有〈UIC〉，则表明应考虑元件中指定的初始值，否则不予考虑。

.TRAN 分析语句是在指定的时间段内对电路做暂态分析。

（6）.FOURIER 分析语句。

一般形式：

.FOUR(或 FOURIER) Freq OV1 〈OV2 OV3 …〉

其中，Freq 是基波频率，OV1、OV2、OV3 等是要分析输出的节点电压，"〈 〉"中的内容是可选的。因此，用.Four 语句可以同时对多个节点电压进行傅里叶分析。

3）子电路与模型语句

（1）子电路语句。

子电路的定义：

.SUBCKT SUBNAME N1 N2 N3 …
Element statements
……
.ENDS SUBNAME

子电路调用语句的标识符是 X，一般格式是：

.X〈name〉N1 N2 N3… SUBNAME

除节点"0"外，子电路中的其他节点都是局部节点，名称可以与电路中的其他节点相同。但是，子电路中的节点"0"是全局节点，永远与电路的参考点相连。子电路允许嵌套，但是不允许循环，就是说，子电路 A 可以调用子电路 B，但是子电路 B 不能再调用子电路 A。

（2）.Model 语句。

模型定义：

.Model MODName Type (parameter values)

其中，MODName 是元件名称，Type 是 SPICE 预定义的元件模型名称，"（）"中是对应的元件模型的参数定义。SPICE3F5 中预定义的元件模型见表 EF7.3。

表 EF7.3　元件模型名称

元　　件	名　　称	元　　件	名　　称
R	半导体电阻	URC	均匀分布的 RC 参数
C	半导体电容	LTRA	损耗传输线
SW	压控开关	D	二极管
CSW	流控开关	NPN	NPN 三极管

续表

元　　件	名　　称	元　　件	名　　称
PNP	PNP 三极管	PMOS	P 沟道 MOSFET
NJF	N 沟道结型场效应管	NMF	N 沟道 GaAs MESFET
PJF	P 沟道结型场效应管	PMF	P 沟道 GaAs MESFET
NMOS	N 沟道 MOSFET		

① 开关模型（Switch Model）。

SPICE 中定义了压控开关和流控开关的模型，它们可以不是理想开关，开关的电阻随控制电压或电流的连续变化而跳变。当开关闭合时，电阻为 RON；当开关断开时，电阻为 ROFF。对于理想开关，可以使 RON＝0，ROFF 给定一个足够大的数值（如 1E20）。

a. 压控开关（Voltage Controlled Switch）。

模型参数定义：

.Model SMOD SW(RON＝ , VON＝ , ROFF＝)

开关调用语句：

S〈name〉N1 N2 NC1 NC2 SMOD

调用压控开关的标识符是 S，NC1 和 NC2 是控制端，N1 和 N2 是开关两端的节点，VON 是使开关动作的控制电压。

b. 流控开关（Current Controlled Switch）。

模型参数定义：

.Model SMOD CSW(RON＝ , VON＝ , ROFF＝)

开关调用语句：

W〈name〉N1 N2 Vname SMOD

调用流控开关的标识符是 W，电压源 Vname 中的电流是控制电流，N1 和 N2 是开关两端的节点。

② 二极管模型（Diode Model）。

模型参数定义：

.Model diodename D (IS＝ N＝ Rs＝ CJO＝ Tt＝ BV＝ IBV＝ …)

二极管调用语句：

D〈name〉N＋ N－ diodename

其中，N＋是二极管的阳极，N－是二极管的阴极。括号中是二极管的参数，每个参数都有默认值，如果在定义参数时没有重新定义，就会自动使用默认值。

4) 输出语句（Output Statements）

打印输出语句：

.PRINT TYPE OV1 OV2 OV3 …

绘图输出语句:

.PLOT TYPE OV1 OV2 OV3 …

.PRINT 列表输出变量 OV1 OV2 OV3 …。.PLOT 绘图输出变量 OV1 OV2 OV3 …,绘图输出的横坐标是分析中的扫描变量或进行弛豫分析的时间变量。TYPE 是所进行分析的形式,可以是 DC、TRAN 和 AC 这三种形式。

实验 8　Multisim 电路仿真实验

1. 实验目的

(1) 熟悉 Multisim 的使用方法。
(2) 用 Multisim 输入并仿真电路。

2. 实验设备

Multisim 仿真软件。

3. 实验内容

运行 Multisim,熟悉其主菜单和工具栏;认识元件箱和选择元件的方法;熟悉万用表、示波器、信号源、波特图产生器的使用方法。

实验 8-1　研究电压表内阻对测量结果的影响

输入如图 8.1 所示的电路图,在"setting"中改变电压表的内阻,使其分别为 200kΩ、5kΩ 等,观察其读数的变化,研究电压表内阻对测量结果的影响。

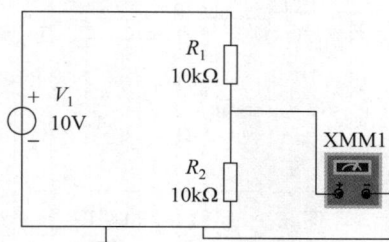

图 8.1　实验 8-1 电路图

实验 8-2　*RLC* 串联谐振的研究

输入如图 8.2 所示的电路,调节信号源频率,使之低于、等于、高于谐振频率时,用示波器观察波形的相位关系,并记录电流值。用波特图仪观测谐振时的幅频特性曲线和相频特性曲线,并使用光标测量带宽。

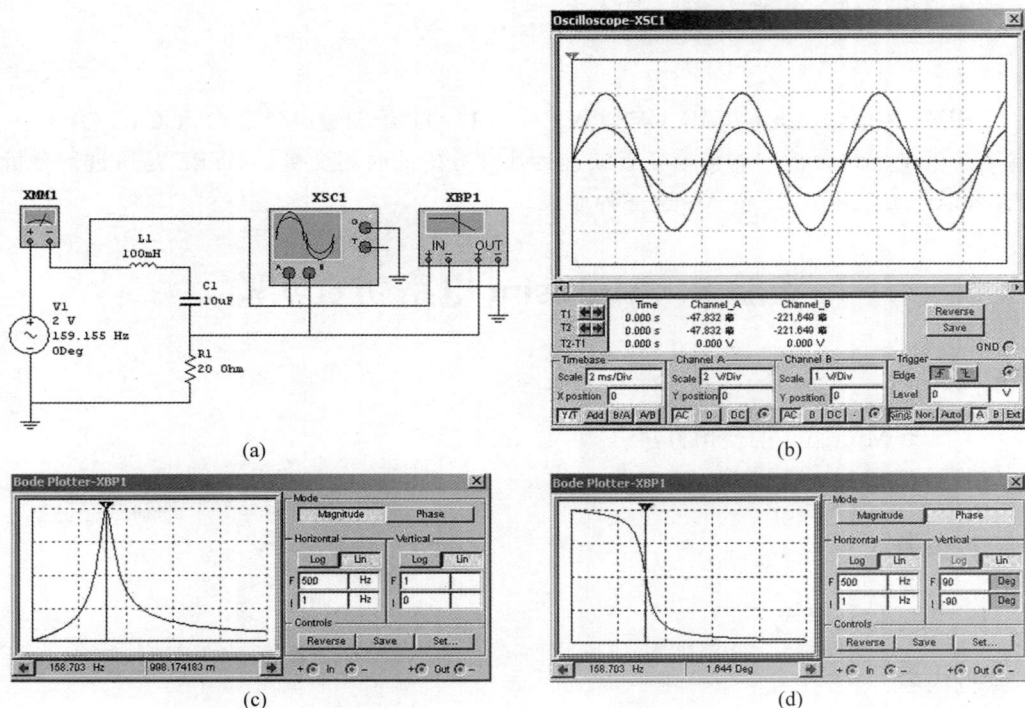

图 8.2　实验 8-2 图
（a）仿真电路；（b）波形图；（c）幅频特性；（d）相频特性

实验 8-3　*RC* 电路过渡过程的研究

输入如图 8.3 所示的电路，启动后按空格键来拨动开关，用示波器观测电容电压的过渡过程曲线，并使用光标测量时间常数 τ。

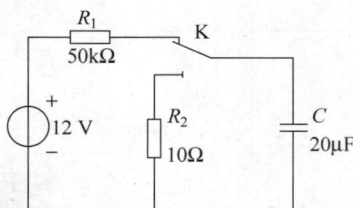

图 8.3　实验 8-3 电路图

实验 8-4　自 选 实 验

（1）如图 8.4 所示电路，用仿真方法求电流 I，用"直流工作点分析法"求 A、B、C 三节点的电位。

（2）如图 8.5 所示电路，虚线框内是 40W 日光灯的等效电路，电源电压 u 为 220V、50Hz 的正弦交流电压，求在不接入电容、接入 2μF 电容、接入 4.5μF 电容三种情况下，日光灯电路（包括外接电容）的有功功率 P、功率因数 $\cos\varphi$ 和电流 I。（注意 Multisim 中给出的交流电源（AC Power Source）电压值是有效值 V_{rms} 还是最大值 V_{pk}。）

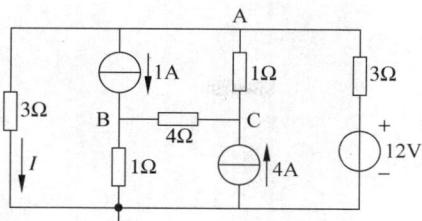

图 8.4 实验 8-4 电路图 1

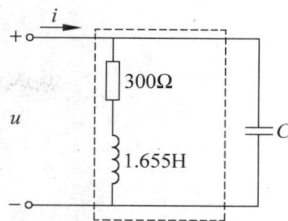

图 8.5 实验 8-4 电路图 2

（3）如图 8.6(a)所示 RC 脉冲分压器电路，u_i 是频率为 10Hz、幅度为 10V 的方波，波形如图 8.6(b)所示。就以下三组参数进行仿真，求电容 C_2 两端的电压 u_{C2} 的波形：

① $R_1 = 3\text{k}\Omega, C_1 = 2\mu\text{F}, R_2 = 2\text{k}\Omega, C_2 = 3\mu\text{F}$；

② $R_1 = 3\text{k}\Omega, C_1 = 3\mu\text{F}, R_2 = 2\text{k}\Omega, C_2 = 2\mu\text{F}$；

③ $R_1 = 2\text{k}\Omega, C_1 = 2\mu\text{F}, R_2 = 3\text{k}\Omega, C_2 = 3\mu\text{F}$。

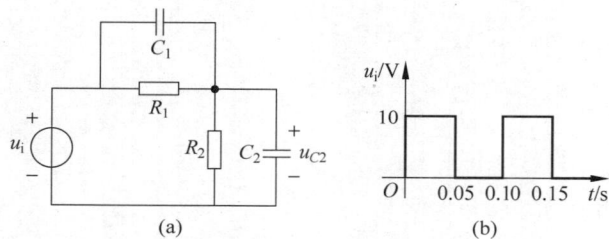

图 8.6 实验 8-4 电路图 3

4. 总结要求

整理仿真电路及测量结果的截图和数据，在网络学堂上传电子版仿真实验报告。

第 2 部分　电子技术实验

实验 9　单管放大电路实验

1. 实验目的

（1）学习放大电路静态工作点的测量方法和调试方法。
（2）研究放大电路的动态性能。
（3）研究静态工作点对动态性能的影响。
（4）学习基本交直流仪器仪表的使用方法。

2. 实验仪器和设备

（1）数字万用表。
（2）数字存储示波器。
（3）正弦信号源。
（4）模拟电路实验箱。

3. 预习内容

（1）阅读各项实验内容，理解有关原理，明确实验目的。
（2）写好预习报告，完成下述预习内容：

① 图 9.1 中，设晶体管的静态发射极电流 $I_E = 1.25\text{mA}$，$\beta = 65$，试计算静态的 V_B、U_{CE} 和动态电阻 r_{be}（计算静态工作点时，假设电位器 R_W 调整到一半的位置，即 $50\text{k}\Omega$）。

② 求有载（接入 R_L，$R_L = 5.1\text{k}\Omega$）和空载（R_L 断开）两种情况下的电压放大倍数 $A_u \left(A_u = \dfrac{U_o}{U_i} \right)$。

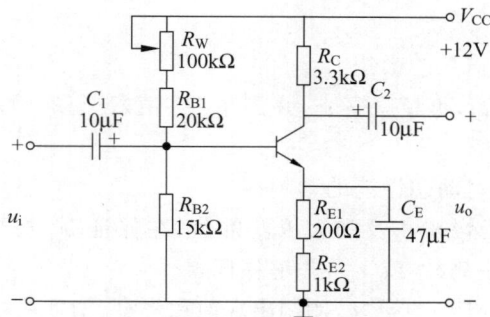

图 9.1　实验 9-1 电路图

4. 实验内容

实验 9-1　单管放大电路的静态研究

（1）将图 9.1 所示的实验电路接入 12V 电源。调节 R_W 的值，使 $V_E = 1.5$V（即 $I_E = 1.25$mA），然后按表 9.1 的内容测量其他各量。

说明：静态时测量的是直流量，应该用仪器仪表的直流挡，并注意正确选择量程（也可以用示波器测量，但精度低）。

（2）左右少许转动 R_W，分别定性观察表 9.1 中各量的变化趋势（↑、↓或—）并记录于表 9.1 中。

表 9.1　实验 9-1 数据记录表

R_W	V_E/V	U_{CE}/V	U_{R_C}/V	U_{BE}/V	V_B/V
调节值	1.5				
↑					
↓					

实验 9-2　单管放大电路的动态研究

（1）定性观察放大现象。

① 重调静态 $V_E = 1.5$V。

② 调整正弦信号源的输出电压为 1kHz、5mV（注：信号源显示的电压值为峰-峰值）。

③ 将信号源电压加于图 9.1 所示电路的输入端 u_i 处。

④ 断开 R_L，用示波器同时观察 u_i 和 u_o 的波形，比较二者的幅度和相位关系，体会放大效果。

说明：u_i 与 u_o 为交变电压，示波器输入耦合可选用"AC"方式。同时，信号源、实验电路和示波器之间应共地连接。

（2）测量并记录输入电压 U_i、输出电压 U_o，计算空载电压放大倍数，并与预习结果相比较。

说明：测量 U_i、U_o 应该用仪器仪表的交流挡，也可以用示波器的光标测量波形的峰-峰值（U_{ipp}、U_{opp}）。

（3）观察负载对放大倍数的影响。

接入 R_L（$R_L = 5.1$kΩ），重新观察 u_o 并测量 U_o 值，计算有载电压放大倍数，并与预习结果相比较。

（4）观察静态工作点对动态性能的影响。

① 在（3）的基础上，慢慢减小及加大 R_W 的值，在保证 u_o 波形不失真的情况下，观察 u_o 的幅度随 R_W 的变化趋势（↑或↓），并解释现象。

② 断开 R_L，慢慢减小 R_W 直至 u_o 刚刚出现饱和失真（勿使失真过于严重），然后去掉信号源，按表 9.1 中所示内容重新测量并记录各静态量，确定 Q 点的位置，解释出现失真的原因。

③ 仍断开 R_L，调信号源电压，使 $U_i = 10$mV，然后慢慢加大 R_W，直至 u_o 的正半周出现明显截止失真，重复②中的测量和讨论。

说明：晶体管的截止并非突变过程，因此，所谓截止失真并不像饱和失真那样有明显的分界可供判断。

实验 9-3　研究单管放大电路的频率特性

在图 9.1 所示的电路中，重调静态 $V_E = 1.5V$，$U_i = 5mV$，且接入 R_L（$R_L = 5.1k\Omega$），连续调节信号源频率，实测放大器上、下限截止频率，计算通频带宽度 Δf。

实验 9-4　射极输出器的研究

1）参数估算

在图 9.2 所示的射极输出器中，设 $\beta = 65$，负载电阻 $R_L = 5.1k\Omega$。

（1）试求该射极输出器的输入电阻 r_i。

（2）若信号源内阻 $R_S = 5.1k\Omega$，求该射极输出器的输出电阻 r_o。

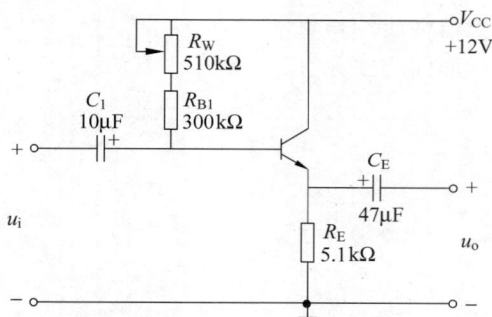

图 9.2　实验 9-4 电路图

2）观察射极输出器的电压跟随现象

将图 9.2 所示的电路接入 12V 电源，调节静态工作点 $V_E = 1.5V$。令 $U_i = 0.5 \sim 1V$（可调），$f = 1kHz$，用示波器同时观察 u_i 和 u_o 的幅度和相位，了解跟随现象。空载和带载时测量并记录 U_i、U_o，并计算空载和带载时的电压放大倍数。

实验 9-5　研究射极电流负反馈放大器的放大倍数及频率特性

测量图 9.3 所示电路的放大倍数及频率特性，并与图 9.1 所示的电路进行比较，说明电阻 R_{E1} 的作用。

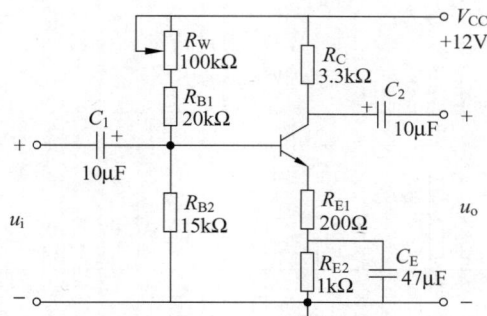

图 9.3　实验 9-5 电路图

5．总结要求

在实验总结报告上完成下述内容：

（1）在同一个坐标平面上画出实验 9-2 的步骤(1)和步骤(4)的②③中所测定的 3 个 Q 点及相应的交直流负载线，讨论 Q 点的位置与波形失真的关系。

（2）写出对实验 9-2 的步骤(4)中①现象的解释。

（3）总结示波器的使用要点。

实验 10   晶体管多级放大器与负反馈放大器实验

1．实验目的

（1）熟悉多级放大器各级间的关系。

（2）研究负反馈对放大器性能的影响。

（3）学习放大器动态性能的测试方法。

2．实验仪器和设备

（1）数字万用表。

（2）数字存储示波器。

（3）正弦信号源。

（4）模拟电路实验箱。

3．预习内容

（1）阅读各项实验内容，理解有关原理，明确实验目的。

（2）图 10.1 所示的电路中，当 $R_L = \infty$ 和 $R_L = 5.1\text{k}\Omega$ 时，计算开环时的各级电压放大倍数 A_{u1}、A_{u2} 和总电压放大倍数 A_u，设 $\beta_1 = \beta_2 = 100$。

说明：

① 图 10.1 中，R_{01}、C_1、C_2 及 R_{02}、C_9、C_{10} 分别组成两个 RC 低通滤波器，对电源 V_{CC} 进行去耦滤波。

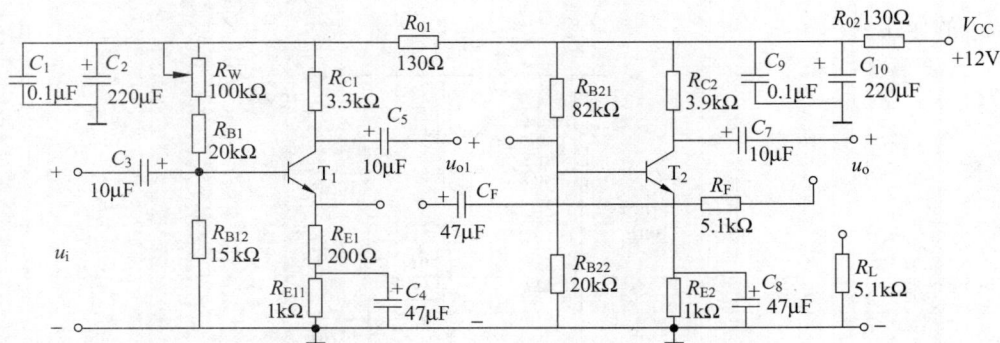

图 10.1   实验 10 电路图

② 计算开环电压放大倍数时,要考虑反馈网络对放大器的负载效应。对于第一级电路,该负载效应相当于 C_F、R_F 与 R_{E1} 并联,由于 $R_{E1} \ll R_F$,所以 C_F、R_F 的作用可以略去。对于第二级电路,该负载效应相当于 C_F、R_F 与 R_{E1} 串联后作用在输出端,由于 $R_{E1} \ll R_F$,所以可忽略 R_{E1},近似看成第二级只接有内部负载 C_F、R_F。

(3) 根据图 10.1 所示的电路,画出利用 C_F、R_F 支路构成级间电压串联负反馈的连线图。计算级间反馈系数 F 和闭环电压放大倍数 A_{uf}。

4. 实验内容

实验 10-1 两级放大器的静态研究

将图 10.1 所示的电路接入 12V 电源,调节 R_W 使 $V_{E1} = 1.2V$。按表 10.1 中所示测量 V_B、V_E、U_{CE} 的值,并计算 I_E 和 r_{be} 的值。

表 10.1 实验 10-1 数据记录表

放大器	V_B/V	V_E/V	U_{CE}/V	I_E/mA	r_{be}/Ω
第一级					
第二级					

实验 10-2 开环电压放大倍数和输出电阻的测量

在图 10.1 所示的电路中,令输入电压 $U_i = 1mV$,$f = 1kHz$。为近似考虑反馈网络的负载效应,应将 C_F、R_F 支路作为输出端的内部负载。

用示波器观察 u_{o1}、u_o 的波形,在保证输出波形不失真和无振荡的情况下,按表 10.2 中所示测量 U_i、U_{o1}、U_o 的值,并计算 A_{u1}、A_{u2}、A_u 和 r_o 的值。

表 10.2 实验 10-2 数据记录表

条件	U_i/V	U_{o1}/V	U_o/V	A_{u1}	A_{u2}	A_u	r_o/Ω
$R_L = \infty$	0.001						
$R_L = 5.1k\Omega$	0.001						

其中,r_o 的计算公式为

$$r_o = \left(\frac{U_{oO}}{U_{oL}} - 1 \right) \times R_L$$

式中 U_{oO}——输出端空载时的输出电压;

U_{oL}——接入负载 R_L 时的输出电压。

实验 10-3 闭环研究

利用图 10.1 中的 C_F、R_F 支路引入级间电压串联负反馈。

1）闭环电压放大倍数的测量

令 $U_i=1\text{mV}$，$f=1\text{kHz}$，按表 10.3 中所示，分别测量 $R_L=\infty$ 和 $R_L=5.1\text{k}\Omega$ 时的 U_o 值，并计算 A_{uf} 和 r_o。根据实测结果，验证 A_{uf} 是否近似等于 $1/F$，并讨论电压级间负反馈电路的带负载能力。

表 10.3　实验 10-3 数据记录表（1）

条　件	U_i/V	U_o/V	A_{uf}	r_o/Ω
$R_L=\infty$	0.001			
$R_L=5.1\text{k}\Omega$	0.001			

2）观察负反馈对非线性失真的改善作用

保持输入信号频率不变，放大器开环，适当加大 u_i 的幅度，使 u_o 波形出现失真（不要过分失真）。观察时将 u_o 波形的过零点调在荧光屏的 X 坐标轴上，对比 u_o 正、负半周波形幅度的差值，即失真波形的幅度。

接入负反馈后，再适当增加 u_i 的幅度，使 u_o 维持前面不失真半周的幅度不变，观察负反馈对失真波形的改善作用。

3）研究负反馈对放大倍数稳定性的影响

接入负反馈后放大器空载。输入信号 $U_i=1\text{mV}$，$f=1\text{kHz}$，电源电压从 $V_{CC}=+12\text{V}$ 降到 $V'_{CC}=+8\text{V}$。按表 10.4 中的要求，比较开环和闭环电压放大倍数的相对变化量 $\Delta A_{uo}/A_{uo}$ 和 $\Delta A_{uf}/A_{uf}$。研究负反馈对放大倍数的稳定作用。

表 10.4　实验 10-3 数据记录表（2）

条　件	V_{CC}	V'_{CC}	$\Delta U/U$
开　环	U_o	U'_o	$(U_o-U'_o)/U_o$
闭　环	U_{of}	U'_{of}	$(U_{of}-U'_{of})/U_{of}$

说明：图 10.1 所示的电路在开环和闭环接法下 U_i 均维持不变，所以有

$$\frac{\Delta A_{uo}}{A_{uo}}=\frac{U_o-U'_o}{U_o}\quad\text{和}\quad\frac{\Delta A_{uf}}{A_{uf}}=\frac{U_{of}-U'_{of}}{U_{of}}$$

4）研究负反馈对输入电阻的影响

在图 10.1 所示电路的输入回路中串入一个电阻 $R(R=2\text{k}\Omega)$，加入正弦信号使 $U_S=10\text{mV}$，$f=1\text{kHz}$，输出端空载，接法如图 10.2 所示。

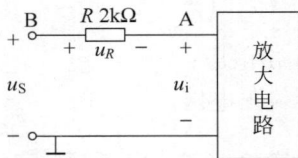

图 10.2　输入电阻的测量电路

按表 10.5 中所示，测量开环和闭环时的 $U_B(U_S)$ 和 $U_A(U_i)$ 值，计算 I_i 和 r_i 的值，比较串联负反馈对放大器输入电阻的影响。

表 10.5 实验 10-3 数据记录表（3）

条 件	U_B/V	U_A/V
开 环		
闭 环		

说明：分析图 10.2 所示的电路图,有

$$U_R = U_B - U_A = U_B - U_i$$

$$r_i = \frac{U_i}{I_i} = \frac{U_i}{U_R/R} = R\frac{U_A}{U_B - U_A}$$

从而可以算出放大器的输入电阻 r_i。

5）研究负反馈对放大器通频带的影响

给定输入信号 $U_i = 1\text{mV}$ 保持不变,改变输入信号的频率,测量开环和闭环时的上限、下限截止频率。监测 U_o 值的变化,找出 f_L 和 f_H。对照实测结果,说明负反馈对展宽通频带所起的作用。

5. 总结要求

（1）总结多级放大器放大倍数的计算关系。

（2）根据实验结果,总结负反馈对放大器动态性能的各方面影响。

实验 11　直流稳压电源实验

1. 实验目的

（1）掌握晶体管串联直流稳压电源的工作原理和电压调节方法。

（2）了解限流式过流保护电路的保护作用。

2. 实验仪器和设备

（1）电力电子技术实验箱。

（2）双踪数字示波器。

（3）数字万用表。

3. 实验说明

实验电路如图 11.1 所示,图中小孔表示实验箱面板上的接线孔或测量孔。

直流电源的主要技术指标有以下三个：

（1）稳压系数 S——负载电流 I_L 和环境温度不变时,电源电压 U_1 的相对变化与由它所引起的 U_o 的相对变化的比值,即

$$S = \frac{\Delta U_o}{U_o} \bigg/ \frac{\Delta U_1}{U_1}$$

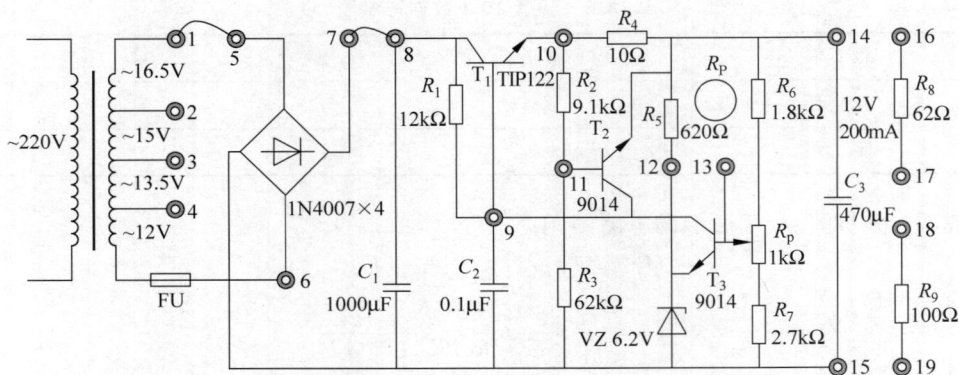

图 11.1　直流稳压电源图

（2）输出电阻（也称内阻）r_o——电源电压 U_1 和环境温度不变时，负载电流 I_L 的变化与由它所引起的 U_o 的变化的比值，即

$$r_o = \frac{\Delta U_o}{\Delta I_L}$$

（3）纹波电压 $\tilde{U}_o$——稳压电源输出直流电压 U_o 上所叠加的交流分量。通常在 I_L 最大时 $\tilde{U}_o$ 也最大。实际应用中，$\tilde{U}_o$ 常用纹波的峰-峰值 ΔU_{oPP} 表示，以便对不同的稳压电源的性能进行比较。ΔU_{oPP} 可用示波器测量。

4. 预习内容

（1）分析图 11.1 所示电路中的负反馈过程。

（2）估算该电路输出电压的范围。

（3）图 11.1 中晶体三极管 T_2 起限流保护作用，试分析其原理。

5. 实验内容

（1）按图 11.1 连接电路，确认无误后方可通电。

（2）测试输出电压的可调范围。

① 连接图 11.1 中的接线孔 1 与 5（即输入电压 $U_2 = 16.5V$），再连接接线孔 7 与 8，负载开路（$R_L = \infty$）。

② 将图 11.1 中的电位器 R_P 逆时针调到底，再慢慢增大 R_P，观察输出电压的变化，并记录输出电压的调节范围。

（3）研究输入电压波动时的稳压情况（设负载电阻不变，$R_L = \infty$）。

① 连接接线孔 1 与 5（即输入电压为 16.5V），再连接接线孔 7 与 8，负载开路（$R_L = \infty$）。

② 调节电位器 R_P 使 $U_o = 12V$。

③ 将接线孔 5 分别与接线孔 2、3、4 连接，其他部分接线同上，测量输出电压 U_o 的值并记录于表 11.1 中。

表 11.1 实验记录表（1）

输入电压 U_2/V	16.5	15	13.5	12
输出电压 U_o/V	12			

（4）研究负载电阻变化时的稳压情况。

① 连接接线孔 1 与 5（即输入电压为 16.5V），再连接接线孔 7 与 8，负载开路（$R_L=\infty$）。

② 调节电位器 R_P 使 $U_o=12$V。

③ 将负载电阻分别改为 162Ω、100Ω、62Ω，测量输出电压 U_o 的值并记录于表 11.2 中。

表 11.2 实验记录表（2）

负载电阻 R_L/Ω	∞	162	100	62
输出电压 U_o/V	12			

（5）观察输入、输出端直流电压的纹波。

① 连接接线孔 1 与 5（即输入电压为 16.5V），再连接接线孔 7 与 8，负载开路（$R_L=\infty$）。

② 调节电位器 R_P 使 $U_o=12$V。

③ 将示波器 1 通道探头的地线接至"15"端，测试线接至"14"端，2 通道的测试线接至"8"端。接通电源，观察并测量输入、输出直流电压的纹波，并记录于表 11.3 中。

表 11.3 实验记录表（3）

ΔU_{iPP}/V	
ΔU_{oPP}/V	

6. 总结要求

分析实验数据，并与预习的结果相比较。

实验 12 模拟运算电路及有源滤波器实验

1. 实验目的

（1）熟悉集成运算放大器的性能，掌握其使用方法。

（2）研究集成运算放大器的典型线性应用电路，掌握其工作原理及调试方法。

2. 实验仪器和设备

（1）数字存储示波器。

（2）数字万用表。

（3）模拟电路实验箱。

3. 实验内容

实验 12-1　反相求和放大电路

(1) 预习: 图 12.1 中, 电阻 R_3 应为多大? 计算 $U_o = f(U_{i1}, U_{i2}) = ?$

(2) 实验电路如图 12.1 所示。根据预习确定 R_3 的阻值, 按表 12.1 的要求进行测量, 并判断是否与理论计算相符。

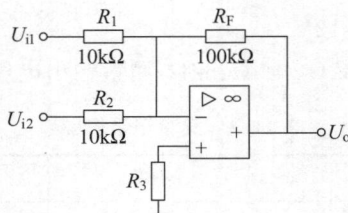

图 12.1　实验 12-1 电路图

表 12.1　实验 12-1 数据记录表

U_{i1}/V	0.3	-0.3
U_{i2}/V	0.2	0.2
U_o/V		

实验 12-2　双端输入放大电路

(1) 预习: 图 12.2 中, $R_1 = R_3$, $R_2 = R_4$。求: $U_o = f(U_{i1}, U_{i2}) = ?$　$A_f = ?$

(2) 实验电路如图 12.2 所示, 完成表 12.2 所示内容的测量。

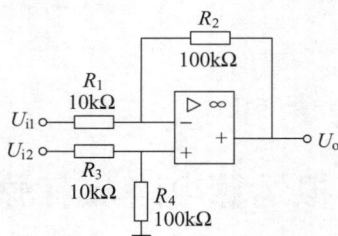

图 12.2　实验 12-2 电路图

表 12.2　实验 12-2 数据记录表

U_{i1}/V	1	2	0.2
U_{i2}/V	0.5	1.8	-0.2
U_o/V			

(3) 总结要求:

① 对比三组实测数据, 说明该电路的工作特点。

② 说明双端输入电路与单端输入电路之间的相互关系。

实验 12-3　反相积分器

(1) 预习：图 12.3 中，①设 $U_i = -1V$，开关 K 长时间闭合，计算 $U_o = ?$ $U_C = ?$ ②设 $U_i = -1V$，时间 $t = 0$ 时令开关 K 断开，计算 $u_o(t) = ?$（$t \geqslant 0$）。③设运算放大器的饱和输出电压 $U_{omax} = \pm 10V$，求有效积分时限 $t_M = ?$

(2) 实验电路如图 12.3 所示。

① 令 $U_i = -1V$，操作开关 K，用示波器观察 u_o 随时间变化的规律。

② 实测饱和输出电压 U_{omax} 及有效积分时限 t_M 的值。

(3) 改变图 12.3 中的外接电路参数，使 $C = 0.1\mu F$，其他参数不变。打开 K，输入端加入 $U_i = 1V$、$f = 100Hz$ 的正弦信号，用双线示波器观察 u_o 与 u_i 的大小及相位关系，研究该电路对正弦信号的运算功能。

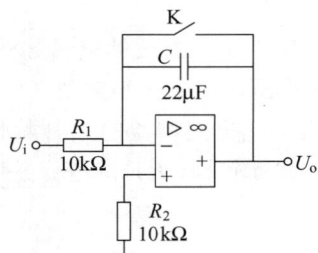

图 12.3　实验 12-3 电路图

(4) 令图 12.3 中的 $R_1 = R_2 = 1M\Omega$，$C = 22\mu F$，输入 500Hz、$\pm 6V$ 的方波信号，观察输出端的波形。

实验 12-4　运算电路（设计型实验）

现有 3 个集成运算放大器、10 个 $10k\Omega$ 的电阻及 3 个 $20k\Omega$ 的电阻，试设计一个运算电路，该电路能实现如下运算：

$$U_o = 2U_{i1} - 3U_{i2}$$

并通过实验验证自己的设计是否正确。将设计图及实验方案交由指导教师审查后，方可进行实验。

实验 12-5　低通滤波器

(1) 预习：写出图 12.4 所示电路的增益特性 $A_u(j\omega) = \dot{U}_o / \dot{U}_i$ 的表达式，计算截止频率 f_0，分析 A_u 的幅频特性。

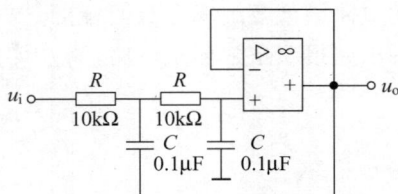

图 12.4　实验 12-5 电路图

(2) 实验电路如图 12.4 所示。

按表 12.3 中的内容进行测量，并画出电路增益的幅频特性曲线。

表 12.3　实验 12-5 数据记录表

U_i/V	1	1	1	1	1	1	1
f/Hz	0	50	90	110	130	160	180
U_o/V							

实验 12-6　带阻滤波器（设计型实验）

双 T 带阻滤波器电路如图 12.5 所示，推导此电路的传递函数及电路增益的幅频特性函数。设计一个中心频率 $f_0 = 50\text{Hz}$ 的双 T 带阻滤波器，选择元件参数并进行实验。实测 f_0 并测出电路增益的幅频特性，画出相应曲线。（参考数据：$R = 626\text{k}\Omega$，$C = 5100\text{pF}$，$2C$ 即采用两个 5100pF 的电容并联，$R_1 = 2.7\text{k}\Omega$，$R_2 = 8.2\text{k}\Omega$。）

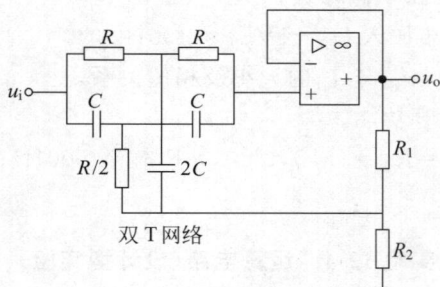

图 12.5　实验 12-6 电路图

4. 总结要求

（1）根据实测数据，说明电路的工作特点。

（2）根据实验记录，画出电路增益的幅频特性曲线。

实验 13　集成运放失调参数的测量

1. 实验目的

（1）了解实际集成运放的电路模型及失调参数的含义。

（2）能够根据集成运放的电路模型搭建测试电路，测量其失调电压和失调电流。

2. 实验仪器和设备

（1）模拟电路实验箱。

（2）四位半万用表或台式电压表。

3. 预习内容

（1）详细阅读本实验附录关于集成运放的失调参数及测量方法。

（2）根据实验内容中所给出的电路数据，写出失调参数的计算式，准备好测量记录表格。

（3）在网上搜索下载实验中所使用的集成运放的参数手册，从参数表中查找出失调电压和失调电流值，与实际测量数据进行比较。

4. 实验内容

（1）采用本实验附录中的图 EF13.5 所示的测量电路，集成运放 LM324 的电源采用 ±12V。利用 Multisim 仿真测量 LM324、TL084BCD 和 OPA364ID 的失调参数，利用本实验附录中的式（13.4）和式（13.3）分别计算失调电压和失调电流，一并记录于表 13.1。

表 13.1　仿真测量失调参数的记录表

元　件	U_1	U_2	U_{IO}	I_{IO}
LM324				
TL084BCD				
OPA364ID				

（2）按照本实验附录中的图 EF13.5 连接电路，集成运放 LM324 的电源用 ±15V 或者 ±12V。分别测量开关全部闭合时的输出电压 U_{o1} 和开关全部打开时的输出电压 U_{o2}。利用本实验附录中的式（13.4）和式（13.3）分别计算集成运放 LM324 的失调电压和失调电流。将测量结果与手册上给出的参数比较，理解半导体元件手册上所给出参数的特点。

5. 总结要求

（1）给出仿真测量结果和实际测量结果，与参数手册中给出的失调参数进行比较，说明其不同的原因，进一步理解失调参数的概念。

（2）对于实际运放电路，如何消除失调参数对输出的影响。

实验 13 附录　集成运放的失调参数及测量电路

集成运放有两个失调参数——输入失调电压 U_{IO} 和输入失调电流 I_{IO}，反映了集成运放输入端处于静态时不对称的程度。

输入失调电压 U_{IO}：为了使集成运放在输入电压为 0V 时输出电压为 0V，需要在输入端加的补偿电压。

输入失调电流 I_{IO}：$I_{IO}=|I_{B1}-I_{B2}|$，反映了集成运放输入电流不对称的程度。

若考虑这两个参数，集成运放的等效电路由一个理想运放 A、两个电流源（I_{B1} 和 I_{B2}）和一个电压源 U_{IO} 组成，如图 EF13.1 所示。

集成运放的失调电压和失调电流很小，直接测量有困难。图 EF13.2 所示电路为测量集成运放失调电压和失调电流的电路。电路中 $R_1=R_5$，$R_2=R_4$，S_1 和 S_2 为联动开关。U_{IO} 为输入失调电压，I_{B1} 和 I_{B2} 为两个输入端的静态偏置电流。开关同时闭合时测得输出电压为 U_{o1}，开关同时断开时测得输出电压为 U_{o2}。

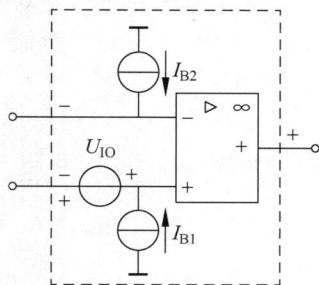

图 EF13.1　考虑失调参数时集成运放的等效电路

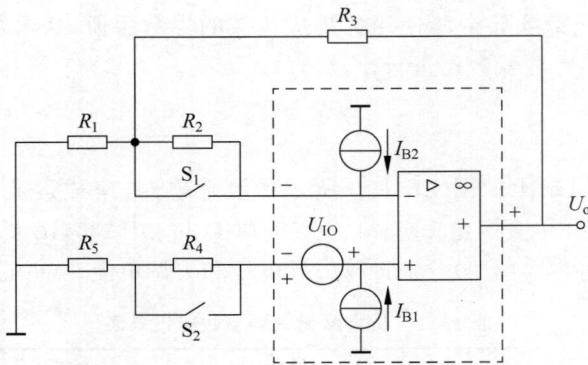

图 EF13.2　集成运放失调参数的测量电路

设 $I_{\mathrm{IO}}=I_{\mathrm{B1}}-I_{\mathrm{B2}}$,分析 I_{IO} 与 U_{o1} 和 U_{o2} 的关系。开关同时闭合时的等效电路如图 EF13.3 所示。在该电路中,有

$$u_{+}=U_{\mathrm{IO}}+I_{\mathrm{B1}}R_5$$

$$u_{-}=I_{\mathrm{B2}}(R_1\parallel R_3)+\frac{R_1}{R_1+R_3}U_{\mathrm{o1}}$$

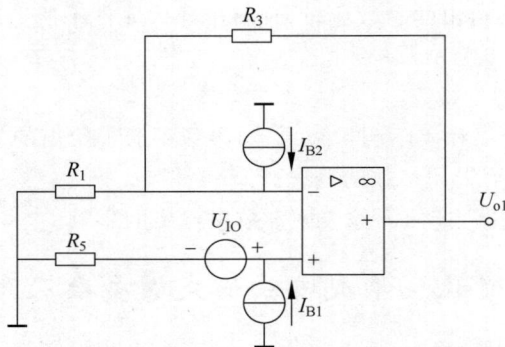

图 EF13.3　开关同时闭合时的等效电路

根据虚短路,$u_{+}=u_{-}$,可得

$$I_{\mathrm{B1}}R_5-I_{\mathrm{B2}}(R_1\parallel R_3)=\frac{R_1}{R_1+R_3}U_{\mathrm{o1}}-U_{\mathrm{IO}} \tag{13.1}$$

开关同时断开时的等效电路如图 EF13.4 所示。在该电路中,有

$$u_{+}=U_{\mathrm{IO}}+I_{\mathrm{B1}}(R_4+R_5)$$

$$u_{-}=I_{\mathrm{B2}}[R_2+(R_1\parallel R_3)]+\frac{R_1}{R_1+R_3}U_{\mathrm{o2}}$$

根据虚短路,$u_{+}=u_{-}$,可得

$$I_{\mathrm{B1}}(R_4+R_5)-I_{\mathrm{B2}}[R_2+(R_1\parallel R_3)]=\frac{R_1}{R_1+R_3}U_{\mathrm{o2}}-U_{\mathrm{IO}} \tag{13.2}$$

将式(13.2)减去式(13.1),并代入 $R_4=R_2$,得

$$(I_{\mathrm{B1}}-I_{\mathrm{B2}})R_2=\frac{R_1}{R_1+R_3}(U_{\mathrm{o2}}-U_{\mathrm{o1}})$$

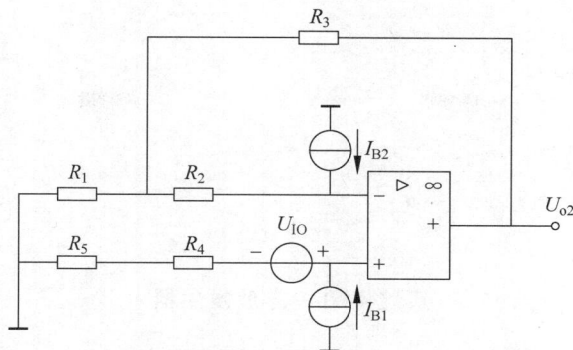

图 EF13.4   开关同时断开时的等效电路

$$I_{IO} = \frac{R_1}{R_2(R_1 + R_3)}(U_{o2} - U_{o1}) \tag{13.3}$$

为了能够使得两个输出电压有比较大的差值,从而达到一定的精确度,必须选择合适的电路参数。实际测量失调电压和失调电流的电路如图 EF13.5 所示,$R_1 = R_5 = 47\Omega$,比较小;$R_2 = R_4 = 1M\Omega$,比较大;$R_3(47k\Omega)$ 比 R_1 大,但是比 R_2 小很多。

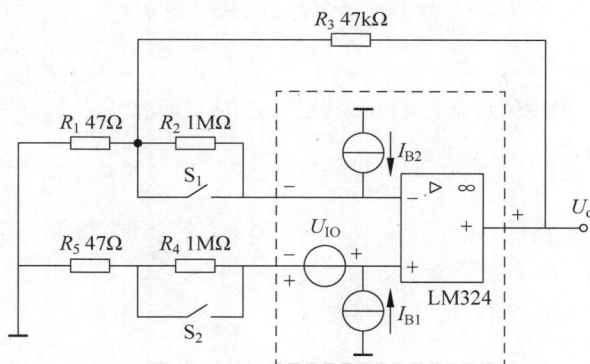

图 EF13.5   实际测量失调电压和失调电流的电路

开关都闭合时,因为 R_3 比 R_1、R_5 大得多,失调电流激励的输出电压可以忽略,则式(13.1)可近似为

$$U_{IO} = \frac{R_1}{R_1 + R_3}U_{o1} \tag{13.4}$$

因此,只要测量 U_{o1} 即可得到输入失调电压 U_{IO}。然后将开关打开,测得输出电压 U_{o2},用式(13.3)计算输出失调电流 I_{IO}。

实验 14   波形产生电路实验

1. 实验目的

进一步熟悉集成运放的性能,研究集成运放的典型非线性应用——方波发生器、锯齿波发生器及正弦波发生器,掌握其工作原理及调试方法。

2．实验仪器和设备

（1）数字存储示波器。

（2）数字万用表。

（3）模拟电路实验箱。

3．预习与实验内容

实验 14-1　方波发生器

实验电路如图 14.1 所示，其中双向稳压管的稳压值为±6V。

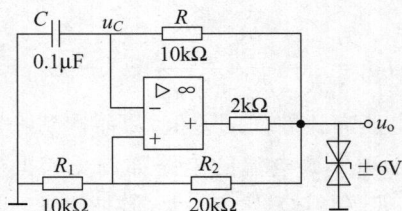

图 14.1　实验 14-1 电路图

1) 预习内容

（1）分析电路的工作原理，定性画出 u_o 和 u_C 的波形。

（2）计算 u_o 的频率。

2) 实验内容

（1）按图 14.1 所示接线，用示波器观察 u_o 和 u_C 的波形，估测 u_o 的频率，与预习的结果比较。

（2）更换 R，使 $R=100\text{k}\Omega$，重复上述内容。

实验 14-2　锯齿波发生器

实验电路如图 14.2 所示。

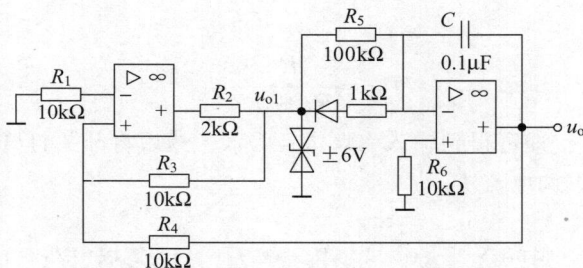

图 14.2　实验 14-2 电路图

1) 预习内容

（1）图 14.2 中，如果稳压管的稳压值为±6V，那么 u_o 的峰值为多少？

（2）估算锯齿波 u_o 的周期 T。

2）实验内容

（1）按图 14.2 所示接线，用示波器观察 u_o 的波形，测量并记录 u_o 的峰值及周期，与预习的结果比较。

（2）观察稳压管两端的电压 u_{o1} 的波形，测量 u_{o1} 的幅度。

（3）改变 R_5 的大小，观察并记录 u_o 周期的变化。

（4）改变 R_3 的大小，观察并记录 u_o 峰值的变化。

实验 14-3　正弦波发生器

实验电路如图 14.3 所示。

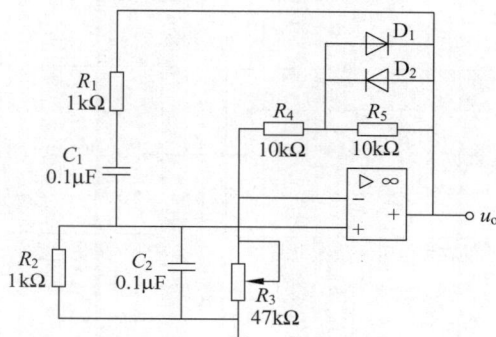

图 14.3　实验 14-3 电路图

1）预习内容

（1）图 14.3 中，R_3 大致为多大才能起振？

（2）估算正弦波的频率 f_0。

2）实验内容

（1）按图 14.3 所示接线，用示波器监测 u_o 的波形。调节 R_3，直到产生满意的振荡。用示波器观察振荡幅度 U_{om} 的变化情况，估测振荡频率 f_0，与预习的结果比较。

（2）将 R_3 调大或调小，观察振荡波形的变化。

4. 总结要求

（1）根据对示波器的观察，在同一坐标系中画出方波发生器 u_o 和 u_C 的波形，标出特殊点的坐标值。

（2）根据对示波器的观察，在同一坐标系中画出锯齿波发生器 u_o 和 u_{o1} 的波形，标出特殊点的坐标值。

（3）总结使正弦波发生器起振的调试方法。

实验 15　音频信号的幅度调制、传输与解调实验

1. 实验目的

本实验是一个集成运放应用的综合实验项目，要完成一个完整的幅度调制、超声传输与

解调系统,系统包括麦克风调理电路、载波产生与调制电路、前置放大与精密整流电路、滤波电路四个部分。整个系统的框图如图 15.1 所示。

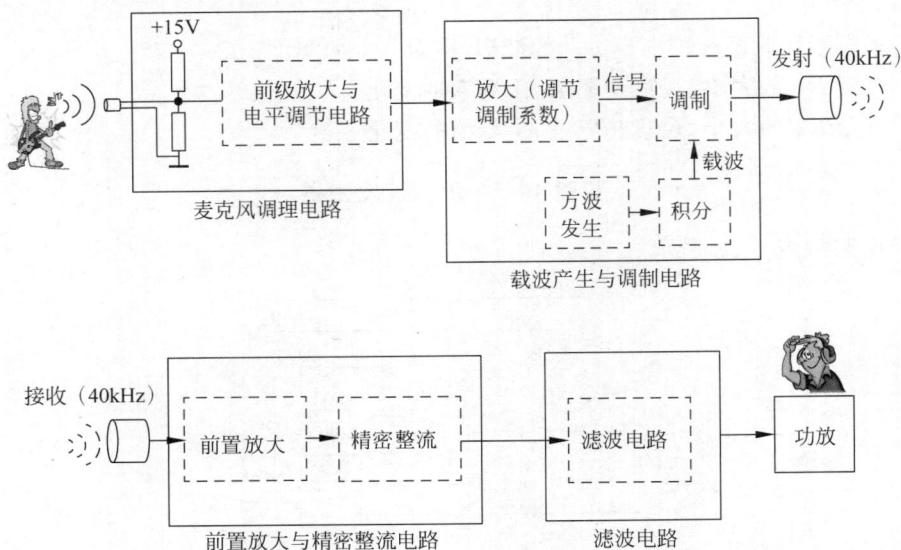

图 15.1　系统框图

2. 实验内容

实验分为两个阶段,即"电路仿真"与"电路验证"。在电路仿真阶段,对图 15.1 所示系统的四个组成部分分步完成仿真与调试。在"电路验证"阶段,采用组合式系统实验装置完成。

实验 15-1　电 路 仿 真

1) 麦克风调理电路的仿真

(1) 背景材料。

① 驻极体电容式麦克风。

电介质放在电场中会被极化,在其垂直于电场的两个端面上极化出正负电荷。一般电介质的极化是与外电场同时存在同时消失的,电场消失后极化电荷自动消失。但是,也有一些电介质受强外电场作用后,其极化电荷不随外电场的去除而完全消失,出现极化电荷"长驻"于电介质表面和体内的现象,这种电介质称为驻极体。

将驻极体放在电容中作为部分介质,由于电荷的存在电容的两端会有电压,电压的大小与电容的容量大小及驻极体的电荷多少有关,当电容的极板受到机械振动而发生移位时,其容量发生变化,从而使电容的电压发生相应的变化,这样就把振动转换成为电压输出。驻极体电容式麦克风就是依据这个原理做成的。

驻极体电容式麦克风的内部结构如图 15.2(a)所示,它主要由声-电转换和阻抗变换两部分组成。声-电转换部分的关键元件是驻极体振动膜片,它以一片极薄的塑料膜片作为基片,在其中一面蒸发上一层纯金属薄膜(背板),然后经过高压电场"驻极"处理后,在两面形成可长期保持的异性电荷。电容的另一个极板是金属化的振动隔膜。当声音振动使隔膜振动时,电容的容量发生变化,其输出电压随之变化。但是,驻极体电容作为信号源时其输出电阻太高,需要进行阻抗变换,因此驻极体电容式麦克风中集成了 JFET 场效应管。驻极体电容式麦克风使用时必须外加电源与上拉电阻,其电路图如图 15.2(b)所示。

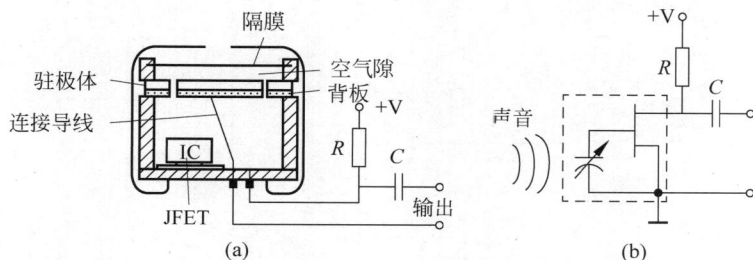

图 15.2　驻极体电容式麦克风

(a) 结构图;(b) 电路图

　　驻极体电容式麦克风是目前常用的传声器之一,在各种需要拾音的设备中应用非常普遍,其主要特点是结构简单、体积小、频响宽、灵敏度高、工作可靠、价格低等。

　　② 运算放大器 LF353。

　　本实验使用 JFET 输入运算放大器 LF353 搭建放大电路,LF353 具有输入电阻高、输入偏置电流小、带宽大的优点。每个集成电路中集成了两个运放。LF353 的基本参数如表 15.1 所示,管脚图如图 15.3 所示。有关 LF353 的详细参数请在网上搜"LF353 datasheet"并下载。

表 15.1　LF353 的基本参数

参 数 名 称	参 数 值	参 数 名 称	参 数 值
额定电压	$\pm 18\text{V}$	转换速率	$13\text{V}/\mu\text{s}$
失调电压	5.0mV	输入电阻	$10^{12}\,\Omega$
输入偏置电流	50pA	共模抑制比	100dB
单位增益	4MHz		

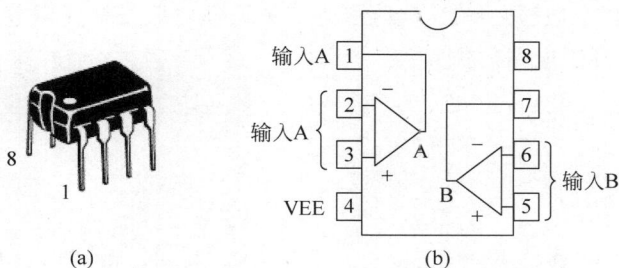

图 15.3　LF353 外形及管脚图

(a) LF353 外形图;(b) LF353 管脚图

　　(2) 实验电路。

　　麦克风调理电路如图 15.4 所示。麦克风及偏置电路接收语音信号,将其转变成电信号。语音信号经过耦合电容 C1 输入前置放大电路,C2 用于限制前置放大电路的带宽。后级电路是电平调节电路,调节 R6 可以调节输出电平。两级电路都采用反相比例放大器的结构,由 LF353 组成放大电路,使用双电源±15V。由于仿真时无法仿真麦克风,所以在此用信号源 V1 模拟麦克风的输出信号。

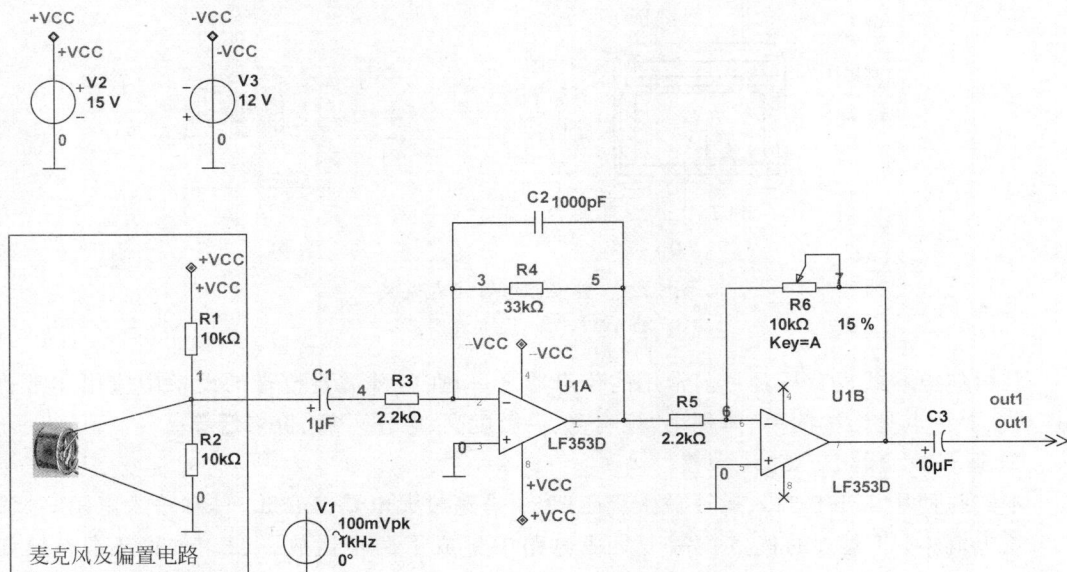

图 15.4　麦克风调理电路

（3）仿真实验步骤。

① 按照图 15.4 输入电路。用 V1 的输入信号代替"麦克风及偏置电路",信号参数:频率 1kHz,幅值 100mV,正弦波。("麦克风及偏置电路"部分可以不画。)

② 不连接 C2,用 AC 分析功能画出第一级电路的通频带,测量上下限截止频率。

③ 连接上 C2,用 AC 分析功能画出第一级电路的通频带,测量上下限截止频率。分析 C2 对带宽的作用。

④ 将 R6 的步进值改为 0.5%,用示波器观察输入和输出波形。调节 R6 使输出幅值为 1V,记录 R6 的值(百分数×10kΩ)。至此,麦克风调理电路设计并调节完毕。

2）载波产生与调制电路的仿真

（1）背景材料。

① 幅度调制。

$v(t)$代表调制信号,$\cos \omega_C t$ 代表载波信号,调幅信号为

$$f_{AM}(t) = [1 + mv(t)]\cos \omega_C t \tag{15.1}$$

其中,m 称为调制系数,$0 < m \leqslant 1$。图 15.5 所示为调制信号、载波信号及调幅信号波形。

从式(15.1)可以看出,调幅是调制信号与载波信号相乘的过程,需要用乘法器电路完成。乘法器是模拟电路中常用的功能,有专用的集成电路。此处使用 ADI 的 AD633 四象限乘法器完成调幅功能,其管脚图及实现线性调幅的电路如图 15.6 所示。

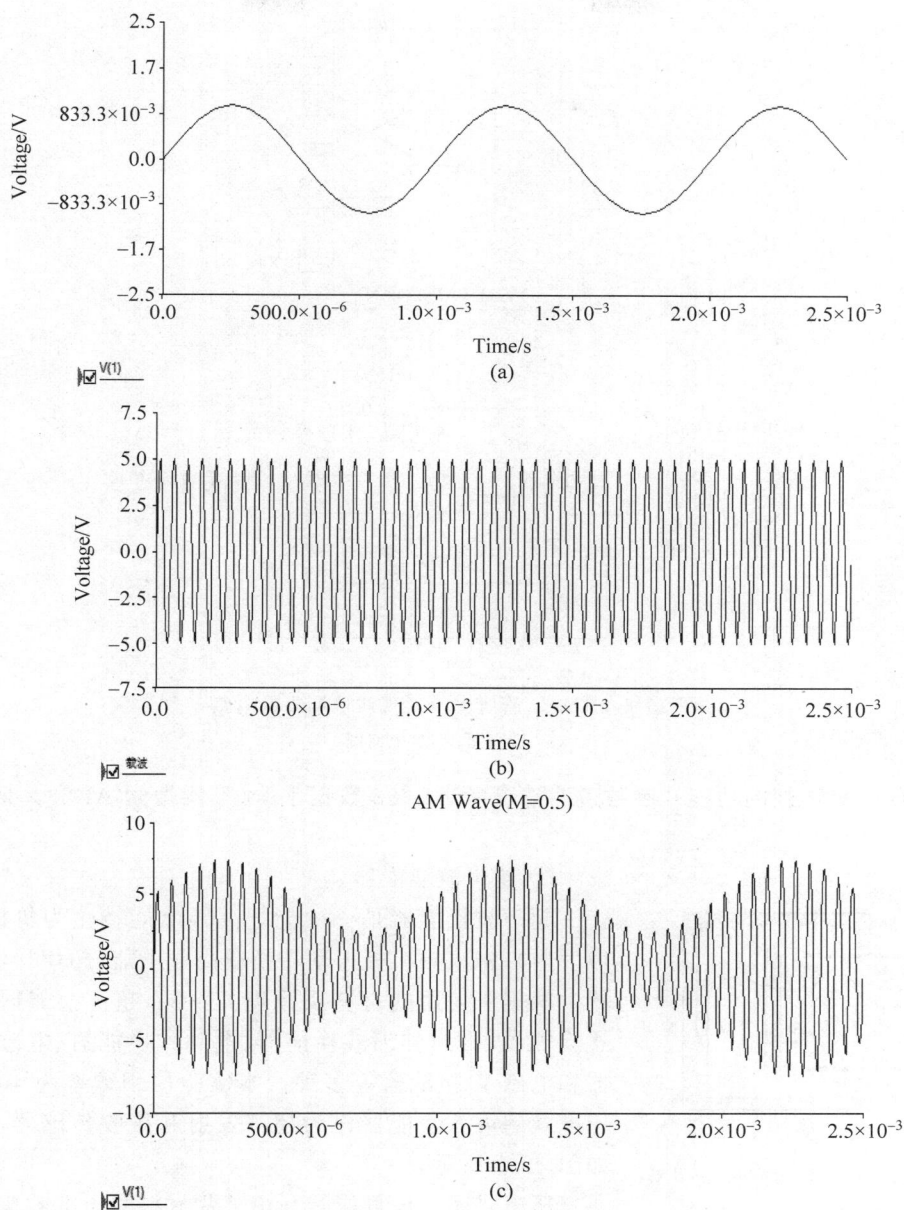

图 15.5 调幅波形

(a) 调制信号；(b) 载波信号；(c) 调幅信号

AD633 实现的功能为

$$W = \frac{(X_1 - X_2)(Y_1 - Y_2)}{10} + Z \tag{15.2}$$

式(15.2)中的单位为 V。将 X_1 和 Y_2 接地,并使 $Z = Y_1$,可得

$$W = Y_1\left(1 + \frac{X_1}{10}\right) \tag{15.3}$$

由此可以看出,只要将调幅信号设为 X_1、载波信号设为 Y_1,便可以实现要求的调幅功

(a)

$$W = \left(1 + \frac{E_M}{10V}\right) E_C \sin \omega t$$

(b)

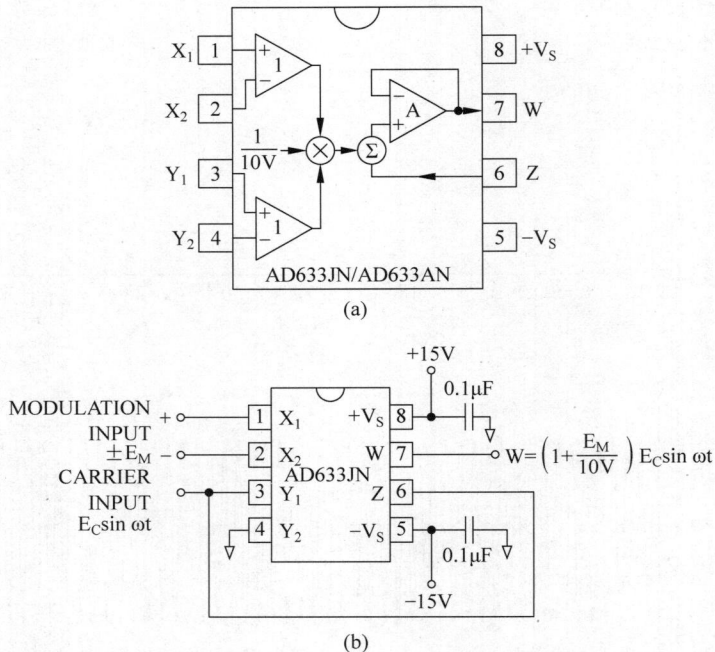

图 15.6　AD633 管脚图及实现线性调幅的电路

(a) 管脚图；(b) 电路图

能。AD633 更详细的功能及参数说明请参考 AD633 数据手册（上网搜索 AD633 datasheet 下载）。

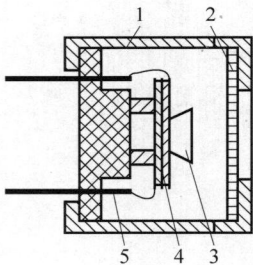

② 超声波换能器。

1—外壳；2—金属丝网罩；3—锥形
共振盘；4—压电晶片；5—引脚。

图 15.7　超声波换能器结构图

超声波换能器是一种能把高频电能转化为机械能（超声发射）、将高频机械振动转换成高频电能（超声接收）的装置。根据所使用的材料及原理的不同，超声换能器分压电式换能器、磁致伸缩式换能器、电动式换能器、电磁式换能器和电磁-声换能器等多种。本实验使用频率为 40kHz 的压电式超声波换能器作为超声发射和接收传感器，其结构如图 15.7 所示。

压电式超声波换能器利用某些材料的压电效应将机械能转换成电能。某些单晶材料的结构具有非对称特性，当这些材料受到外加应力作用而产生应变时，其内部晶格结构的变化（形变）会破坏原来宏观表现为电中性的状态，产生极化电场（电极化），所产生的电场强弱（电极化强度）与应变的大小成正比。这种现象称为正压电效应。具有正压电效应的材料在受到外加电场作用时，会有应力和应变产生，其应变的大小与外电场的大小成正比。压电效应是晶体结构的一个特性，它与晶体结构的非对称性有关，而压电效应的大小及性质则与施加的应力或电场对晶体结晶轴的相对方向有关。具有压电效应的单晶材料种类很多，常用的如天然石英（SiO_2）晶体以及人工单晶材料硫酸锂（Li_2SO_4）、铌酸锂（$LiNbO_3$）等。

（2）实验电路。

实验电路如图 15.8 所示，电路中 V3 是输入信号，对应于"麦克风调理电路"的输出信号，输入信号由反相比例放大电路（U2A 组成）放大，调节 R8 可以调节输出信号的幅度，从而调节调制系数。U3A 组成方波发生器，其输出经过反相积分电路形成近似的三角波，调节 R9 可以调节方波频率，为了与超声传感器匹配，使其为 40kHz，此信号即为载波信号。AD633 组成幅度调制器，调制关系见式（15.3）。

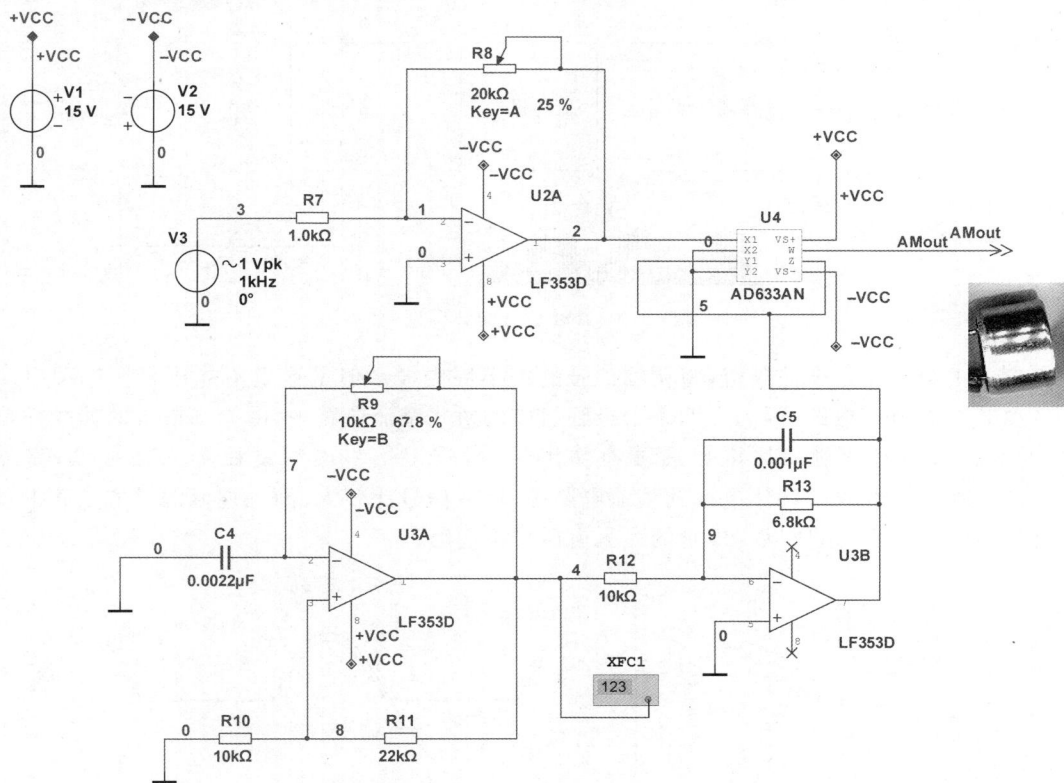

图 15.8　载波产生与调制电路

（3）仿真实验步骤。

① 搭建方波发生器电路，用示波器观察输出。调节 R9 使其输出信号频率为 40kHz。然后搭建反相积分电路，用示波器观察方波与积分器输出，记录波形，测量波形幅度。

② 搭建前级反相比例放大器（U2A 组成）和 AD633 调幅电路。连接好整个电路，输入端输入幅度为 1V、频率为 1kHz 的正弦信号，用示波器观察 AM 输出。调节 R8 可以调节反相比例放大器的输出，从而调节调制系数。调节 R8 使调制系数接近 0.5。

3）前置放大与精密整流电路的仿真

（1）背景材料。

从前面介绍的 AM 调制过程可以看到，调制的过程是将频率比较低的调制信号附加到频率较高的载波信号上，调幅信号幅度的包络线就是"信号"。进行调制的原因有两个：一是高频的超声波信号或电磁波信号更适合于远距离传播；二是可以在一个载波上调制多个信号，从而可以传播多个信道信号。

　　当 AM 信号传输到目的地并被传感器接收后,为了得到原信号,就必须进行"幅度解调"(AM Demodulation),将信号恢复出来。解调的过程分为三步:全波整流、低通滤波和隔直流,如图 15.9 所示。

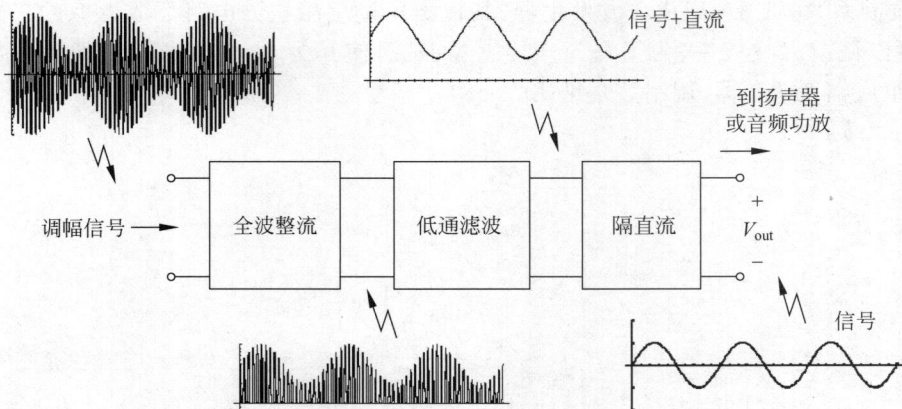

图 15.9　AM 信号的解调过程

　　解调的第一步是全波整流,将调幅信号的负半周去掉。但是这里不能用直流电源电路中的桥式全波整流电路,因为在四个二极管组成的桥式整流电路中,由于二极管的非线性特性,只有输入信号超过死区电压后才有输出信号,输出信号的幅度比输入信号低,参见图 15.10 所示。在直流稳压电源的整流电路中,输入信号比较大,而且整流的目的是获得直流电压(而不是信号),所以二极管的死区电压可以忽略。

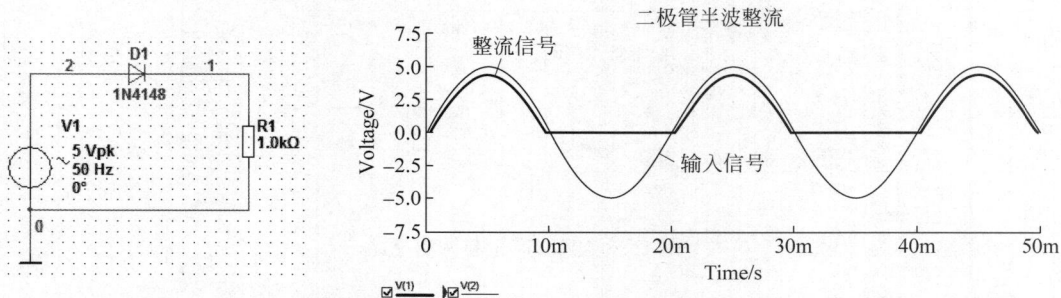

说明:由于二极管的非线性,输出信号的幅度比输入信号小。

图 15.10　二极管半波整流电路与整流信号

　　为了消除整流电路二极管非线性的影响,在整流电路中引入负反馈,组成所谓的"精密整流电路",如图 15.11 所示,整流输出能够精确反映输入信号波形。精密整流电路还可以适当设置反馈电阻,使其具有放大功能。按照图 15.11 的电路结构,其对负半周的放大倍数为 $-\dfrac{R_2}{R_3}$。

　　(2) 实验电路。

　　超声前置放大与精密半波整流电路如图 15.12 所示,包括前置放大器、电平调节电路和精密整流电路。用 AM 电压源 V3 模拟超声波换能器输出的调制信号,AM_Voltage 的参数设置如下:载波幅度 10mV、载波频率 40kHz、调制系数 0.5,信号频率 1kHz。

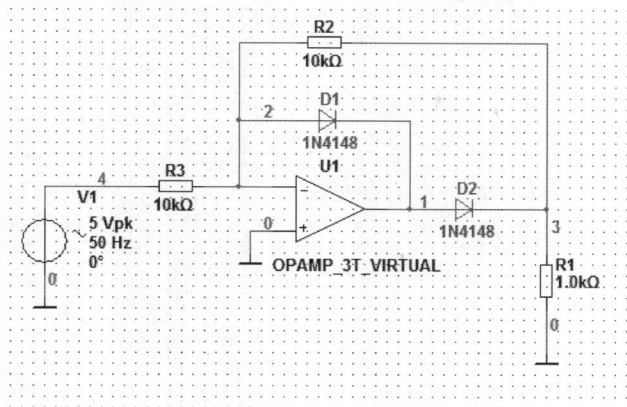

(a)

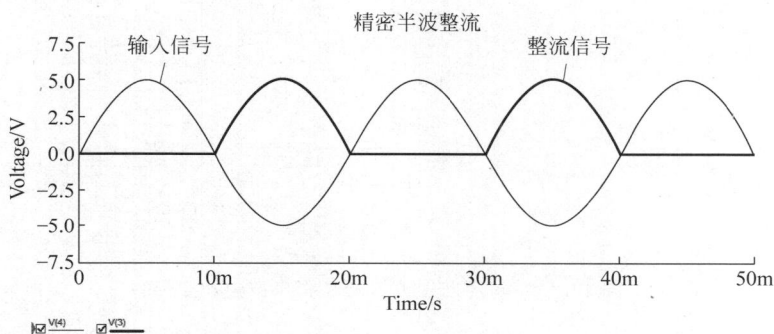

(b)

说明：由于电路中深度负反馈的存在，输出波形能够精确反应输入信号的半波。

图 15.11　精密半波整流电路及波形

（3）仿真实验步骤。

① 搭建超声前置放大电路，并测试电路。输入 AM 调幅信号：载波幅度 10mV、载波频率 40kHz、调制系数 0.5，信号频率 1kHz。调节 R17 到最小和最大，分别测量并记录放大器的输出幅度，计算放大倍数。然后将放大倍数置于中间值，记录输出信号幅度。

② 搭建精密整流电路，与前级电路相连，用示波器观察其输出，记录输出信号幅度。

4）滤波电路的仿真

（1）背景材料。

经过解调的信号含有音频信号和 40kHz 的高频调制信号，为了还原音频信号，需要将40kHz 的信号滤除，这就要用到滤波器。滤波器的功能就是允许某一部分频率的信号顺利地通过，而另外一部分频率的信号则受到较大的抑制，因此滤波器实质上是一个选频电路，能够把需要的频率信号选出来。

按照所使用的元件区分，滤波器分为无源滤波器和有源滤波器。无源滤波器由电阻、电容、电感这些无源器件组成。有源滤波器由运放、电阻、电容、电感组成，因为含有运放，所以称为有源滤波器。无源滤波器不需要电源，能够处理较大的信号，而有源滤波器需要电源，信号的幅度受到有源器件工作电压的限制。按照滤波器能够通过的信号频段来区分，滤波器分为低通滤波器、高通滤波器、带通滤波器和带阻滤波器。

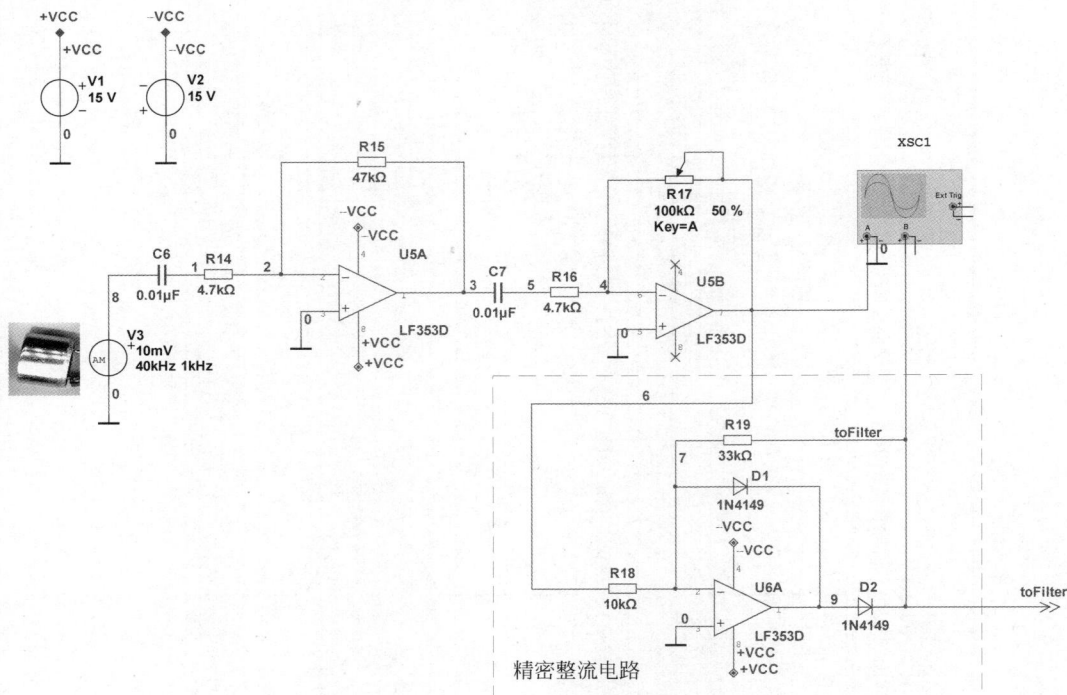

图 15.12　超声前置放大与精密半波整流电路

　　根据滤波器传递函数的阶数,滤波器也分为不同的阶数。滤波器阶数是指在滤波器的传递函数中有几个极点,有几个极点就是几阶,如一阶滤波器、二阶滤波器等。滤波器阶数决定了转折区内传递函数的下降速度,一般每增加一阶(一个极点),就会增加一个 20dB 每十倍频程的下降速度,因此阶数越高幅频特性的边沿越陡,滤波效果越好,但是阶数越高电路越复杂。

　　本实验的滤波器采用了二阶低通有源滤波器,有关此滤波器的介绍请参考教材。

　　(2) 实验电路。

　　实验电路如图 15.13 所示。第一级是缓冲级,因为整流电路直接带隔直电路(电容负载)会降低整流效果,因此增加了缓冲电路,并在缓冲电路上增加了电容,使其成为一阶低通滤波器,截止频率在 5~7kHz 之间。第二级是隔直电路(高通滤波电路)。第三级是二阶低通滤波器,截止频率也是在 5~7kHz 之间。

　　(3) 仿真实验步骤。

　　① 搭建缓冲电路,用 AC 分析功能画出其频率特性,测量上限截止频率。

　　② 搭建隔直电路,用 AC 分析功能画出其频率特性,测量下限截止频率。

　　③ 搭建二阶低通滤波电路,用 AC 分析功能画出其频率特性,测量低频截止频率。

　　④ 将三个电路相连,用 AC 分析功能画出其频率特性,测量上、下限截止频率。

　　5) 全电路仿真

　　上面已经将整个电路分成了四个模块进行了仿真,现在将四个模块连接到一起进行全电路仿真。首先在四个模块的仿真电路中去掉信号源,并加入层次化端口:选择菜单"**Place|Connector|Hierachical connectors**",输入在左边,输出在右面(端口向右,并连接到电

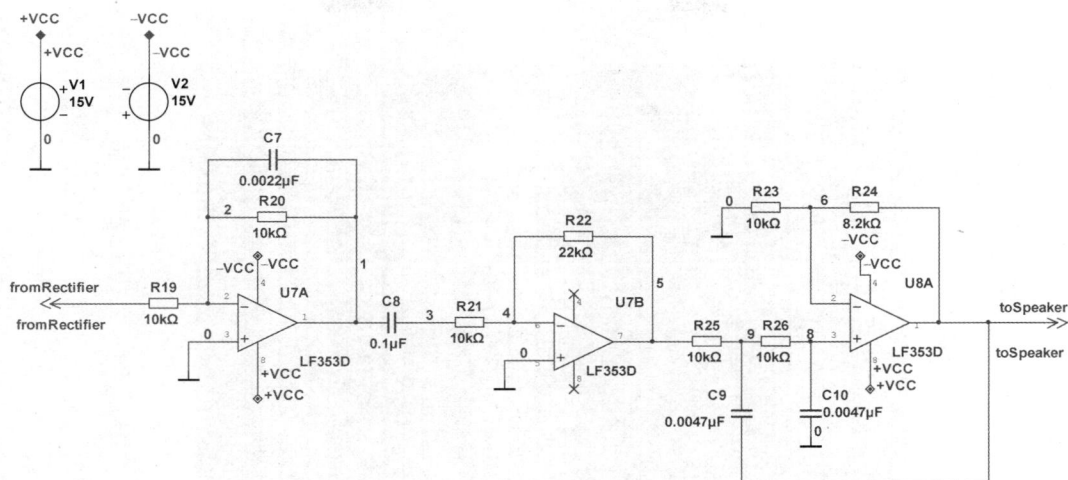

图 15.13　滤波电路

路的输出)。

　　然后新建电路文件,将电路文件导入各模块:选择菜单"**Place | Hierachical Block from file**",选择相应的文件导入,然后连接各个模块。超声传输环节用压控电压源模拟,并增加信号源和测试仪表进行仿真。如图 15.14 所示,从左往右,第一个示波器观察输入波形与输出波形,第二个示波器观察调制波形,第三个示波器观察整流后的调制波形。需要观察其他波形时还可以增加示波器。

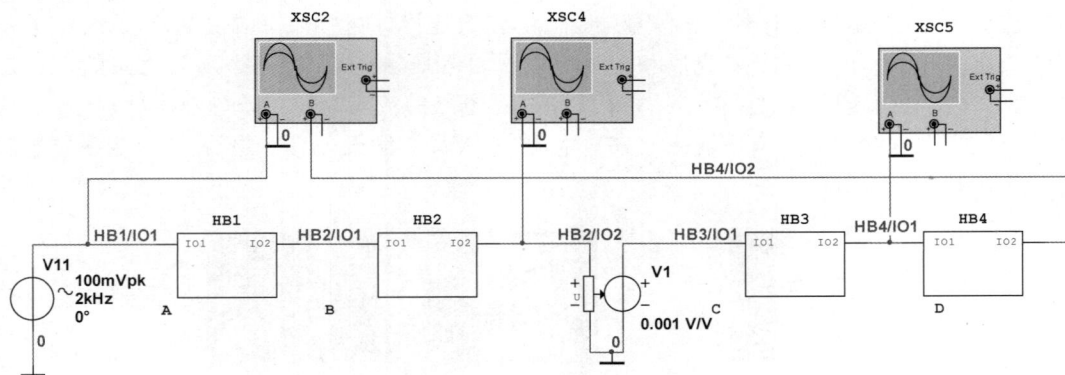

图 15.14　全电路仿真

实验 15-2　电路验证

1)实验装置介绍

　　图 15.15 所示是"幅度调制与超声传输综合实验箱"的面板,此实验箱专为本实验系统设计。为了能够在连接好某个模块电路后验证其工作效果,在实验板上设置了已经完成的四个实验模块和待完成的实验模块,前后级模块之间可以通过输出、输入端口连接组成系统。每个模块下面是待完成的实验,需要自己连线完成电路,用自己完成的电路取代上部对应的电路,将自己的电路嵌入到系统中,就可以验证自己所完成的电路的工作效果了。

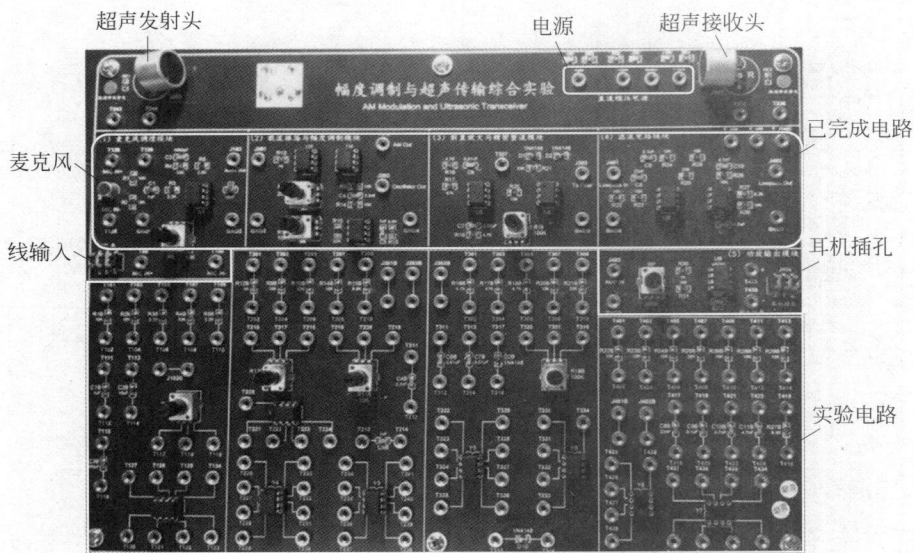

说明：① 已完成的四部分电路在上部，实验电路在其下部一一对应；
② 四个模块上下对应，上边的已经做好，下边的需自己搭建。

图 15.15   幅度调制与超声传输实验板

在"已完成电路"中，麦克风和超声传感器的接线端子都是悬空的，麦克风和超声发射与接收头的接线端子见图 15.16。其他电路部分的"地"已经连接好，包括 J102 下端口、J201下端口、J202 下端口、J302 下端口、J401 下端口、J402 下端口、J403 下端口，这些下端口已经与地连接好，这些端口的上端口是信号端，因此，依次连接好这些端口的上端口，系统的电路部分就连接好了。但是由于麦克风和超声传感器的地是悬空的，所以必须与电路的"地"连接。在"滤波电路"模块右上角的 T_VN、T_VP 是电路的输入电源端，这些端口应从板子的电源端口接入电源。T_VN 应输入－15V 电源、T_VP 应输入＋15V 电源，T_GND 与电源的 GND(地)连接。

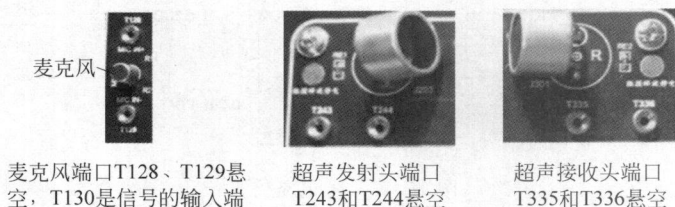

麦克风端口T128、T129悬空，T130是信号的输入端

超声发射头端口T243和T244悬空

超声接收头端口T335和T336悬空

图 15.16   接线端子图

J202 用于测量振荡器的频率，其下端口是"地"。

在实验区设置了 J102B、J201B、J202B、J302B、J401B、J402B 这几个悬空的端口，方便替换电路，连接电路时请将其分别与"已完成电路"相应的端口对应，如 J102B 对应 J102，依次类推。

2）系统调试

首先为"已完成电路"模块接好电源：T_VP、T_VN 和 T_GND 分别接直流稳压电源的＋15V、－15V 和 GND(地)。

（1）调整麦克风调理电路。不连接麦克风，在 T103 输入幅度 100mV、频率 1kHz 的信号(如果使用 ELVIS 上的信号源,将 T103 连接至实验板上部的 FGEN,打开 FGEN 窗口,可以调节信号的幅度和频率)。用示波器观察输出(J102 端)波形。调整电平调节电路的放大倍数(调整 R106),使输出电压幅度为 1V。然后将"麦克风调理电路"的输出端连接到"载波产生与调制电路"的输入端(J102~J201)。

(2) 调整载波频率与调制系数。调整载波振荡器的输出频率,调整 R205,用示波器观察载波波形,使其频率为 40kHz,此后不要再动 R205。用示波器观察调幅输出波形(T242 端),调整信号幅度(调整 R202),观察输出信号,使其调制系数为 0.5。然后将输出端连接至超声发射头(T242 连接至 T243,T244 接地)。

(3) 调整接收端的"前置放大与精密整流电路"。在 T337 端接上超声接收头(T335 接地,T337 接 T336)。调整电平调整电路的放大倍数(调整 R304)至最小和最大,观察输出信号幅度变化,然后将 R304 置于中间位置。

(4) 滤波电路无需调整。将整流输出端 J302 连接至 J401,观察输出端 J402 波形,频率应该与输入相同(1kHz)。

(5) 试听效果。连接麦克风(T128~T130,T129 接地),输出端接功率放大电路(J402~J403),在输出端 J404 接上音箱或耳机。用线输入端输入音频信号,感觉输出音频效果。请使用实验室提供的专用播放设备,勿用自己的手机耳机插孔输出,以免损坏手机耳机插孔。或者在麦克风附近放一段音乐试听。可以调整 R411 调整音量。如果用耳机听,为了保护听力,请先将音量调至最小。

3) 电路验证

(1) 在下部的实验区自己搭建"麦克风调理电路",然后取代上部已完成电路的相应部分,试听总体效果。

(2) 自己搭建"载波产生与调制电路",并进行如上同样的调整,然后取代已完成电路的相应部分,试听总体效果。先完成方波电路,调整电路使其频率为 40kHz。然后搭建积分电路和调幅电路。此部分电路比较复杂,需仔细完成。

(3) 自己搭建"前置放大与精密整流电路",然后搭建积分电路和调幅电路,取代已完成电路的相应部分,试听总体效果。

(4) 自己搭建"滤波电路",取代上部的"滤波电路",试听总体效果。

3. 实验要求

(1) 预习时仔细阅读背景材料,并完成电路仿真。通过仿真进一步理解该电路的工作原理。

(2) 完成系统调试后,获得比较理想的音质效果。

(3) 根据要求依次完成实验 15-2 的 2)中实验(1)至实验(4)的电路搭建,每搭建完成一个模块就将其取代上部对应的电路模块,并调整电路,得到比较理想的音质效果。

每完成一步须请老师验收。实验成绩以完成的实验模块数量来定。

实验 16　宽带放大电路设计

1. 实验目的

(1) 了解集成运算放大电路带宽的概念。

（2）能够根据要求设计一个符合带宽和输出幅度要求的放大电路。

（3）用 Multism 仿真测试所设计的放大电路的带宽。

（4）在实验设备上搭建电路并测量其放大结果。

2. 实验设备

（1）Multism 软件。

（2）模拟电路实验箱。

3. 设计要求

用一片 LM324(带宽增益积 $f_{GBP}=1MHz$,转换速率 $S_r=0.5V/\mu s$)设计一个高输入阻抗的电压放大电路,可以将输入电压为 5mV 的电压信号放大 100 倍。要求：输出波形没有明显失真,放大电路的上限截止频率大于 100kHz。

首先,考察利用 LM324 的转换速率对带宽的限制。当使用 LM324 可以输出所要求的频率和幅度的信号时,再利用增加运放级数的方法设计电路。

其次,用 Multism 仿真测试所设计的放大电路,画出通频带并测量带宽。

最后,在实验箱上搭建所设计的电路,输入 5mV 的交流信号,改变频率,测量带宽并画出其通频带。

4. 预习与总结要求

（1）详细阅读附录内容,给出详细的设计过程。

（2）用 Multism 仿真测试所设计的放大电路,用 AC 分析功能画出通频带,用光标测量带宽(高频截止频率)。

（3）给出对所搭建电路的高频截止频率和逐点测量通频带的测试结果(表格),画出通频带曲线。

实验 16 附录　集成运算放大器的带宽

限制用集成运放组成的放大电路带宽的两个因素是：①转换速率；②带宽增益积。其中,转换速率(S_r)限制了输出电压的变化速率,即只有输出电压的变化速率小于转换速率时信号才能正常放大。设输出信号为 $u_o=U_{om}\sin 2\pi ft$,则电压变化速率为

$$\frac{du_o}{dt}=2\pi fU_{om}\cos 2\pi ft$$

由上式可得输出电压变化率的最大值为 $2\pi fU_{om}$,电压幅值 U_{om} 越大则其变化率越大。满功率带宽 f_{PBW} 定义为

$$f_{PBW}=\frac{S_r}{2\pi U_{om}}$$

满功率带宽体现了转换速率和输出幅度对带宽的限制。因此,如果给定了转换速率和输出幅度,就能确定带宽可能的最大值。

放大电路的带宽与增益的乘积是常数。如果用一级运放设计电路,为了达到要求的放

大倍数,其带宽就可能达不到要求。比如,若运放的带宽增益积为 1MHz,用一级运算放大电路实现放大 100 倍的目的,则带宽仅为

$$f_{H1} = \frac{f_{GBP}}{100} = \frac{1 \times 10^3}{100} = 10(\text{kHz})$$

为了展宽带宽,必须增加放大电路的级数。假设使用 n 级运算放大器实现放大 A_0 倍的目的,则每级的带宽为

$$f_{Hn} = A_0^{1-\frac{1}{n}} f_{H1}$$

总的放大倍数为

$$\dot{A} = \frac{\dot{U}_o}{\dot{U}_i} = \frac{A_0}{\left(1 + j\dfrac{f}{A_o^{1-\frac{1}{n}} f_{H1}}\right)^n}$$

因此,总的带宽是

$$f_n = A_0^{1-\frac{1}{n}} \sqrt{2^{\frac{1}{n}} - 1}$$

从上式可知,增加运放的级数可以扩展带宽。但是,当级数增加到一定程度时,带宽的增加变得不那么明显了。这时,如果要进一步增加带宽,就需要更换带宽增益积更大的集成运放。

进一步讲解请参考《电工电子技术与 EDA 基础(第 2 版)(下册)》(清华大学出版社)。

实验 17 组合逻辑电路、触发器和移位寄存器实验

1. 实验目的

(1)学习用 TTL 门电路组成组合逻辑电路的设计、电路连接及测试方法。
(2)学习 D 触发器和 J-K 触发器的应用。
(3)用双向移位寄存器 74LS94 组成功能电路。

2. 实验仪器和设备

(1)数字存储示波器。
(2)数字万用表。
(3)数字电路实验箱。

3. 实验内容

实验 17-1 简单组合逻辑电路的设计

1)半加器电路

使用四 2 输入与非门 74LS00,按图 17.1 所示接线,验证该图是否能实现半加和的逻辑运算。

2) 信号选通电路

按图 17.2 所示的框图用与非门设计一个满足函数 $Z = AM_1 + \overline{A}M_2$ 的二选一电路,其中 M_1 和 M_2 分别是待选通的连续脉冲和单脉冲信号。用四 2 输入与非门 74LS00 实现。

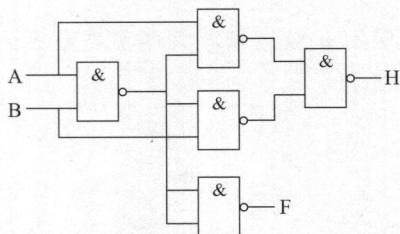

图 17.1　实验 17-1 半加器电路图　　　　图 17.2　实验 17-1 信号选通电路的原理图

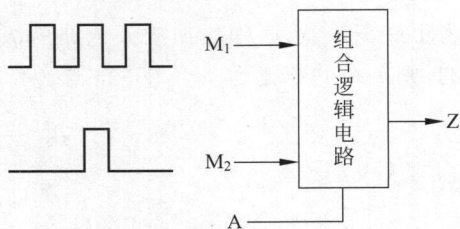

3) 二开关控制一盏灯的电路设计

按图 17.3 所示的框图用与非门设计一个组合逻辑电路,要求拨动 A、B 任一开关(闭合或断开)都会使发光二极管改变状态(原来亮则灭,原来灭则亮)。

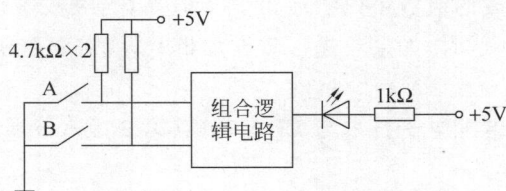

图 17.3　实验 17-1 二开关控制一盏灯电路的原理图

4) 七段译码电路的设计

按图 17.4 所示的框图用与非门设计一个七段译码驱动电路,使之按照表 17.1 中的要求显示结果,并接线实现设计目的。用四 2 输入与非门 74LS00 实现。

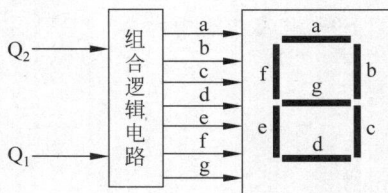

图 17.4　实验 17-1 七段译码电路的原理图

表 17.1　七段译码电路设计要求

输出状态		数码管显示结果
Q_2	Q_1	
0	0	0
0	1	1(b,c 亮)
1	0	2
1	1	3

实验 17-2　D 触发器的应用练习

图 17.5 所示为用四 D 触发器 74LS175 构成的四路抢答判决电路。通常 $K_1 \sim K_4$ 均闭合。接通 K_5 后再打开,各 Q 端复位,发光二极管均不亮。一旦 $K_1 \sim K_4$ 中任一开关先打开,则相应的 Q 端置"1";而其他迟打开的开关由于电路的具体构成将失去对其 Q 端的置"1"控制作用,从而实现了四路抢答判决功能。

试插接、调试电路,观察实验结果。

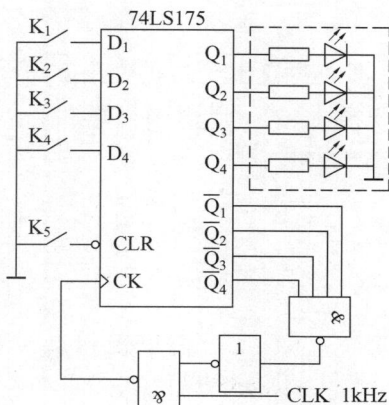

图 17.5　实验 17-2 电路图

实验 17-3　移位寄存器的应用

图 17.6 所示是用双向移位寄存器 74LS194 构成的右移逐位亮继而右移逐位灭的节日彩灯电路。按图 17.6 接线,在 CLK 端加入 1Hz 的连续脉冲,观察发光二极管的亮灭规律。

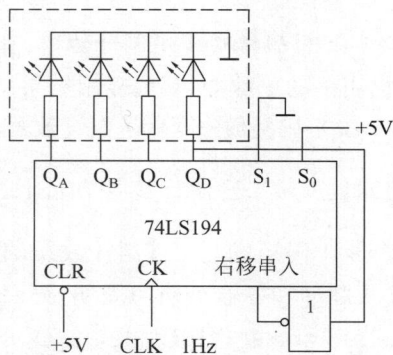

图 17.6　实验 17-3 电路图

4. 总结要求

(1) 图 17.5 所示的四路抢答判决电路中,假设两位抢答者打开开关的时间差小于 1ms,那么该电路是否还能正常运行? 为什么? 如何修改电路?

(2) 图 17.5 所示的四路抢答判决电路中,如果将开关 $K_1 \sim K_4$ 换成按键,如何修改电路?

(3) 根据图 17.6 所示的节日彩灯电路,如何用两片 74LS194 构成 8 个灯左移的节日彩灯电路?

实验 18　计数器实验

1. 实验目的

(1) 学习集成电路计数器 74LS90、74LS163 的使用方法。

(2) 用 74LS90 构成数字频率计及电子表计时电路。

2. 实验仪器和设备

(1) 数字存储示波器。

(2) 数字万用表。

(3) 数字电路实验箱。

3. 实验内容

实验 18-1　计数器 74LS90 的使用

(1) 用一片 74LS90 组件按 8421-BCD 码接成十进制计数器,其 4 个输出端接到实验箱上的译码电路的输入端,而在 CP_A 端送入单脉冲,验证其逻辑功能。

(2) 用两片 74LS90 按 8421-BCD 码接成二十四进制计数器,计数结果的显示方式同(1)。

(3) 用一片 74LS90 按 5421-BCD 码接成十进制计数器,其 4 个输出端分别接到实验箱里的发光二极管上,计数信号仍用手动单脉冲,观察显示结果。

(4) 用两片 74LS90 按 5421-BCD 码接成二十四进制计数器,计数结果的显示方式同(3)。

实验 18-2　用四位同步二进制计数器 74LS163 构成分频器

(1) 试用一片 74LS163 按 8421 码接成十二进制计数器,把输出端接到发光二极管上显示输出结果。用示波器观察输入脉冲和各输出端的周期,哪一个输出端的频率是输入脉冲的 12 分频?注意将其清零方式与 74LS90 相比较。

(2) 试利用两片 74LS163 组件的置入端和进位端构成模数为 240 的分频器。

实验 18-3　数字频率计

1) 数字频率计的原理

数字频率计是一种能测出某一变化信号的频率并用数字形式显示测量结果的仪器。图 18.1 为数字频率计的基本框图。图中,设 u_x 是经过整形的某一频率的被测脉冲信号,当持续 1s 的闸门控制信号到来后,与非门(闸门)处于开门状态,u_x 得以通过,进入计数器并被累计起来。1s 后,闸门控制信号为 0,闸门关闭,于是显示器上显示的数字单位就是"脉冲数/s",这正是 u_x 的频率数。

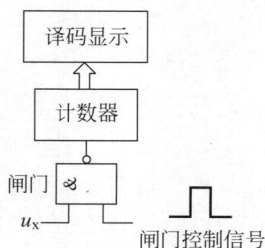

图 18.1　数字频率计原理框图

2) 实验电路

数字频率计的电路原理图如图 18.2 所示,其中四位译码显示电路在实验箱上已接好,实验者的任务是用 2 片 74LS90 完成计数器部分的设计。

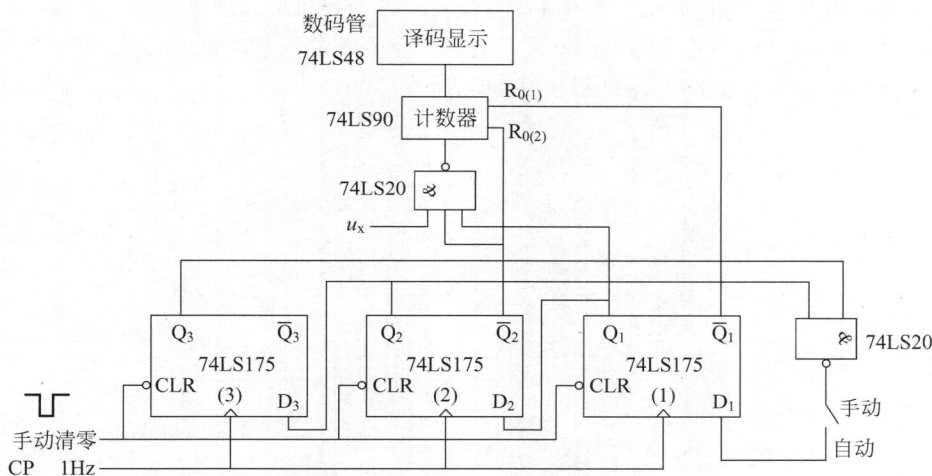

图 18.2　数字频率计实验电路图

3) 时序控制原理

(1) 自动测量。

图 18.2 中,3 个 D 触发器构成可自启动的环形计数器,$Q_3 Q_2 Q_1$ 状态转换的有效循环如下:

$$0\boxed{01}\rightarrow 011\rightarrow 111\rightarrow 110\rightarrow 1\boxed{00}\rightarrow 001\rightarrow 0\boxed{01}　循环$$

　计数　　　　显示　　　　自动清0　　　计数

当环形计数器进入有效循环后,由于闸门控制信号为 $\overline{Q_2} Q_1$,当 $\overline{Q_2} Q_1 = 11$ 时(持续 1s),测频计数器开始计数。而测频计数器的清 0 信号为 $\overline{Q_2}\, \overline{Q_1}$,所以,当 $\overline{Q_2}\, \overline{Q_1} = 11$ 时,测频计数器清 0。其余时间为频率显示时间。如此循环下去。

（2）手动测量。

断开图 18.2 中 D_1 的连线，$Q_3Q_2Q_1$ 的工作状态变为

$$手动清 0 \rightarrow 0 \boxed{00} \rightarrow 0\boxed{01} \rightarrow 011 \rightarrow 111(不再变)$$

计数　　显示

这样，经过一次测量后，测量结果将一直显示下去，直到再次人为手动清 0。

4）实验内容

（1）完成图 18.2 中的计数器部分电路的设计，画好 74LS175、74LS20 和 74LS90 的接线图（查附录 6，标注出各集成电路芯片的引脚号），并完成接线。

（2）测量实验箱上的 10Hz、100Hz、1kHz 标准时钟脉冲，观察测量结果。

（3）测量实验箱上的可调频率脉冲。

实验 18-4　电子表电路设计

1）实验说明

（1）电子表中"小时"显示的特点之一是 12 点钟后不清 0，而是接着显示 1 点钟。一般的十二进制计数器是采用"0→11"的循环计数过程，因而不能完成上述任务；再者当小时数不足 10 点钟时，只显示个位，不显示十位，如 8 点钟时只显示"8"，而不显示"08"。图 18.3 所示的"小时"计数显示电路就是针对上述情况而设计的。

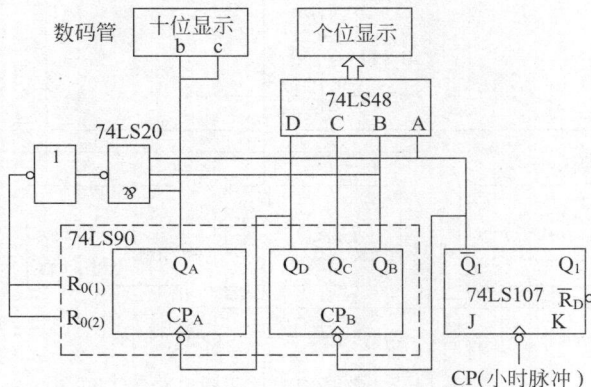

图 18.3　电子表实验电路图

（2）图 18.3 中，74LS107 中的一个 JK 触发器与 74LS90 中的五进制计数单元相连接，构成 8421 码十进制计数器，以显示小时的个位；利用 74LS90 中的二进制计数单元驱动小时的十位数显示。

在小时脉冲控制下，各 Q 端状态与显示结果的对应关系如表 18.1 所示。由表 18.1 可以看出，当第 12 个 CP 到来时，本应显示"13"，但由于控制逻辑的作用，只要"13"一出现（即 $Q_AQ_B\overline{Q_1}=111$），就立即使 74LS90 和 74LS107 清 0，于是显示器个位便出现稳定的数码"1"。

（3）本实验所用数码管为共阴极数码管。若将图 18.3 中十位数的 7 段显示数码管的 b、c 段与 Q_A 相连（其他各段悬空），可使当 $Q_A=1$ 时显示"1"，$Q_A=0$ 时全暗。

表 18.1　小时脉冲控制下各 Q 端状态与显示结果的对应关系

小时脉冲/CP		0	1	2	3	4	5	6	7	8	9	10	11	12
各 Q 端状态	Q_A	0	0	0	0	0	0	0	0	0	1	1	1	1
	Q_D	0	0	0	0	0	0	0	1	1	0	0	0	0
	Q_C	0	0	0	1	1	1	1	0	0	0	0	0	0
	Q_B	0	1	1	0	0	1	1	0	0	0	0	1	1
	$\overline{Q_1}$	1	0	1	0	1	0	1	0	1	0	1	0	1
显示结果		1	2	3	4	5	6	7	8	9	10	11	12	1

2）预习要求

（1）理解小时计数显示电路的工作原理。

（2）按图 18.3 所示的电路原理图画出实验接线图。

3）实验内容

（1）根据预习时所画的实验接线图插接电路。

（2）用 1Hz 脉冲或单脉冲代替小时脉冲，进行实验。

（3）在图 18.3 所示电路的基础上，只需加接一部分简单电路和第 3 个数码管，就可以实现上午（用显示"A"表示）和下午（用显示"P"表示）指示。试设计电路，并接线实验。

思考题：在图 18.3 中，当计数不足 10 时，十位数显示的零消隐是通过将 Q_A 直接与显示数码管的有关字段相连而实现的。如果在 Q_A 与显示数码管之间再加一个组件 74LS48，利用 74LS48 的零消隐输入控制端（第 5 脚）也可以达到同样目的，如图 18.4 所示。试分析其工作原理（不必做实验）。

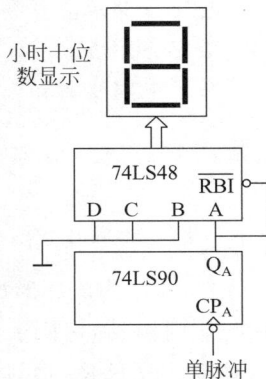

图 18.4　小时计数译码电路图

实验 18-5　产生所要求的波形（设计型实验）

有 10kHz 的脉冲源 CLK，四位同步二进制计数器 74LS163 一个，4D 触发器 74LS175 一个，试设计一个电路，要求能产生如图 18.5 所示的波形图。其中 CP 的周期为 0.8ms，Q_1、Q_2 的周期都是 CP 周期的 4 倍（3.2ms），而且 Q_2 的相位比 Q_1 的相位迟后 1/4 个周期（0.8ms）（注：Q_2 和 Q_1 的相位关系类似于 $\sin x$ 和 $\cos x$ 的相位关系）。

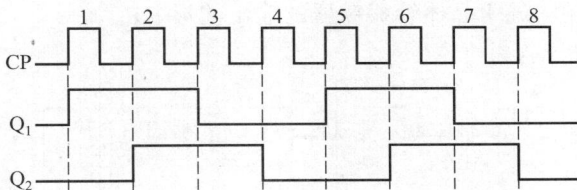

图 18.5　实验 18-5 波形图

4. 总结要求

(1) 如何用两片 74LS90 组成 100 以内的任意进制的 BCD 码输出的计数器?

(2) 如何用 74LS163 的清除端、置入端的功能组成任意模数的计数器?

实验 19　脉冲波形的产生、整形和分频实验

1. 实验目的

(1) 学习用 TTL 门电路构成振荡器电路及用触发器和计数器构成分频电路。

(2) 学习用集成单稳态触发器 74LS123 组成功能电路。

(3) 学习用 555 芯片构成多谐振荡器和单稳态触发器。

2. 实验仪器和设备

(1) 数字存储示波器。

(2) 数字万用表。

(3) 数字电路实验箱。

3. 实验内容

实验 19-1　脉冲波形的产生和分频

1) 用与非门构成环形振荡器

用与非门构成如图 19.1 所示的环形振荡器,用示波器观测 u_A、u_B 及 u_o 的波形,测量其振荡频率。改变 R_1 值,研究输出频率与 R_1、C 的关系。

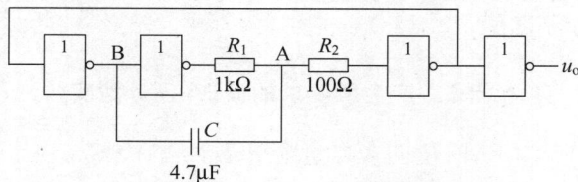

图 19.1　环形振荡器电路图

2) 晶体管振荡器

(1) 按图 19.2 接线,观察晶体管振荡器的输出波形 u_A。

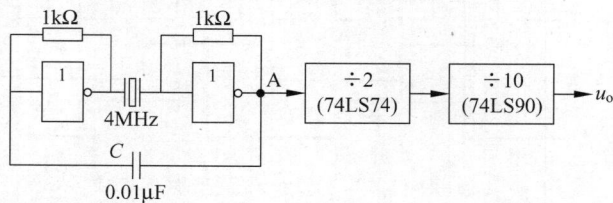

图 19.2　晶体管振荡器及分频电路图

（2）在晶体管振荡器后接入 D 触发器 74LS74 和十进制计数器 74LS90，对输出波形 u_A 进行二分频和十分频，并用示波器观测分频结果 u_o。

实验 19-2　集成单稳态触发器 74LS123 的应用

（1）试分析图 19.3 所示电路中的 8 个彩灯（用发光二极管模拟）亮灭的显示规律。

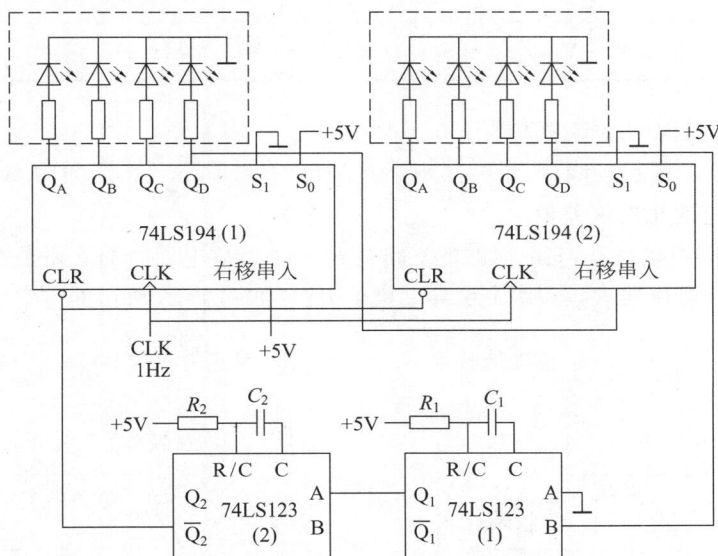

图 19.3　实验 19-2 电路图

（2）按下述彩灯显示规律设计电路并实现。

① 左移逐个亮→全亮→全灭。

② 74LS194(1)右移逐个亮→74LS194(2)左移逐个亮→全亮→全灭。

③ 8 个彩灯全亮或全灭。

实验 19-3　集成定时芯片 NE555 的应用

1）555 定时器功能测试

本实验所用的 555 定时器芯片为 NE555，芯片的外引脚可参阅附录 5，下面介绍各引脚的功能：

TH：高电平触发端，当 TH 端电平大于 $2/3V_{CC}$ 时，输出端 OUT 呈低电平，DIS 端导通。

$\overline{\text{TR}}$：低电平触发端，当 $\overline{\text{TR}}$ 端电平小于 $1/3V_{CC}$ 时，OUT 端呈高电平，DIS 端关断。

$\overline{\text{R}}$：复位端，$\overline{\text{R}}=0$ 时，OUT 端输出低电平，DIS 端导通。

C-V：控制电压端，C-V 接不同的电压可以改变 TH 和 $\overline{\text{TR}}$ 的触发电平。

DIS：放电端，其导通或关断为 RC 回路提供了放电或充电的通路。

OUT：输出端。

芯片的功能如表 19.1 所示，试按芯片的功能表逐项测试。

表 19.1   NE555 芯片的功能

TH	$\overline{\text{TR}}$	$\overline{\text{R}}$	OUT	DIS
$\times$	$\times$	L	L	导通
$>\frac{2}{3}V_{\text{CC}}$	$>\frac{1}{3}V_{\text{CC}}$	H	L	导通
$<\frac{2}{3}V_{\text{CC}}$	$>\frac{1}{3}V_{\text{CC}}$	H	原状态	原状态
$<\frac{2}{3}V_{\text{CC}}$	$<\frac{1}{3}V_{\text{CC}}$	H	H	关断

2) 555 定时器构成多谐振荡器

(1) 按图 19.4 所示接线,用示波器观察并测量 OUT 端 u_{o} 波形的频率,并与理论估算值相比较,算出它的相对误差值。

(2) 根据上述电路原理,充电回路的支路是 $R_1 R_2 C_1$,放电回路的支路是 $R_2 C_1$,将电路略作修改,增加一个电位器 R_{W} 和两个引导二极管,构成如图 19.5 所示的占空比可调的多谐振荡器,其占空比 $q = \dfrac{R_1}{R_1 + R_2}$。合理选择参数,使 $q = 0.2$,且正脉冲宽度为 0.2ms。

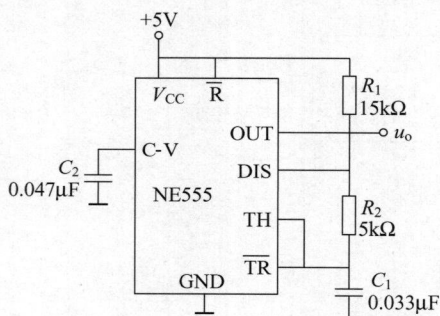

图 19.4   多谐振荡器电路图

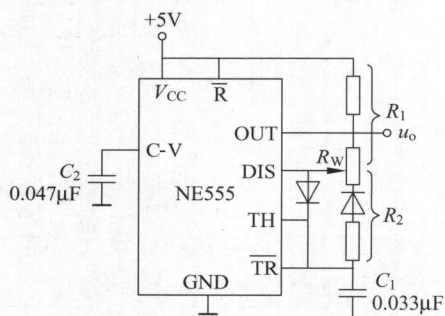

图 19.5   占空比可调的多谐振荡器电路图

3) NE555 定时器构成单稳态触发器

按图 19.6 接线。图中 u_{i} 为频率约为 1kHz 的方波,用双线示波器观察 u_{o} 相对于 u_{i} 的波形,并测出输出脉冲的宽度 T_{W}。

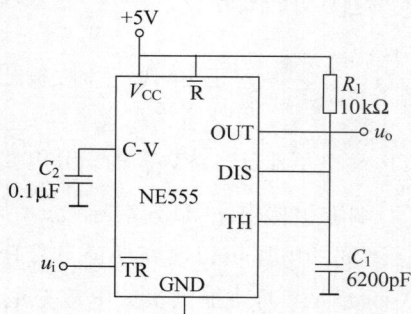

图 19.6   单稳态触发器电路图

4. 总结要求

（1）如何修改图 19.1 中的环形振荡器电路，使其振荡频率在某一范围内连续可调？

（2）总结用触发器（D 触发器、J-K 触发器）、集成计数器（74LS90、74LS160、74LS161 及 74LS163 等）对某一较高频率的信号进行分频，得到需要的较低频率信号的方法。

（3）画出实验 19-2 中步骤（2）所设计的电路图。

（4）如何修改图 19.4 所示的 NE555 芯片多谐振荡器电路，使其振荡频率在某一范围内连续可调？

实验 20　Multisim 模拟电路仿真实验

1. 实验目的

（1）学习用 Multisim 实现电路仿真分析的主要步骤。

（2）用 Multisim 的仿真手段对电路性能进行较深入的研究。

2. 预习内容

对仿真电路需要测量的数据进行理论计算，以便将测量值与理论值进行对照。

3. 实验内容

实验 20-1　基本单管放大电路的仿真研究

射极电流负反馈放大电路如图 20.1 所示，仿真电路如图 20.2 所示。单击三极管图符，从出现的对话框中的"EDIT MODEL"选项中改变三极管的电流放大系数（BF）为 60。

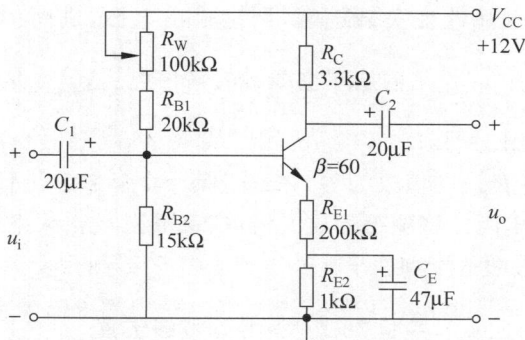

图 20.1　实验 20-1 电路图

（1）调节 R_W，使 $V_E = 1.2V$。

（2）用"直流工作点分析"功能进行直流工作点分析，测量静态工作点，并与估算值比较。

（3）用示波器观测输入、输出电压波形的幅度和相位关系，并测量电压放大倍数，与估算值比较。

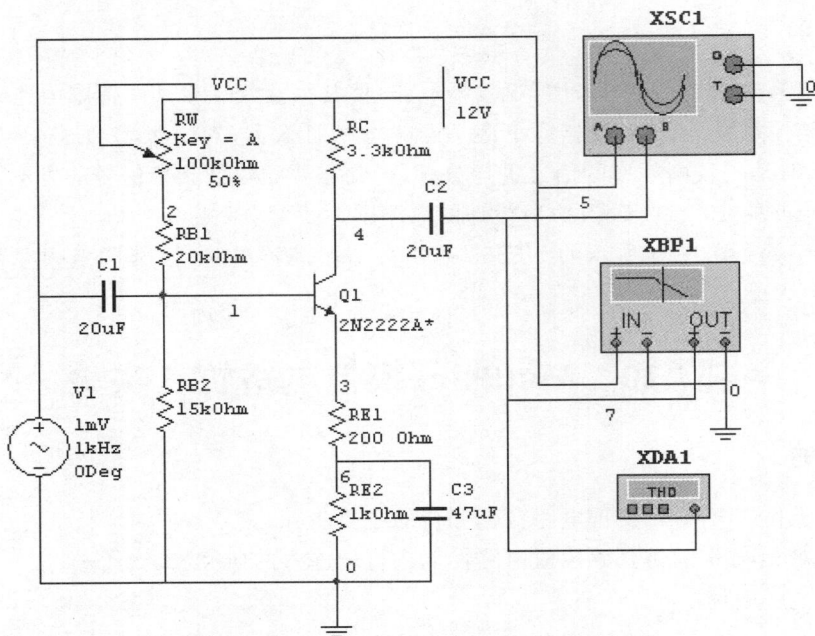

图 20.2   实验 20-1 仿真电路图

(4) 用波特图示仪观测幅频特性和相频特性,并测量电压放大倍数和带宽(测出下限截止频率和上限截止频率即可)。

(5) 用"交流分析"功能测量幅频特性和相频特性。

(6) 加大输入信号的幅度,观测输出电压波形何时会出现失真,并用失真度分析仪(distortion analyzer)测量输出信号的失真度。

(7) 设计测量输入电阻、输出电阻的方法并测量之。(提示:测量输入电阻采用"加压求流法",测量输出电阻采用改变负载电阻,测量输出电压,进而估算输出电阻的方法,即 $r_o = \left(\dfrac{U_{oO}}{U_{oL}} - 1\right) \times R_L$,式中 U_{oO} 是输出端空载时的输出电压,U_{oL} 是接入负载 R_L 时的输出电压。输入信号频率选用 1kHz)。

(8) 将 R_{E1} 去掉,将 R_{E2} 的值改为 1.2kΩ,即保持静态工作点不变,重测电压放大倍数、上下限截止频率及输入电阻。将测得的放大倍数、上下限截止频率和输入电阻进行列表对比,说明 R_{E1} 对这三个参数的影响。

实验 20-2   有源滤波器仿真

1) 低通滤波器

输入图 20.3 所示的二阶低通滤波器电路。用波特图示仪观察电路的幅频特性和相频特性,测量通带电压放大倍数和截止频率。再利用"交流分析"功能重测通带电压放大倍数和截止频率。将两种测量方法获得的数据与理论值进行比较。

2) 高通滤波器

输入电路图如图 20.4 所示。观察幅频特性和相频特性,测量通带电压放大倍数和截止频率,并与理论值比较。

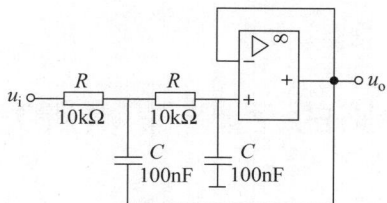

图 20.3　二阶低通滤波器电路图　　　图 20.4　二阶高通滤波器电路图

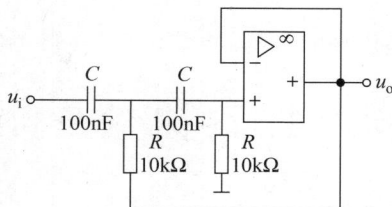

3) 双 T 带阻滤波器

输入电路图如图 20.5 所示,写出此电路的传递函数及幅频特性函数。中心频率 f_0 选择 $40\sim100\,\text{Hz}$ 之间的一个值,确定电阻、电容的参数并进行仿真实验,观察幅频特性。测量 f_0,测量 f_0 处的输出幅度,测量上、下限截止频率及带宽。

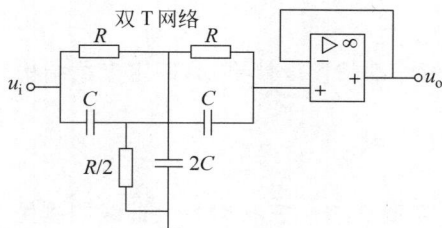

图 20.5　双 T 带阻滤波器电路图

实验 20-3　正弦波振荡器仿真

(1) 图 20.6(a)所示文氏桥电路,中心频率 f_0 从 $200\sim2000\,\text{Hz}$ 之间任选一个值,并确定 R 和 C 的参数。就选定的参数用 Multisim 软件进行仿真,测量 f_0、f_0 处的 U_o/U_i 以及 u_o 与 u_i 的相位差,并得出结论。

(2) 用选定的参数构成如图 20.6(b)所示的文氏桥正弦波发生器并仿真,调节 R_3 使其起振,观测输出电压从起振到稳定一段时间的波形,并测量输出波形的频率及最大幅度。测量 R_3 调节到多大时输出会发生饱和失真(正负半周均产生饱和失真)。

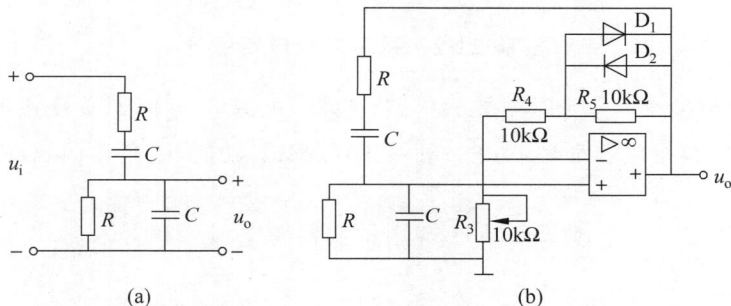

图 20.6　文氏桥电路和文氏桥正弦波发生器电路图

(a) 文氏桥电路;(b) 文氏桥正弦波发生器电路

4. 总结要求

整理仿真电路及结果,写成电子版的实验报告,网上提交。

实验 21　三极管及其放大电路的设计与仿真研究

1. 实验目的

(1) 熟悉 Multisim 的使用方法,了解元件库、分析功能、虚拟仪表等功能。
(2) 熟练掌握使用 Multisim 分析和设计电子电路的方法。

2. 实验设备

Multisim 仿真软件。

3. 预习要求

实验的工作量比较大,请详细阅读设计要求,确定电路结构,掌握设计与仿真过程。

4. 实验内容

实验 21-1　三极管特性曲线的测量

2N2222A 是小功率 NPN 型三极管,设计电路使用 Multisim 测量其输入特性和输出特性曲线。

输入特性曲线参数要求:

(1) u_{BE}: 0～1.5V,步长 0.01V。
(2) u_{CE}: 0～12V,步长 0.2V。

提示: u_{CE} 每变化一次,画出一条 i_B-u_{BE} 的曲线。画出曲线后,还要把纵轴改得小一点(0～1mA)才能看到合适的输入特性,和教材中的相应曲线进行比较。

输出特性曲线参数要求:

(1) u_{CE}: 0～12V,步长 0.01V。
(2) i_B: 0～100μA,步长 10μA。

实验 21-2　基本放大电路设计

使用 2N2222A 设计一个基本放大电路,要求:电源电压 12V,集电极电阻 R_C=6kΩ,负载 R_L=6kΩ。耦合电容都是 10μF。利用"参数扫描"功能,改变 R_B 以设置合适的静态工作点。

输入信号 V_{Pk}=5mV,频率 10kHz。用示波器观察输入信号和输出信号的波形是否失真。

画出此放大电路的频率特性曲线,测量中频放大倍数和带宽。

实验 21-3 分压式偏置放大电路设计

使用 2N2222A 设计一个分压式偏置电路,要求:电源电压 12V,集电极电阻 $R_C =$ 6kΩ,负载 $R_L = 6$kΩ。分压电阻 $R_{B1} = 100$kΩ、$R_{B2} = 20$kΩ,耦合电容和旁路电容都是 10μF。利用"参数扫描"功能,调整集电极电阻 R_E 以设置合适的静态工作点。

输入信号 $V_{Pk} = 5$mV,频率 10kHz。用示波器观察输入信号和输出信号的波形是否失真。

画出此放大电路的频率特性曲线,测量中频放大倍数和带宽。

实验 21-4 负反馈多级放大电路设计

使用阻容耦合,将实验 21-2 中设计好的电路作为前级,实验 21-3 中设计好的电路作为后级,组成两级放大电路。采用同样的负载条件和输入信号,观察输出信号的波形。输出信号严重失真,分析电路的工作情况和失真的原因。

利用此电路,在第一级增加 100Ω 的发射极电阻以及从输出到第一级电路的反馈电阻,组成电压串联负反馈电路,要求放大倍数为 100 倍。计算反馈电路的阻值。观察此电路输入信号和输出信号的波形,画出电路的频率特性曲线,测量中频放大倍数和带宽。测量此电路对中频信号的输入电阻和输出电阻。

5. 总结要求

(1) 给出自己设计的电路,并简要说明。
(2) 给出电路的仿真结果,并进行简要分析。

实验 22 单电源精密整流电路与放大电路的仿真研究

1. 实验目的

(1) 熟悉 Multisim 的使用方法,了解元件库、分析功能、虚拟仪表等功能。
(2) 使用 Multisim 分析和设计电子电路。

2. 实验设备

Multisim 仿真软件。

3. 预习要求

熟悉单电源运放构成的精密整流电路与放大电路。

4. 实验内容

实验 22-1 单电源绝对值电路的设计与仿真

(1) 如图 22.1 所示的单电源精密整流电路中使用了单电源运放 OPA364ID,使用"直流扫描"功能分析研究此电路(分析参数 V_1：−5～5V，步长 0.01V。输出 V_2 中的电流)，结合仿真结果说明此电路的功能。

（2）如图 22.2 所示的单电源放大电路同样使用了单电源运放 OPA364ID，使用"直流扫描"功能分析研究此电路(扫描 V_3：−5～5V，步长 0.01V。输出：V_2)，结合分析结果说明此电路的功能。

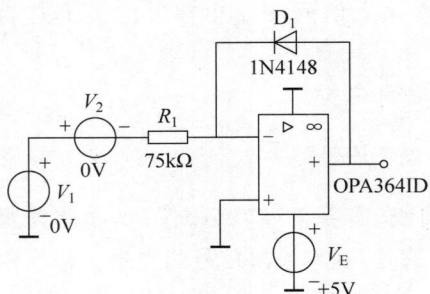

图 22.1　单电源精密整流电路

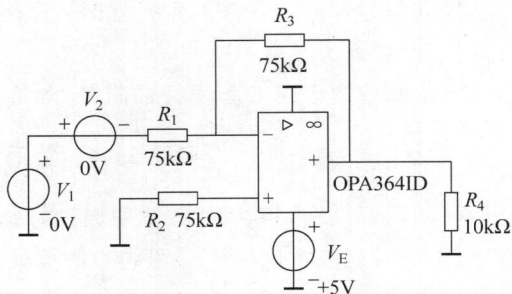

图 22.2　单电源放大电路

（3）将以上两个电路结合到一起，组成的电路如图 22.3 所示。使用"直流扫描"功能分析研究此电路(扫描 V_3：−5～5V，步长 0.01V。输出：R_4 上电压)，结合分析结果说明此电路的功能。

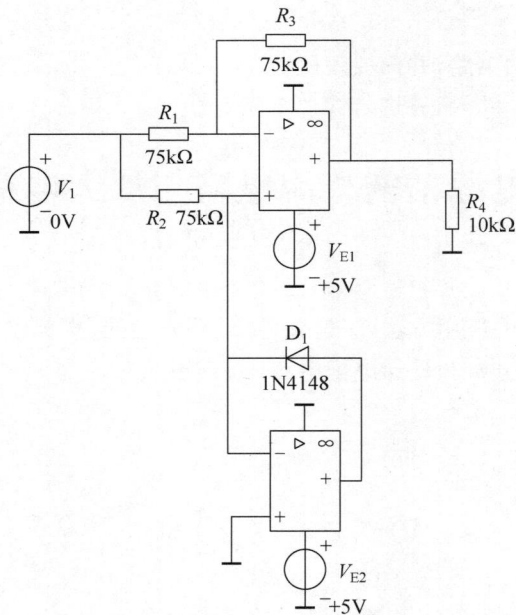

图 22.3　单电源绝对值电路

实验 22-2　单电源运放设计同相比例放大器

使用 OPA364ID 设计一个放大倍数为 101 倍且输入阻抗比较高的单电源放大电路，运放使用 5V 电源，反馈电阻为 100kΩ，耦合电容为 5μF。用 Multisim 验证电路设计。输入

10mV、1kHz 的正弦信号,用示波器观察输出波形,并用 AC 分析画出频率特性曲线,测量上、下限截止频率。

5. 总结要求

（1）仿真分析画出实验 22-1 中三个电路的电压传输特性曲线,根据电压传输特性曲线说明电路的功能。

（2）给出实验 22-2 放大电路的输入、输出波形。仿真分析得到频率特性曲线,在频率特性曲线上测量出上、下限截止频率,并计算带宽。

实验 23　Multisim 数字电路仿真实验

1. 实验目的

用 Multisim 仿真软件对数字电路进行仿真研究。

2. 实验内容

实验 23-1　交通灯报警电路仿真

交通灯故障报警电路的工作要求如下：红、黄、绿 3 种颜色的指示灯在下列情况下属正常工作,即单独的红灯指示、黄灯指示、绿灯指示及黄灯与绿灯同时指示,而在其他情况下均属于故障状态。出故障时报警灯亮。

设字母 R、Y、G 分别表示红、黄、绿 3 个交通灯,高电平表示灯亮,低电平表示灯灭。字母 Z 表示报警灯,高电平表示报警,则真值表如表 23.1 所示。逻辑表达式为

$$Z=\overline{R}\,\overline{Y}\,\overline{G}+RG+RY$$

若用与非门实现,则表达式可写为

$$Z=\overline{\overline{R\,\overline{Y}\,\overline{G}}\cdot\overline{RG}\cdot\overline{RY}}$$

表 23.1　交通灯故障报警真值表

R	Y	G	Z
0	0	0	1
0	0	1	0
0	1	0	0
0	1	1	0
1	0	0	0
1	0	1	1
1	1	0	1
1	1	1	1

Multisim 仿真设计图如图 23.1 所示。

图 23.1 所示的电路图中分别用开关 A、B、C 模拟控制红、黄、绿灯的亮暗,开关接向高

电平时表示灯亮,接向低电平时表示灯灭。用发光二极管 LED$_1$ 的亮暗模拟报警灯的亮暗。另外,用了一个 5V 直流电源、一个 7400 四 2 输入与非门、一个 7404 六反相器、一个 7420 双 4 输入与非门、一个 500Ω 电阻。

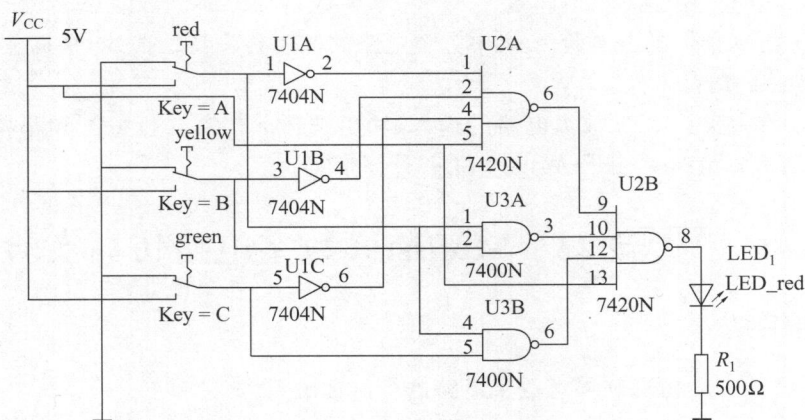

图 23.1 交通灯报警电路的 Multisim 仿真设计图

在模拟实验中可以看出,当开关 A、B、C 中只有一个拨向高电平,以及 B、C 同时拨向高电平而 A 拨向低电平时报警灯不亮,其余情况下报警灯均亮。

实验 23-2 数字频率计电路仿真

数字频率计电路的工作要求如下:能测出某未知数字信号的频率,并用数码管显示测量结果。如果用 2 位数码管,则测量的最大频率为 99Hz。

数字频率计电路的 Multisim 仿真设计图如图 23.2 所示,其电路结构如下:用两片 74LS90(U1 和 U2)组成 BCD 码一百进制计数器,两个数码管 U3 和 U4 分别显示十位数和个位数。四 D 触发器 74LS175(U5)与三输入与非门 7410(U6B)组成可自启动的环形计数器,产生闸门控制信号和计数器清零信号。信号发生器 XFG1 产生频率为 1Hz、占空比为 50% 的连续脉冲信号;信号发生器 XFG2 产生频率为 1~99Hz(人为设置)、占空比为 50% 的连续脉冲信号,作为被测脉冲。三输入与非门 7410(U6A)为控制闸门。

运行后该频率计进行如下自动循环测量:计数 1s→显示 3s→清零 1s→……

改变被测脉冲频率,重新运行。

实验 23-3 自 选 实 验

(1) 应用逻辑转换仪将逻辑表达式 $Y=\overline{A}\,\overline{B}C+\overline{A}\,B\overline{C}+A\overline{B}C+AB\overline{C}+AB\overline{C}$ 转换为真值表,将真值表转换为简化的逻辑表达式,再将简化的逻辑表达式用与非门实现。

(2) 用 3 片双向移位寄存器 74LS194 设计节日彩灯电路,参考电路如图 23.3 所示,输出用发光探头(PROBE)显示。

(3) 用 2 片集成计数器 74LS290(或 74LS90)构成二十四进制 BCD 码计数器,用逻辑分析仪同时观察 8 位输出的波形。

(4) 电子跑表设计:精度 0.01s,最大计时 59min 59.99s。只有一个开关,按第 1 次开

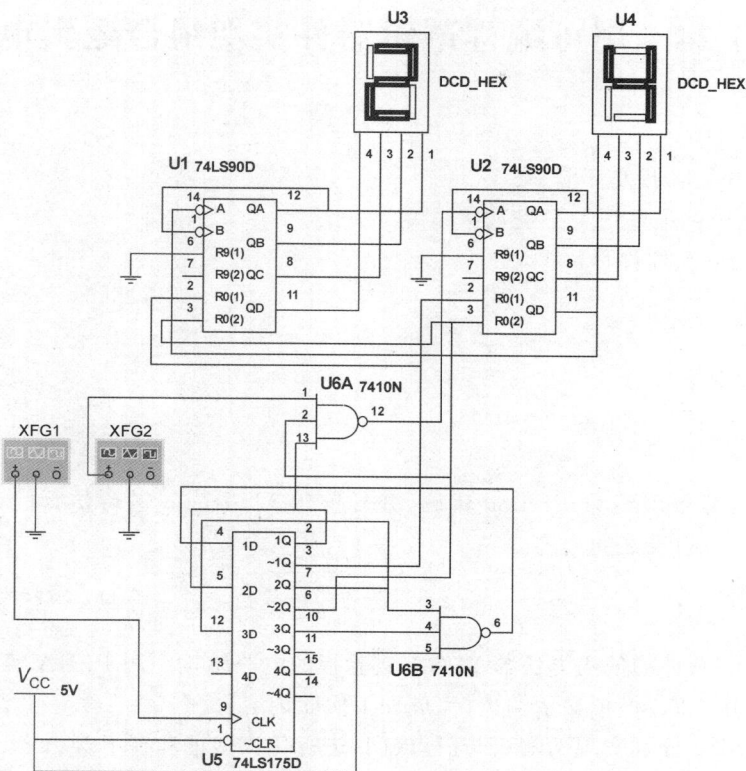

图 23.2　数字频率计电路的 Multisim 仿真设计图

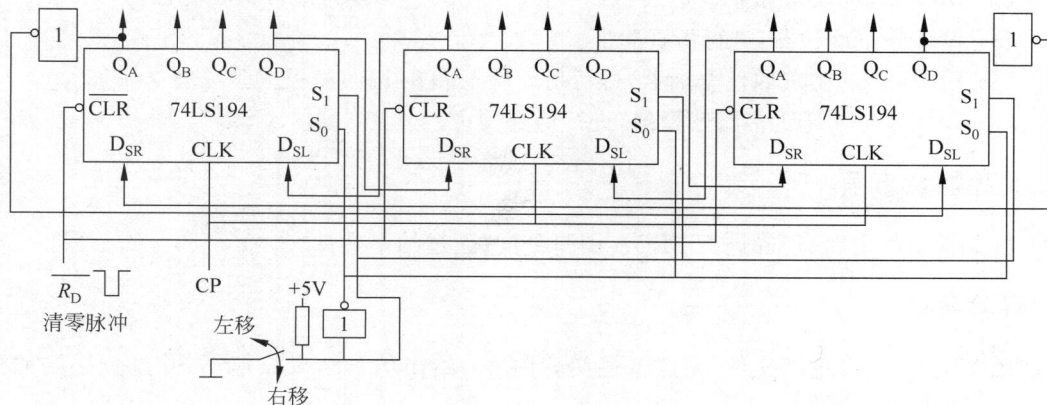

图 23.3　节日彩灯电路图

关清除,按第 2 次开关计时,按第 3 次开关停止计时,保持显示内容,按第 4 次开关再清除……。用同步计数器 74160 或十进制计数器 74162 芯片实现。

3. 总结要求

整理仿真电路及结果,写成电子版的实验报告,网上提交。

实验 24　用可编程逻辑器件实现组合逻辑电路

1. 实验目的

（1）熟悉 Vivado 开发环境。
（2）熟悉用硬件描述语言开发数字系统的方法。
（3）熟悉 FPGA 硬件平台。

2. 实验设备

FPGA 实验板。

3. 预习要求

根据实验内容要求编写 Verilog 代码，并提前用 Modelsim 进行仿真验证。Modelsim 的使用方法请参考附录 2 的内容。

4. 实验内容

熟悉 Vivado 软件的使用方法与 FPGA 实验板的电路结构。用 FPGA 实验板上的拨码开关模拟输入，用 LED 模拟显示输出，完成如下实验内容：
（1）用 Verilog 分别实现两输入与门/或门，进行仿真验证和在 FPGA 板上验证。
（2）实现两输入与门、或门、异或门、与非门和或非门，进行仿真验证和在 FPGA 板上验证。
（3）用 Verilog 实现布尔表达式：$Y=\overline{A}\overline{B}C+A\overline{B}\overline{C}+A\overline{B}C$，进行仿真验证。
（4）设计 8 位反相器，进行仿真验证。
（5）用 Verilog 实现四位全加器，进行仿真验证和在 FPGA 板上验证。
（6）设计 8 位 4 选 1 多路选择器，进行仿真验证。

5. 实验注意事项

按文档中的说明，正确进行 FPGA 引脚分配（通过约束文件）。

6. 实验总结

用 Vivado 设计电路文件，完成上述实验内容；给出仿真结果波形图，并进行必要的分析，验证设计的正确性。

实验 25　用可编程逻辑器件实现时序逻辑电路

1. 实验目的

（1）熟悉 Vivado 开发环境。
（2）熟悉用硬件描述语言开发数字系统的方法。

（3）熟悉 FPGA 硬件平台。

2. 实验设备

FPGA 实验板。

3. 实验内容

实验 25-1　闪 烁 电 路

设计电路，使 LD0～LD7 分别以 0.5Hz、1Hz 和 10Hz 的频率闪烁。

实验 25-2　多种流水灯电路

设计电路，实现多种形式的流水灯（LD0～LD7），灯的闪烁周期均为 1s 可用按键或拨键开关切换模式。

（1）按键 1 按下后，灯从左到右按顺序轮流闪烁 1 次，循环执行；
（2）按键 2 按下后，所有灯闪烁 3 次；
（3）按键 3 按下后，灯从右到左按顺序轮流闪烁 1 次，循环执行；
（4）按键 4 按下后，奇数灯和偶数灯轮流各闪烁 3 次；
（5）按键 5 按下后，前 4 盏灯从右到左闪一遍；
（6）按键 6 按下后，前 4 盏灯从左到右闪一遍。

*实验 25-3　秒表计数电路

设计电路，实现秒表计数（0～59s），计数值用数码管显示。

*实验 25-4　可设置计数值的秒表计数电路

在实验 25-3 的基础上，增加计数值设置功能（通过拨码开关）。

注：加"*"的实验是选做内容。

4. 实验注意事项

按文档中的说明，正确进行 FPGA 引脚分配（通过约束文件）。

5. 实验总结

编写 Verilog 设计文件和仿真测试文件，完成上述实验内容；给出仿真结果波形图（仿真时可缩短计数值，仅验证功能），并进行必要的分析，验证设计的正确性。

第 3 部分　电子技术远程实验

实验 26　两级交流放大电路的研究

1. 实验目的

（1）研究三极管放大电路的参数对静态工作点的影响。

（2）研究负载电阻对放大电路的影响。

（3）观察放大电路的失真现象。

2. 实验设备

远程实验平台。

远程实验平台上的两级交流放大器电路实物如图 26.1 所示。电路中使用的是贴片元件。除实验电路外，电路板上还有为了实现远程在线实验的控制电路。

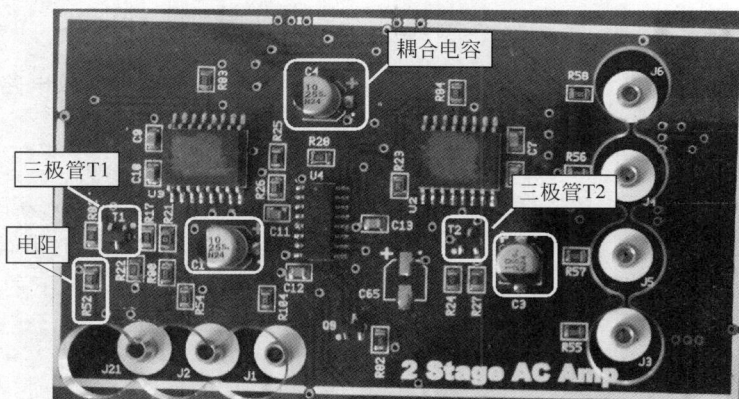

图 26.1　两级交流放大器电路实物图

两级交流放大器电路图如图 26.2 所示。图中，"R1 100k"代表电阻 R_1 的阻值是 $100\text{k}\Omega$，"R4 220R"代表电阻 R_4 的阻值是 220Ω。RV1、RV2 是电位器，可以用鼠标拖动改变其阻值。SW1、SW2、SW3 是开关，将鼠标置于符号之上，单击可以改变其状态。TP1～TP7 是测试端口。最左边的 FG 是信号输入端口，已经连接信号源。

电路中使用的三极管为 BC817（β 的范围为 $100\sim600$，计算时取 $\beta\approx300$）。

3. 预习要求

研究图 26.2 中的分立元件放大电路，复习静态工作点的计算方法和两个单级电路的放大倍数的计算方法，并分析电路。

（1）计算第一级电路的静态工作点 V_{B1}、V_{E1}、I_{E1}、V_{C1} 和 U_{CE1}，第二级电路开关 SW2 断开且 RV1 为最大值和 0 值时的 V_{B2}、V_{E2}、I_{E2}、V_{C2} 和 U_{CE2}。将理论数据填入表 26.6。

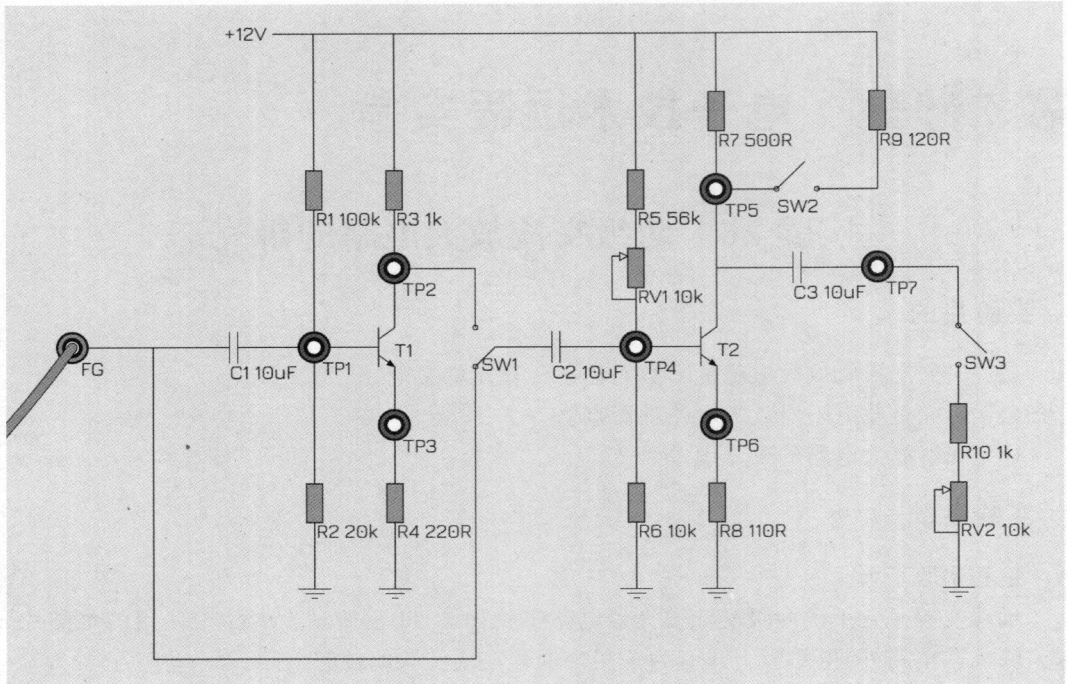

图 26.2　两级交流放大器电路图

（2）计算两级电路断开时的交流放大倍数 A_{u1}、A_{u2}。根据微变等效电路，放大倍数为

$$A_u = -\frac{\beta R'_\mathrm{L}}{r_\mathrm{be} + (1+\beta)R_\mathrm{E}} \qquad (26.1)$$

对于第一级放大电路，计算将其与第二级放大电路断开（SW1 置于下方位置）时的放大倍数。对于第二级放大电路，计算当 RV2 和 RV1 均为 0 值、SW2 处于打开位置，开关 SW3 分别处于打开和闭合位置时的放大倍数，即空载和 $R_\mathrm{L} = 1\mathrm{k}\Omega$ 两种情况下的放大倍数。将理论数据填入表 26.7。

4. 实验内容

进入实验平台（使用实验室提供的 IP 地址），选择"实验 1 两级交流放大器"。实验过程中既可以先裁图，放在相应位置保留，结束后看图读数据，也可以读数、裁图同时进行。

实验 26-1　测量电路的静态工作点

1）第一级电路静态工作点的测量

按照表 26.1 连接和设置信号源和示波器。A 通道作为触发源。

表 26.1　测量第一级电路静态工作点时的设置

仪器 设置	信号源	示波器			
		ChA	ChB	ChC	ChD
连接	电路输入	TP1	TP2	TP3	禁止
设置	接地	DC,1V/div	DC,2V/div	DC,1V/div	

将三个通道的零线置于垂直中间位置(拖动各通道左侧的小三角),输入耦合方式均置于"DC"。在示波器上观察到三个信号的波形(直线)。裁示波器图,作为附图 1,读出 V_{B1}、V_{C1}、V_{E1},计算 I_{E1}、U_{CE1},填入表 26.6。

如果有多位用户同时做实验,数据与波形可能会延迟。读数前或者发现波形不正常时,先单击"更新数据"。

注意:测量直流信号时读数为有效值(RMS),即为直流电压。也可以用鼠标拖动矩形框的方法测量电压。还要特别注意,当测量数据达到 4V 以上、接近 5V 时,要详细观察一下波形,调整一下垂直幅度(增加垂直刻度值 V/div),避免因为幅度被钳位而测量出假数据。另外,当信号为直流时所显示的频率值是噪声造成的,不代表存在交流信号。

2)第二级电路静态工作点的测量

将开关 SW2 打开(实验中此开关一直处于打开位置),将 RV1 置于最小位置(中间箭头置于最上端)。按照表 26.2 连接和设置信号源和示波器。

表 26.2　测量第二级电路静态工作点时的设置

仪器\设置	信号源	示波器			
		ChA	ChB	ChC	ChD
连接	电路输入	TP4	TP5	TP6	禁止
设置	接地	DC,1V/div	DC,2V/div	DC,1V/div	

测量 V_{B2}、V_{C2}、V_{E2},计算 I_{E2}、U_{CE2},将测量值与计算值填入表 26.6。裁示波器图,作为附图 2。并将 RV1 置于最大位置(中间箭头置于最下端),其他测量条件不变,重复以上测量并记录数据。裁示波器图,作为附图 3。

实验 26-2　测量放大电路的放大倍数

1)第一级电路放大倍数的测量

将 SW1 置于向下位置,断开两级放大电路的连接。按照表 26.3 连接和设置信号源和示波器。

表 26.3　测量第一级电路放大倍数时的设置

仪器\设置	信号源	示波器				
		时基	ChA	ChB	ChC	ChD
连接	正弦		信号源	TP2	禁止	禁止
设置	~100mV,~2kHz	500μs/div	AC,200mV/div	AC,400mV/div		

调整示波器基线至中间位置,观察到合适的波形。裁示波器图,作为附图 4。测量输入信号和输出信号的有效值,填于表 26.7,计算放大倍数。

注:在本实验的测量中,信号源的频率接近 2kHz,时间使用 200μs/div 也可以。

2)第二级电路放大倍数的测量

(1)空载放大倍数的测量

SW2 处于断开位置,RV1 调至 0 值。使输入信号直接输入第二级电路,即 SW1 置于向下位置。断开第二级电路的负载,即断开 SW3。按照表 26.4 连接和设置信号源和示波器。

表 26.4　测量第二级电路放大倍数时的设置

仪器 设置	信号源	示波器				
		时基	ChA	ChB	ChC	ChD
连接	正弦		信号源	TP7	禁止	禁止
设置	~100mV,~2kHz	500μs/div	AC,200mV/div	AC,400mV/div		

调整示波器基线至中间位置,观察到合适的波形。裁示波器图,作为附图 5。测量输入信号和输出信号的有效值,记录于表 26.7,计算放大倍数。

(2) 带载放大倍数的测量

第二级电路连接负载($R_{10}=1$kΩ),即将 RV2 调至 0 值、SW3 闭合。其他测量条件不变。将 ChB 的幅度刻度调整为 200mV/div,重复以上测量,数据填于表 26.7,计算放大倍数。裁示波器图,作为附图 6。

3) 两级放大电路相连时放大倍数的测量(输出空载)

将 SW3 断开,以上电路其他设置如上。连接两个放大电路,即将 SW1 置于向上位置,使第一级放大电路的信号输入第二级电路。按照表 26.5 连接和设置信号源和示波器。

表 26.5　测量两级放大电路放大倍数时的设置

仪器 设置	信号源	示波器				
		时基	ChA	ChB	ChC	ChD
连接	正弦		信号源	TP2	TP7	禁止
设置	~100mV,~2kHz	500μs/div	AC,200mV/div	AC,400mV/div	AC,1V/div	

观察到输入信号、第一级电路的输出信号和第二级电路的输出信号。裁示波器图,作为附图 7。测量输入电压、第一级电路的输出电压和总输出电压,记录于表 26.8。计算两级电路各自的放大倍数 A_{u1}、A_{u2} 和总放大倍数 A_u。

4) 观察失真现象

在"3)两级放大电路相连时放大倍数的测量(输出空载)"实验的基础上,调整 ChB 的垂直刻度为 1V/div,ChC 为 2V/div。增加输入信号(在 200~250mV 之间),观察输出信号波形的失真现象,并用鼠标拖拽矩形框测量失真处电压的最大值,这是输出电压允许的最大值 U_{om}。裁示波器图,作为附图 8。

进一步增加输入信号,会观察到波形的负半周也出现失真,此处只需自己观察研究,不必记录。

5. 总结要求

(1) 根据静态工作点的测量结果,说明第二级分压式偏置电路静态工作点的变化趋势与 RV1 的变化关系。

(2) 简要说明实际测量的静态工作点与理论计算结果差别比较大的主要原因,以及理论计算的放大倍数与实际测量结果差别小的原因。

(3) 说出观察到的失真的种类。如果想增加不失真输出电压的幅值,R_5 应该如何变化? 说明原因。

6. 实验报告

实验 26　两级交流放大电路的研究

1）实验预习
（1）静态工作点的计算。
（2）两级电路断开时的交流放大倍数的计算。
2）实验记录

表 26.6　电路的静态工作点

电路	第一级电路		第二级电路（SW2 打开）			
静态值	理论值	测量值	RV1 最小（=0）		RV1 最大	
			理论值	测量值	理论值	测量值
V_B						
V_E						
V_C						
I_E						
U_{CE}						

表 26.7　两级放大电路断开时的放大倍数（SW1 置于向下位置）

电路	第一级电路		第二级电路（RV1=0, RV2=0）			
电压/放大倍数	SW1 置于下方		SW3 打开（空载）		SW3 闭合（带载 1kΩ）	
	理论值	测量值	理论值	测量值	理论值	测量值
u_i	—		—		—	
u_o	—		—		—	
A_u						

表 26.8　两级放大电路连接时的放大倍数（SW1 置于向上位置）

电压	测量值	放大倍数		失真波形测量	
u_i		A_{u1}			
u_{o1}		A_{u2}		U_{om}	
u_{o2}		A_u			

3）实验总结
……

4）实验附图
附图 1　第一级电路静态工作点的测量
（下图为裁图举例，请按照所示范围裁图，阅后请删除此图。裁图按照标题放在相应的位置）

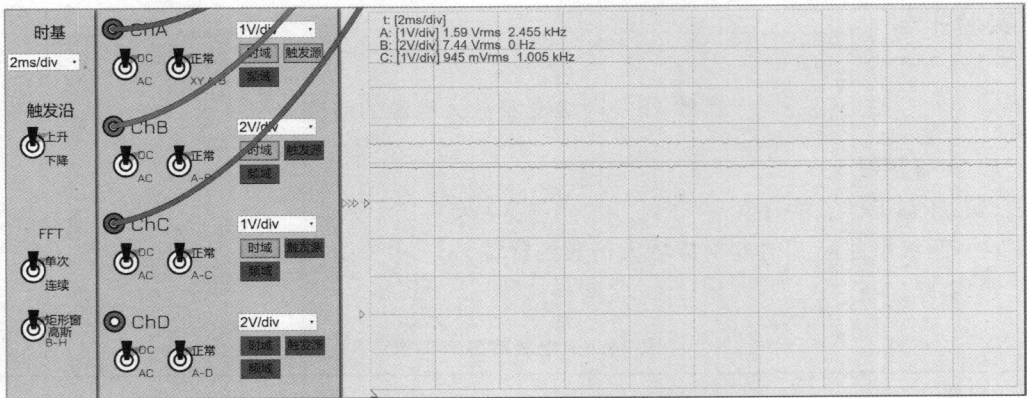

附图 2　第二级电路静态工作点的测量（RV1 最小）
……

附图 3　第二级电路静态工作点的测量（RV1 最大）
……

附图 4　第一级放大电路放大倍数的测量
……

附图 5　第二级放大电路放大倍数的测量（空载）
……

附图 6　第二级放大电路放大倍数的测量（带载 $R_L=1\mathrm{k}\Omega$）
……

附图 7　两级放大电路相连时放大倍数的测量（空载）
……

附图 8　两级放大电路的失真现象
……

实验 26 附录　模拟电路远程实验平台使用说明

1. 平台说明

本实验使用 net CIRCUIT labs 远程实验平台。利用 net CIRCUIT labs 远程实验平台可以进行模拟电子技术与数字电子技术远程实验，教师可以在平台上布置实验项目，学生通过网络在远端完成对电路的调整和测试。教师提前为学生设置好账号，学生无需预约，可以不限时间地随时上网实验。这不是电路仿真实验,实验对象是真实运行的电路,学生看到的信号是真实的信号。远程实验平台实物如图 EF26.1 所示。

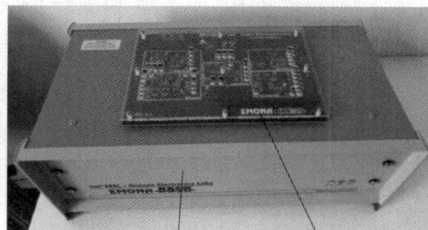

远程实验服务器　实验电路
图 EF26.1　远程实验平台

2. 连接实验平台

首先进入虚拟校园。在浏览器中输入 http://166.111.60.50(三极管放大电路实验),http://166.111.60.60(运放实验),进入登录页面(推荐使用 Chrome、IE)。如图 EF26.2 所示,选择 net CIRCUIT labs 和语言,输入账号和密码,进入实验界面。

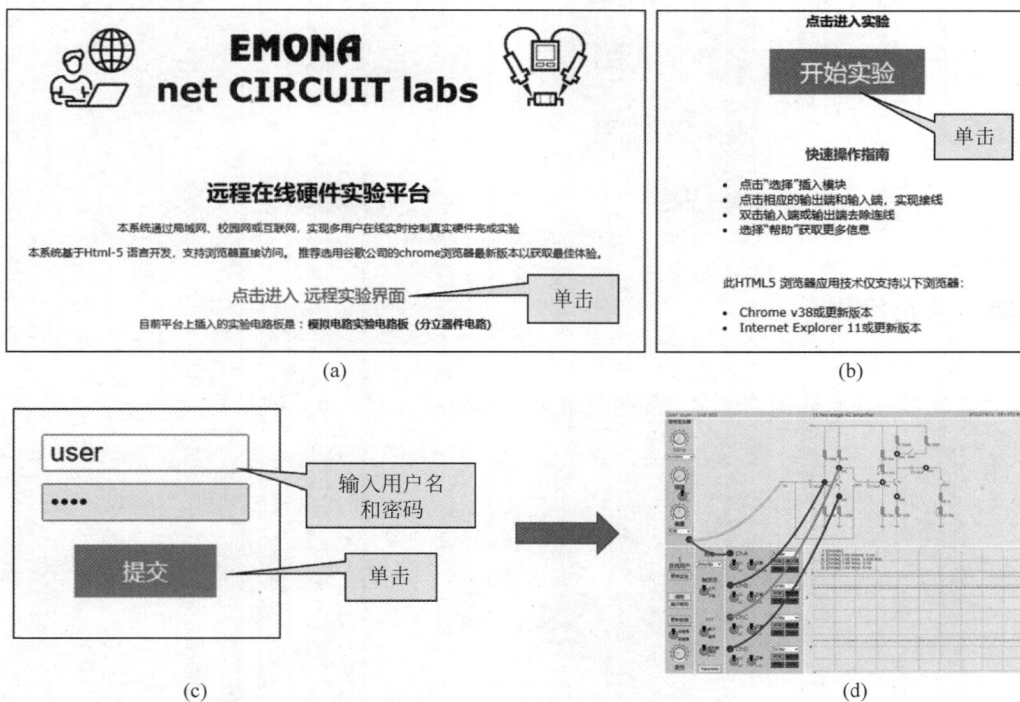

(a)　(b)　(c)　(d)

图 EF26.2　实验平台登录过程
(a) 界面 1;(b) 界面 2;(c) 界面 3;(d) 实验界面

实验界面如图 EF26.3 所示。在信号源窗口调整信号的类型、频率、幅值和偏置。在实验控制窗口可以选择实验,观察其他用户的实验过程(Watch),捕捉实验界面("捕捉"功能请勿使用! 如要裁图,请使用其他方式,如 Windows 附件中的裁图工具),选择导线柔性等。

在示波器调整面板上可以调整示波器的垂直幅度、扫描时间、耦合方式和触发方式等,还可以对信号进行傅里叶分析,显示信号频谱。在信号波形显示窗口可以观察波形、显示信号测量数据,也可以用鼠标测量信号。实验界面的上部是实验电路图或者实验对象实物图。实验界面左上角显示用户 ID。

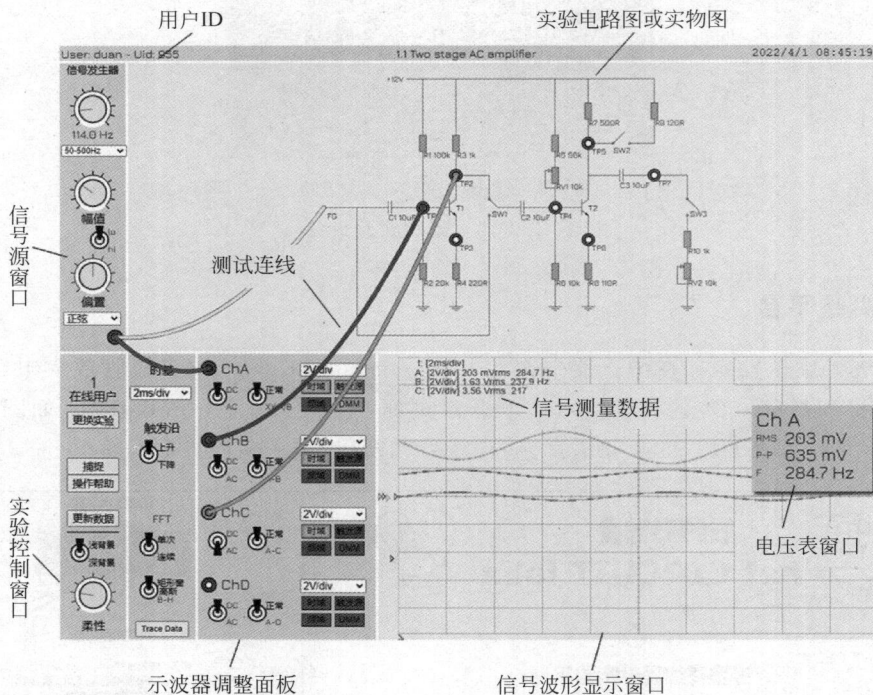

图 EF26.3 实验界面

3. 实验平台操作

1) 更换实验

单击更换实验,弹出实验菜单,在菜单中选择实验项目。如图 EF26.4 所示。

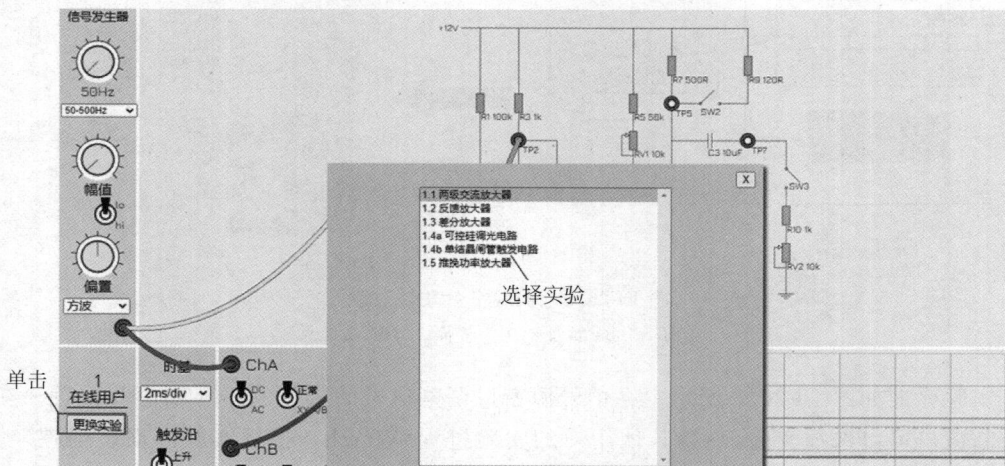

图 EF26.4 选择实验

2）实验板上开关和电位器的调整

单击开关，可以打开和关闭开关。将鼠标对准电位器，按住左键上下拖动电位器的中间抽头位置，拖动鼠标离开电位器位置后松开鼠标左键即可释放拖动，再将鼠标对准电位器，按住左键可以继续拖动。如图 EF26.5 所示。

开关操作　　　　　　　　　　电位器调整

图 EF26.5　开关操作和电位器调整

3）信号源调整

单击信号源窗口右下角的 ☑ 打开信号选择菜单。信号源可以输出正弦信号、方波信号、三角波信号、半正弦信号、噪声信号、调制信号、直流信号和接地。可以调整信号的频率、幅值和偏置。用鼠标左键拖动旋钮上的指针可以旋转旋钮；将鼠标对准某个刻度单击，可以直接将旋钮旋转到对应位置。单击旋钮下面的开关可以改变调整范围（Lo、Hi）。信号发生器调整与各种输出波形如图 EF26.6 所示。

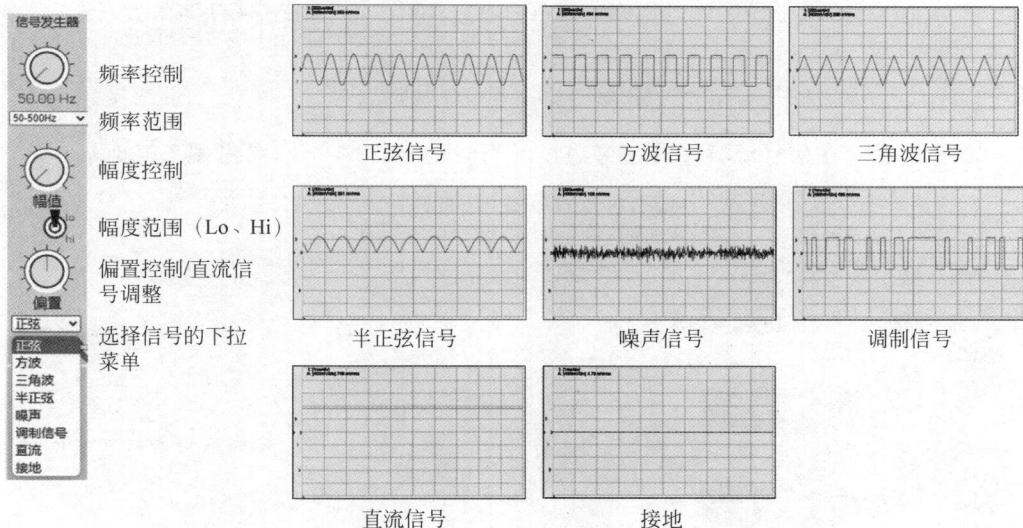

频率控制　　　　　　　正弦信号　　　　　　方波信号　　　　　　三角波信号

频率范围

幅度控制

幅度范围（Lo、Hi）　　半正弦信号　　　　　　噪声信号　　　　　　调制信号

偏置控制/直流信号调整

选择信号的下拉菜单　　　直流信号　　　　　　接地

图 EF26.6　信号发生器调整与各种输出波形

4）仪器测试

测试仪器是一个四通道数字示波器，它还可以对信号进行频率分析，显示信号频谱，因此示波器具有频谱仪的功能。仪器面板如图 EF26.7 所示。单击某个通道的输入端，电路中可以与之相连的端口将变成系统颜色，单击将使之与相应的通道相连，从而达到更改测量位置的目的。

有三种测量信号电压和时间的方法：①在波形显示窗口的左上角直接读出信号的有效值（RMS），对于直流信号，有效值就是其直流电压。②用鼠标拖拽出矩形窗口，其横边和竖边的长度会显示在左上角，从而读出横轴和纵轴上的差值，可用于测量电压和时间，比如测量信号电压的峰值、信号的周期等。③从仪表 DMM 上可以读取有效值、峰-峰值和频率，如

- 时基设置（扫描时间）
- 触发方式设置
- 耦合方式选择（交流AC/直流DC）
  - 李萨如图形
  - 信号运算
    - 垂直幅度设置
    - 时域波形、频谱分析、触发源和仪表DMM选择，单击可以
      使能（显示白色）或者禁止（显示灰色）相应的功能 ● 仪表DMM

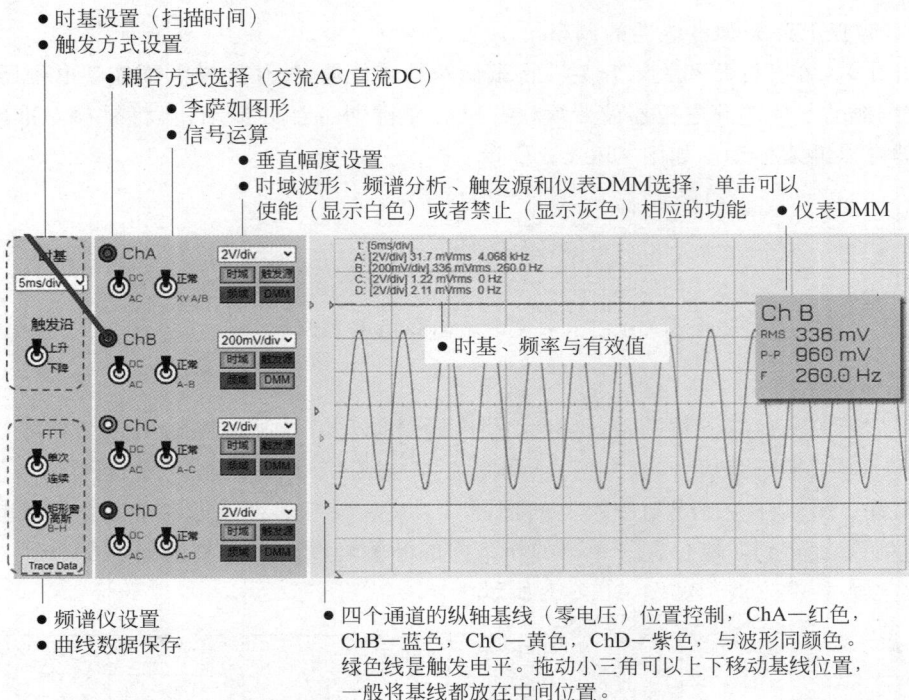

- 时基、频率与有效值

t: [5ms/div]
A: [2V/div] 31.7 mVrms 4.068 kHz
B: [200mV/div] 336 mVrms 260.0 Hz
C: [2V/div] 1.22 mVrms 0 Hz
D: [2V/div] 2.11 mVrms 0 Hz

Ch B
RMS 336 mV
P-P 960 mV
F 260.0 Hz

- 频谱仪设置
- 曲线数据保存

● 四个通道的纵轴基线（零电压）位置控制，ChA—红色，
ChB—蓝色，ChC—黄色，ChD—紫色，与波形同颜色。
绿色线是触发电平。拖动小三角可以上下移动基线位置，
一般将基线都放在中间位置。

图 EF26.7　示波器面板

图 EF26.8 所示。在信号源频率旋钮旁边显示当时输出的频率值，参考图 EF26.6。

用鼠标拉出方框的横边长度是
时间差，垂直边长度是电压差。

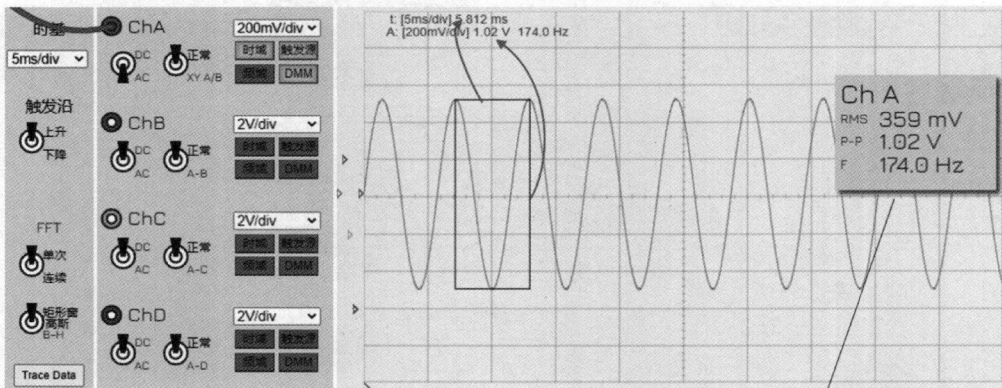

t: [5ms/div] 5.812 ms
A: [200mV/div] 1.02 V 174.0 Hz

Ch A
RMS 359 mV
P-P 1.02 V
F 174.0 Hz

电压表上可以读出有效值（RMS）、
峰-峰值（P-P）和频率。

图 EF26.8　电压和时间的测量

对于幅度测量而言，要读出准确的幅度值，必须先看到合适的波形，即峰值未超出范围，周期数量合适（周期足够多，但是又不至于太密）。

ChA 中的横轴可以设置为 B 通道的电压，从而显示李萨如图形，如图 EF26.9 所示。

特别提示：由于实验平台受网络速度和硬件的限制，采样率和总采样点数有限，如果所显示的信号的周期过多（横轴的刻度值太大），可能会出现频率混叠现象，这时显示的波形不

是实际波形。如图 EF26.10 所示,输入信号是正弦信号,但是由于要显示的周期太多而产生频率混叠。因此,随着频率的增加,要适当降低横轴刻度值,建议显示 20 个周期以内的波形。

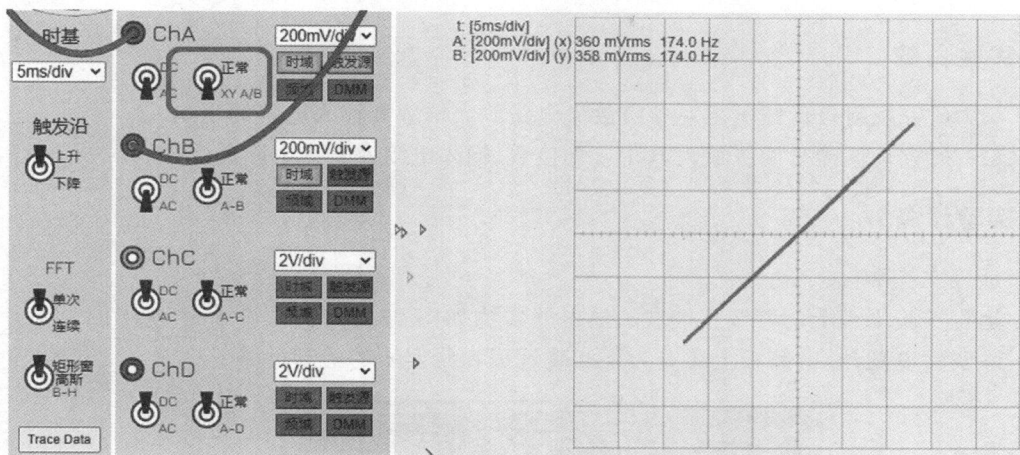

图 EF26.9 李萨如图形

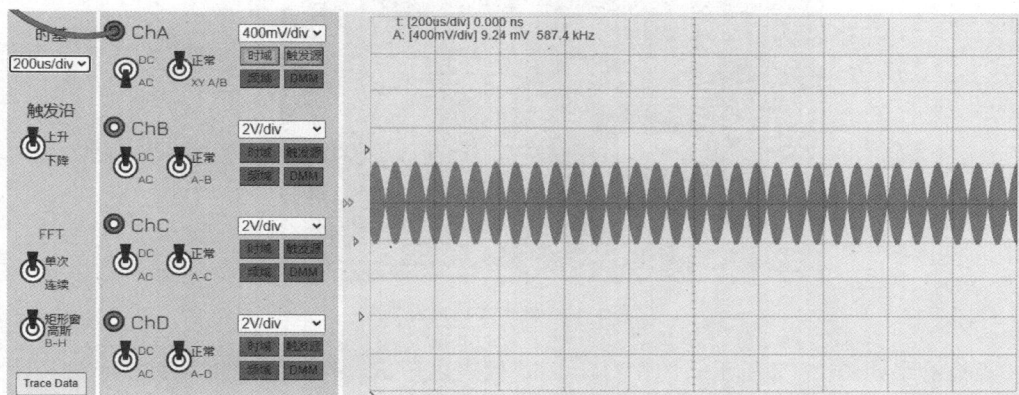

图 EF26.10 频率混叠

另外,波形在纵轴上的幅度限制为 5 个格,如果波形达到 5 个格,将被限幅,如图 EF26.11 所示。因此,要根据输入信号的幅度及时调整纵轴幅度,使之低于 5 个格。

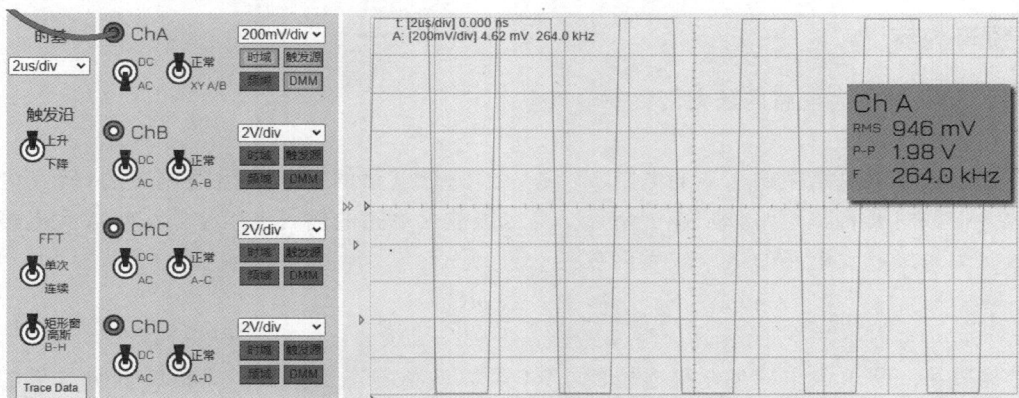

图 EF26.11 正弦信号幅度达到 5 个格被限幅

实验 27　反馈放大电路的研究

1. 实验目的

(1) 研究发射极反馈电阻对单级放大电路放大倍数和输入电阻的影响。

(2) 研究负反馈对两级放大电路放大倍数、输入电阻及输出电阻的影响。

2. 实验设备

远程实验平台。

远程实验平台上的两级反馈放大器电路实物如图 27.1 所示。电路中使用的是贴片元件。除实验电路外,电路板上还有为了实现远程在线实验的控制电路。

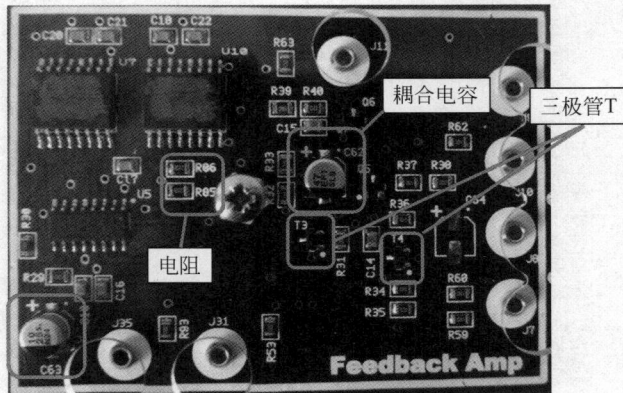

图 27.1　反馈放大器电路实物

实验电路如图 27.2 所示。图中"R1 10k"代表电阻 R_1 的阻值是 10kΩ,"R4 10R"代表电阻 R_4 的阻值是 10Ω。VR1、VR2 是电位器,可以用鼠标拖动来改变其阻值。SW1,SW2、SW3 是开关,将鼠标置于符号之上,单击可以改变其状态。TP1～TP7 是测试端口。最左边的 FG 是信号输入端口,已经连接信号源。电路中使用的三极管为 BC817(β 的范围为100～600,计算时取 $\beta \approx 300$)。

3. 预习内容

1) 第一级放大电路的放大倍数和输入电阻

(1) 放大倍数。

第一级放大电路中输入端的电阻 R_1 是为了测量电路的输入电阻而设置的,研究电路的放大倍数时要将其短路,即 SW1 闭合。第二级放大电路的输入电阻是第一级放大电路的负载。第一级放大电路的电压放大倍数为

$$A_{u1} = -\frac{\beta R'_{L1}}{r_{\text{be1}} + (1+\beta)R_{\text{E1}}} \tag{27.1}$$

调整第一级放大电路的基极电位器 VR1 可以调整静态工作点。当负载电阻与集电极电阻相比可以忽略时,放大倍数近似为

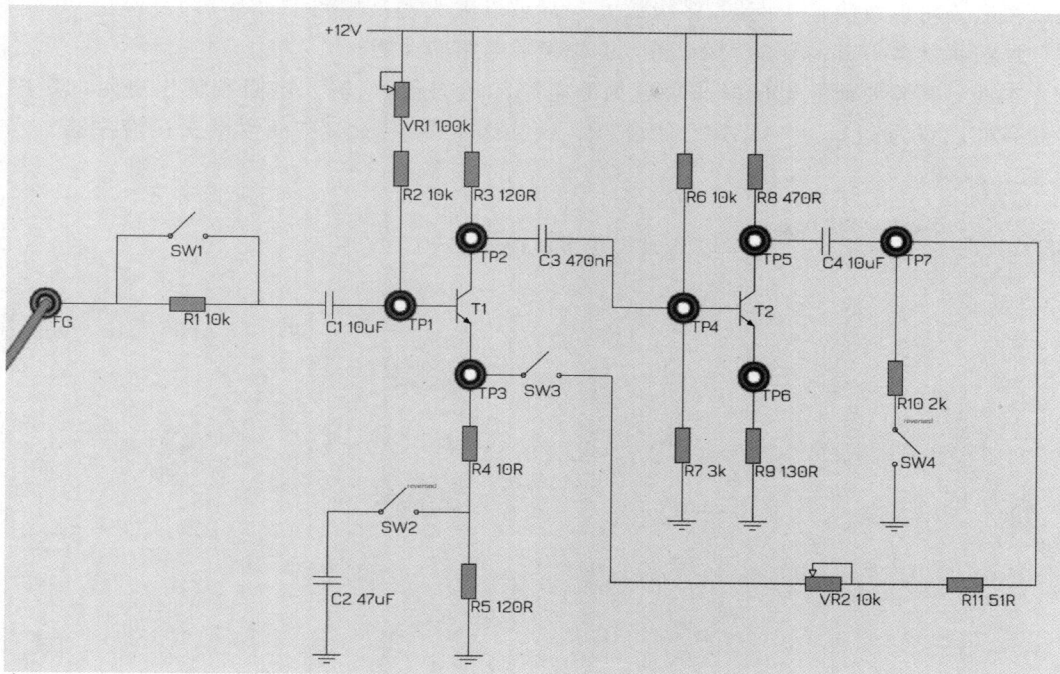

图 27.2　两级反馈放大器电路图

$$A_{u1} \approx - \frac{\beta R_{C1}}{r_{be1} + (1+\beta)R_{E1}} \tag{27.2}$$

假设集电极的静态电压 $V_C = 8\text{V}$，推算三极管的集电极电流 $I_C \approx I_E$。根据式（27.2）分别近似计算当开关 SW2 闭合和打开时（发射极电阻分别为 10Ω 和 130Ω）第一级放大电路的放大倍数，将 I_C 和放大倍数填入表 27.4。

（2）输入电阻。

第一级放大电路的输入电阻为

$$r_{i1} = R_B \parallel [r_{be1} + (1+\beta)R_{E1}] \tag{27.3}$$

同样，假设集电极的静态电压 $V_C = 8\text{V}$，推算基极电阻 R_B 的阻值，填于表 27.5。再根据所推算的基极电阻 R_B，用式（27.3）分别计算开关 SW2 闭合和打开时的输入电阻，并填于表 27.5。

打开开关 SW1，在输入端串联电阻 R_1。分别测量电阻 R_1 前后的输入电压 U_{ia}、U_{ib}，用式（27.4）计算输入电阻：

$$r_{i1} = \frac{U_{ib}R_1}{U_{ia} - U_{ib}} \tag{27.4}$$

2）负反馈对两级放大电路的影响

负反馈会降低电路的放大倍数，同时会依据反馈组态的不同改变电路的其他参数。电压反馈会降低输出电阻，而电流反馈会增加输出电阻。串联反馈会增加输入电阻，而并联反馈会降低输入电阻。负反馈还会增加电路的带宽，改善电路的失真。因此，为了改善电路的性能而增加负反馈时，需要在一些特性的提升和放大倍数的降低之间寻找平衡点。利用多级放大电路可以解决这个问题,多级放大电路可以大大提高电路的开环放大倍数。可以利用负反馈将其降低到需要的大小,同时也改善了电路的性能。

　　本部分实验要研究电压串联负反馈对电路的放大倍数、输入电阻和输出电阻的影响。实验条件设置为：$U_{C1}=8V$,SW2 闭合($R_{E1}=10\Omega$),VR2$=0\Omega$(中间滑动头在最左端)。如图 27.3 所示。

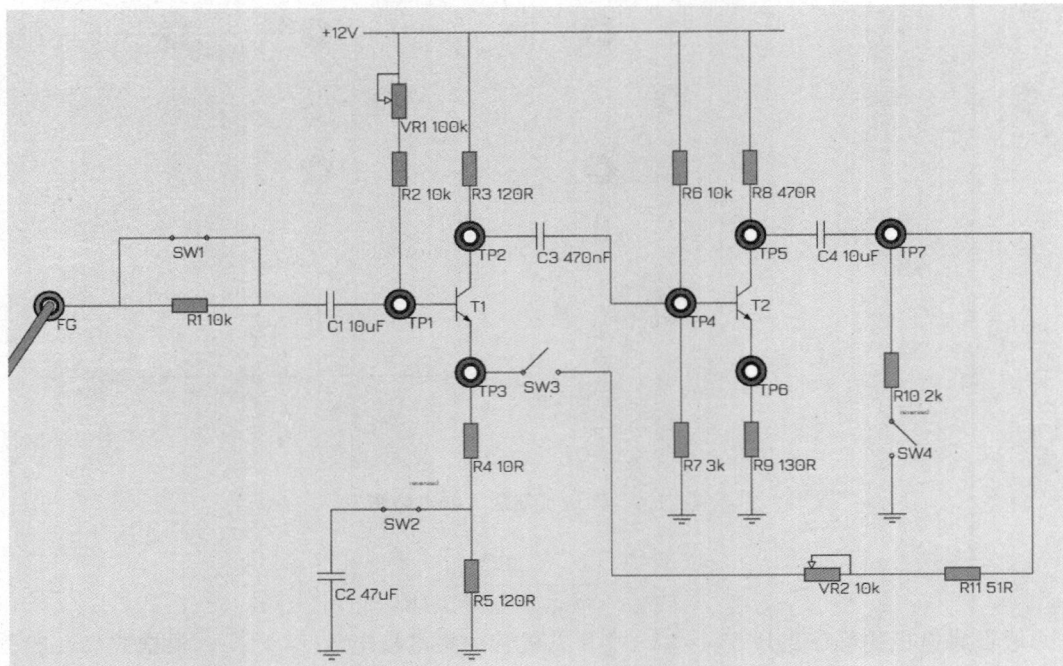

图 27.3　两级放大电路的负反馈电路图

　　图 27.3 所示电路是电压串联负反馈电路。引入负反馈降低了电路的电压放大倍数,增加了输入电阻,降低了输出电阻。需要指出的是,因为两级放大电路的开环放大倍数不是很大,所以不能做深度负反馈近似。

　　闭环电压放大倍数：

$$A_F = \frac{A_o}{1 + A_o F} \tag{27.5}$$

　　电压串联负反馈电路的输入电阻：

$$r_{iF} = r_{io}(1 + A_o F) \tag{27.6}$$

　　电压串联负反馈电路的输出电阻：

$$r_{oF} = \frac{r_o}{1 + A_o F} \tag{27.7}$$

其中,A_o 为开环放大倍数,r_{io} 和 r_o 分别为开环放大电路的输入电阻和输出电阻。计算开环放大倍数时,必须考虑到反馈网络对输入回路和输出回路的影响,计算过程比较烦琐。本实验只根据测量数据检验负反馈对电路的影响趋势。

　　输入电阻的测量方法与第一级放大电路相同。打开开关 SW1,在输入端串联电阻 R_1。

分别测量电阻 R_1 前后的输入电压 U_{ia}、U_{ib},用式(27.4)计算输入电阻。

输出电阻的测量:分别测量电路空载时的输出电压 U_o 和负载电阻为 R_L 时的输出电压 U_{oL}。利用式(27.8)计算输出电阻。

$$r_o = \left(\frac{U_o}{U_{oL}} - 1\right)R_L \tag{27.8}$$

4. 实验内容

打开浏览器,进入实验平台。选择"实验 1.2 反馈放大器"。实验过程中既可以先裁图,放在相应的位置保留,结束后看图读数据,也可以读数和裁图保留同时进行。

实验 27-1 测量第一级放大电路的放大倍数和输入电阻

1) 设置实验电路的静态工作点

首先,使 SW1 闭合(R_1 短路),SW3 断开(去掉反馈)。按照表 27.1 连接和设置信号源和示波器。

表 27.1 测量第一级放大电路静态工作点时的仪器设置

仪器设置	信号源	示波器			
		ChA	ChB	ChC	ChD
连接	电路输入	TP2	禁止	禁止	禁止
设置	接地	DC,4V/div			

调节 RV1,使 T1 的集电极电压 $U_{C1}=8V$(在 7.95～8.05V 之间即可)。将示波器上各通道的零线位置调整到垂直方向中间位置。裁示波器图,作为附图 1。

注:测量直流信号时或者交流信号很小时所显示的频率值是噪声引起的,没有意义或者不正确。

2) 测量第一级放大电路的放大倍数

保持开关和 RV1 状态不变。按照表 27.2 连接和设置信号源和示波器。

表 27.2 测量第一级放大电路放大倍数时的仪器设置

仪器设置	信号源	示波器				
		时基	ChA	ChB	ChC	ChD
连接	正弦		信号源	TP1	TP2	禁止
设置	～100mV,～5kHz	100μs/div	AC,200mV/div	AC,200mV/div	AC,400mV/div	

首先使 SW2 闭合,将示波器上各通道的零线位置调整到垂直方向中间位置。观察示波器波形,裁示波器图,作为附图 2。读出输入电压 U_{i1}(ChA)和输出电压 U_{o1}(ChC)的有效值,填入表 27.4。

然后打开 SW2,将 ChC 的垂直刻度改成 200mV/div。观察示波器波形,裁示波器图,作为附图 3。读出输入电压 U_{i1}(ChA)和输出电压 U_{o1}(ChC)的有效值,填入表 27.4。

注意:变化电路时如果波形有错误(如垂直方向有偏移),需要更新一下数据。

3）测量第一级放大电路的输入电阻

电路连接和设置如表27.2，打开SW1。

首先使SW2闭合，观察示波器波形，裁示波器图，作为附图4。读出信号源电压U_{ia}（ChA）和经过电阻R_1输入到电路的电压U_{ib}（ChB）的有效值，填入表27.5。计算SW2闭合时的输入电阻。

然后打开SW2，重复以上测量，裁示波器图，作为附图5。计算SW2打开时的输入电阻。

实验27-2　负反馈对两级放大电路影响的研究

研究负反馈对两级放大电路的影响时，首先设置：第一级放大电路的射极电阻为R_4（SW2闭合）、VR2＝0Ω。

1）设置实验电路的静态工作点

如果静态工作点有变化，比如实验的过程中关闭过浏览器，需重新设置，方法同上。

2）计算两级放大电路的放大倍数

使SW1、SW2闭合，SW4打开，VR2＝0Ω。仪器设置如表27.3所示。

表27.3　测量两级放大电路放大倍数时的仪器设置

仪器设置	信号源	示波器				
		时基	ChA	ChB	ChC	ChD
连接	正弦		信号源	TP1	TP7	禁止
设置	～50mV，～5kHz	100μs/div	AC，100mV/div	AC，100mV/div	AC，400mV/div	

如果输出波形出现失真，应当适当降低输入电压（50mV时正好不失真，超过50mV就会出现失真，因此可以将输入电压调到50～40mV之间）。首先打开SW3，测量开环放大倍数，观察到不失真的波形，裁示波器图，作为附图6。读出输入电压和输出电压，填入表27.6。计算开环放大倍数。

然后闭合SW3，引入负反馈。将ChC垂直刻度改为400mV/div，重复以上测量，裁示波器图，作为附图6。读数填入表27.6，计算闭环放大倍数。

3）测量两级放大电路的输入电阻

以上测量设置不变，打开SW1，引入电阻R_1。打开SW3，去掉负反馈。裁示波器图，作为附图8。测量R_1两端的电压，填入表27.7。依据式（27.4）计算开环放大电路的输入电阻。

闭合SW3，引入负反馈。测量R_1两端的电压，填入表27.7。裁示波器图，作为附图9。依据式（27.4）计算闭环放大电路的输入电阻。

4）测量两级放大电路的输出电阻

以上测量设置不变，闭合SW1。打开SW3，去掉负反馈，分别打开和关闭SW4，调整、观察波形。裁示波器图，作为附图10（空载）、附图11（带载）。测量SW4打开（空载）和闭合（带载）时的输出电压，填入表27.8。根据式（27.8）计算开环放大电路的输出电阻。

闭合SW3，引入负反馈，分别打开和关闭SW4，调整、观察波形。裁示波器图，作为附图12（空载）、附图13（带载）。测量SW4打开（空载）和闭合（带载）时的输出电压，填入表27.8。根据式（27.8）计算闭环放大电路的输出电阻。

5. 实验总结

（1）根据测量数据，定性说明第一级放大电路的发射极电阻对放大倍数和输入电阻的影响。

（2）根据测量数据，定性说明电压串联负反馈对放大倍数、输入电阻和输出电阻的影响。

6. 实验报告

实验 27   反馈放大电路的研究

1）实验预习

（1）第一级放大电路放大倍数的计算

……

（2）第一级放大电路输入电阻的计算

……

2）实验记录

表 27.4   第一级放大电路的放大倍数（$V_C = 8V$，$I_E \approx I_C =$ _____ mA）

实验条件	开关 SW2 闭合（无 R_5）		开关 SW2 打开（有 R_5）	
	理论值	测量值	理论值	测量值
U_{i1}	—		—	
U_{o1}	—		—	
A_{u1}				

表 27.5   第一级放大电路的输入电阻（假设 $V_C = 8V$，基极电阻 $R_B =$ _____）

实验条件	开关 SW2 闭合（无 R_5）		开关 SW2 打开（有 R_5）	
	理论值	测量值	理论值	测量值
U_{ia}	—		—	
U_{ib}	—		—	
r_{i1}				

表 27.6   两级放大电路放大倍数的测量

实验条件	SW3 打开（开环）	SW3 闭合（闭环）
U_{i1}		
U_{o2}		
A_u		

表 27.7   输入电阻的测量

实验条件	SW3 打开（开环）	SW3 闭合（闭环）
U_{ia}		
U_{ib}		
r_i		

表 27.8　输出电阻的测量

实验条件		SW3 打开（开环）	SW3 闭合（闭环）
SW4 打开（空载）	U_o		
SW4 闭合（带载）	U_{oL}		
	r_o		

3）实验总结

……

4）实验附图

附图 1　设置实验电路的静态工作点

（下图为裁图举例，阅后请删除此图）

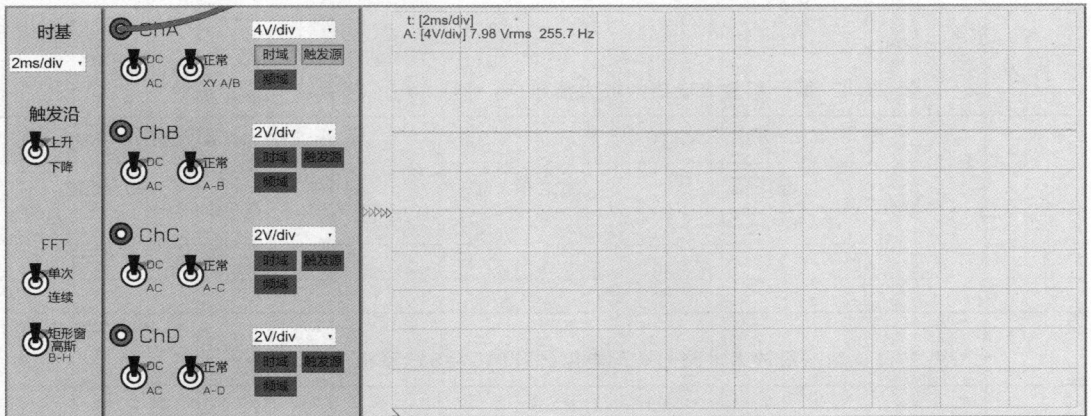

附图 2　测量第一级放大电路的放大倍数（SW2 闭合）

……

附图 3　测量第一级放大电路的放大倍数（SW2 断开）

……

附图 4　测量第一级放大电路的输入电阻（SW2 闭合）

……

附图 5　测量第一级放大电路的输入电阻（SW2 打开）

……

附图 6　两级放大电路的放大倍数（开环）

……

附图 7 两级放大电路的放大倍数(闭环)

……

附图 8 两级放大电路输入电阻的测量(开环)

……

附图 9 两级放大电路输入电阻的测量(闭环)

……

附图 10 两级放大电路输出电阻的测量(开环,空载)

……

附图 11 两级放大电路输出电阻的测量(开环,带载)

……

附图 12 两级放大电路输出电阻的测量(闭环,空载)

……

附图 13 两级放大电路输出电阻的测量(闭环,带载)

……

实验 28 运放的动态范围与转换速率的测量

1. 实验目的

(1) 通过实验加强对集成运算放大器的动态范围概念的理解。

(2) 通过实验加深对集成运算放大器转换速率概念的理解,掌握其测试方法。

(3) 掌握用示波器的 X/Y 模式观察电路电压传输特性的方法。

2. 实验设备

远程实验平台。

远程实验平台上测量运放动态范围和转换速率的电路实物如图 28.1 所示,运放的型号是 μA741。电路板上的元件均为贴片元件。除实验电路外,电路板上还有为了实现远程在线实验的控制电路(比如有 16 个管脚的集成电路模块)。

实验电路原理图如图 28.2 所示。运放接成了同相比例放大电路,放大倍数为 2,通过开合开关 SW1、SW2、SW3 改变运放的负载(分别是 3kΩ、1kΩ、100Ω)。

3. 预习内容

进行预习前,请自己使用关键字"μA741 datasheet"上网搜索并下载 μA 参数手册。

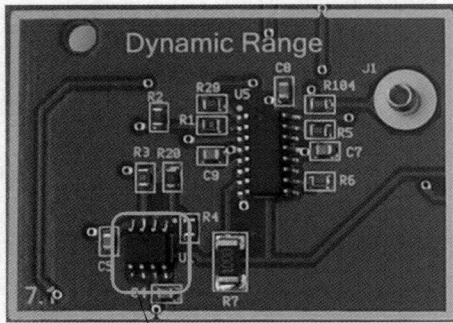

运放（μA741）

图 28.1 测量运放动态范围和转换速率的电路实物

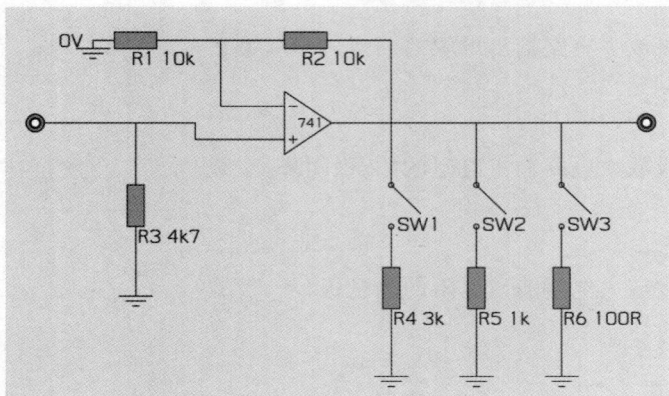

图 28.2 同相比例放大电路

1) 运放的动态输出范围

运算放大器的动态输出范围是指其输出电压的最大范围,一般用运算放大器的最大输出电压来表示,即运放的输出饱和电压 $\pm U_{om}$。运放的输出饱和电压与运放的内部结构、所用的电源以及负载有关。随着负载电阻的减小(输出电流增加),输出饱和电压会降低。在本实验的 μA741 手册中可以查到电源电压为 $\pm 15V$ 时输出饱和电压与负载电阻的关系曲线,如图 28.3 所示。

从图 28.3 可以看出,当负载电阻为 $3k\Omega$ 时最大输出电压大于 $\pm 13.4V$,当负载电阻为 $1k\Omega$ 时最大输出电压约为 $\pm 12.3V$。对于图 28.2 所示的放大倍数为 2 的同相比例放大电路,由于正弦信号源的最大输出电压的峰值小于 5V,经过电路放大后最大输出电压的峰值小于 10V,所以当负载电阻为 $1k\Omega$ 和 $3k\Omega$ 时输出电压达不到饱和电压,而当负载电阻为 100Ω 时最大输出电压小于 $\pm 4V$,输出有可能达到饱和。因此,本实验中只能测量出负载为 100Ω 时的输出饱和电压。

2) 运放的转换速率 SR

运放的转换速率 SR(也称为压摆率)的定义为运放工作时允许的输入信号的最大变化率。由于运放电路内部存在电容,当输入信号的变化率超过转换速率时,输出跟不上输入的变化,输出信号将产生失真。转换速率也是输出信号可能的最大变化率。

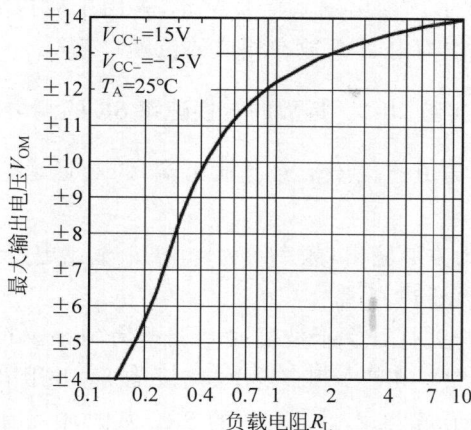

图 28.3 μA741 的最大输出电压与负载电阻的关系

对于线性运放电路而言,如果运放确定了,电路的增益(放大倍数)和带宽的乘积(GBP,增益带宽积,或者称为单位增益)是常数,恒等于运放的增益带宽积。当电路的放大倍数增加时其带宽必然降低,因此运放的增益带宽积限制了电路的带宽。

限制电路带宽的另一个因素是转换速率。比如,对于正弦信号而言,过零点时变化速率最大,即为 $2\pi f U_{\mathrm{m}}$,其中 U_{m} 为正弦信号的幅值。按照转换速率的定义,要求 $2\pi f U_{\mathrm{m}}<\mathrm{SR}$。因此,对于一定输出幅度的正弦信号,允许的最大频率为 $\dfrac{\mathrm{SR}}{2\pi U_{\mathrm{m}}}$,如果要增加带宽,就必须降低输出幅度。

为了测量运放的转换速率,一般在运放电路的输入端施加一个边沿很陡的方波信号(边沿的上升速率比转换速率小很多),观察、测量输出方波信号的边沿上升速率,从而得到运放的转换速率。

4. 实验内容

打开浏览器,进入实验平台(http://166.111.60.60),选择"实验 7.1 动态范围"。实验过程中可以边读数、填表边裁图,也可以先裁图,放在相应的位置保留,然后看图读数据。不管用哪种方式,所裁图中数据与填表数据应该是一致的。

实验 28-1 运放的动态输出电压范围的测量

(1) 将示波器的 ChA 通道连接于信号源输出端,ChB 通道连接于电路输出端(TP1)。示波器其他通道隐藏。

(2) 调节信号发生器为正弦波输出,正弦波信号的频率为最小值 50Hz,输出电压设置为最大值("幅度范围"开关置于 Hi,"幅度调节"旋钮置于最右端)。

(3) 将电路中的开关 SW1 闭合,其他开关断开。示波器时基调整为"5ms/div",幅度刻度调整为"4V/div"。读出负载 $R_{\mathrm{L}}=3\mathrm{k}\Omega$ 时输入电压与输出电压的有效值,填入表 28.1;打开开关 SW1,闭合 SW2,读出 $R_{\mathrm{L}}=1\mathrm{k}\Omega$ 时输入电压与输出电压的有效值,填入表 28.1。

(4) 打开 SW1 和 SW2,闭合 SW3,使负载 $R_{\mathrm{L}}=100\Omega$。将 ChB 电压幅度刻度调整为

"2V/div",观察输出电压波形。读出输入信号电压,并用鼠标拉矩形的方式测量输出饱和电压,填入表 28.1。裁图,作为附图 1,放在相应的位置。

实验 28-2　运放的转换速率 SR 的测量

(1) 将示波器的 ChA 通道连接于信号源输出端,ChB 通道连接于电路输出端(TP1)。示波器其他通道隐藏。

(2) 调节信号发生器为方波输出,频率约为 10kHz,输出电压约为 1V("幅度范围"开关置于 Lo,"幅度调节"旋钮置于最右端)。

(3) 将电路中所有的开关打开。示波器时基调整为"20μs/div",ChA 幅度刻度调整为"400mV/div"、ChB 调整为"1V/div"。观察输出与输入波形,并用鼠标拉方框的方式测量输出波形前沿的上升斜率,记录于表 28.2,计算运放的 SR。裁图,作为附图 2,放在相应的位置。

注: 用鼠标拉一个矩形方框,使其左下角和右上角在输出波形的前沿上,读出电压与时间差,即可计算出上升斜率。

(4) 观察电路的电压转移特性曲线。输入信号改为正弦波,幅度调到最大("幅度范围"开关置于 Hi,"幅度调节"旋钮置于最右端),频率为 50Hz。闭合 SW3,使负载 $R_L = 100\Omega$。ChA、ChB 幅度刻度设置为"2V/div",时基设置为"2ms/div",可以观察到输入信号和输出信号的波形(输出有饱和)。将 ChA 的运算开关置于"X/Y"(李萨如图形模式),示波器上显示电压转移特性曲线,曲线的纵轴是输出电压、横轴是输入电压。裁图,作为附图 3,放在相应的位置。

5. 总结要求

根据测量结果计算电路的放大倍数,填入相应的表格。根据测量数据计算 μA741 的转换速率 SR,填入相应的表格。

结合 μA741 手册回答下列问题:

(1) 比较 SR 的测量值与器件参数中的 SR 值,指出至少两个可能的误差原因。

(2) 简述 μA741 的特点和主要应用范围。

(3) 从手册上查出 μA741C 的输入失调电压和大信号差模电压放大倍数的典型值(TYP)。

(4) 如果输入信号频率大于 10kHz,输出饱和电压会有什么变化?

6. 实验报告

实验 28　运放的动态范围与转换速率的测量

1) 实验记录表格

表 28.1　放大倍数的测量

负　　载	$R_L = 3k\Omega$	$R_L = 1k\Omega$
输入电压(有效值)		
输出电压(有效值)		
放大倍数		

续表

负　　　载	$R_L=100$
输入电压（有限制）	
饱和电压	

表 28.2　运放转换速率 SR 的测量

SR 的测量	
ΔV	
Δt	
$SR=\Delta V/\Delta t$	

2）实验附图

附图 1　负载为 100Ω 时运放输出饱和电压的测量

（下图为裁图举例，实验前请删除此图）

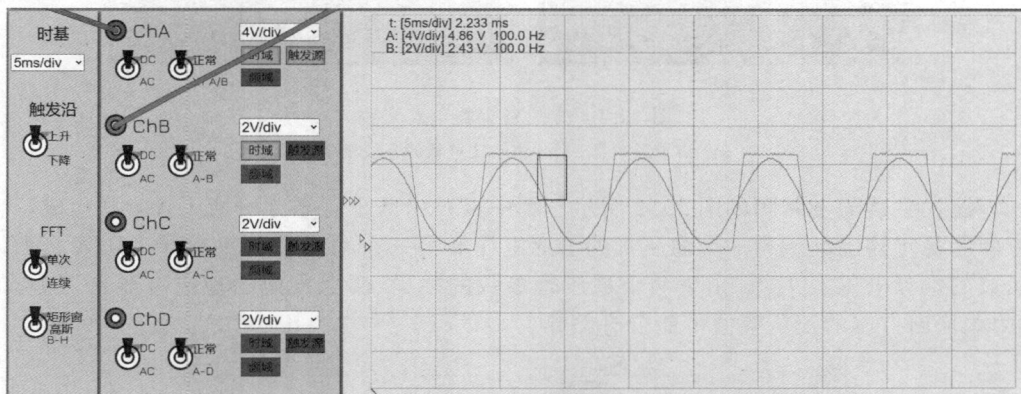

附图 2　SR 的测量

……

附图 3　负载为 100Ω 时电路的转移特性曲线

……

实验 29　方波发生器

1. 实验目的

（1）通过实验加强对方波发生器电路原理的理解。

（2）理解占空比可调的方波发生器电路的工作原理，掌握调整占空比的方法。

2. 实验设备

远程实验平台。

远程实验平台上的方波发生器的电路实物如图 29.1 所示，运放的型号是 μA741。电路板上的元件均为贴片元件。除实验电路外，电路板上还有为了实现远程在线实验的控制电路（比如有 16 个管脚的集成电路模块）。图 29.1(a) 电路中的方波占空比是 50%，不可调。图 29.1(b) 中的电路占空比可调，频率不变。

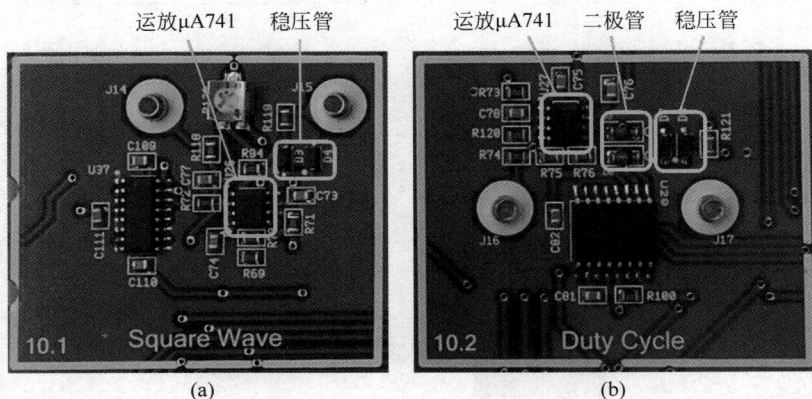

图 29.1　方波发生器电路实物

(a) 方波发生器；(b) 占空比可调的方波发生器

方波发生器的电路图如图 29.2 所示。图中，ZD 由两个背靠背的稳压管串联而成，其两个方向的稳定输出电压为一个稳压管的击穿电压和另一个稳压管的正向导通压降之和，不是运放的饱和电压 ±U_{om}。由于两个稳压管参数的差异，两个方向的稳定电压也可能有差异，因此输出方波的正负幅值可能会有差异。

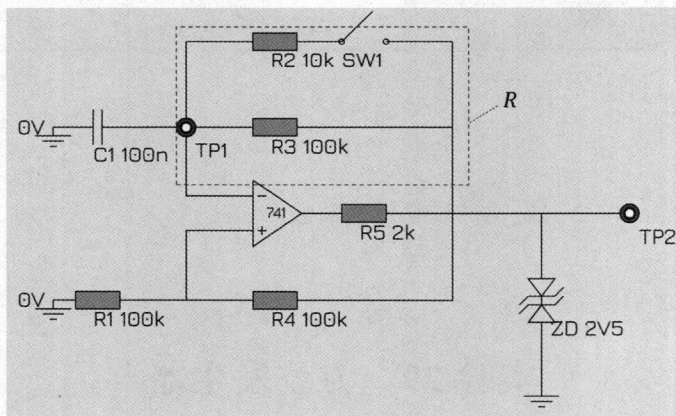

图 29.2　方波发生器的电路图

（注：图中输出端的十字交叉线应该是相连的）

方波周期为

$$T = 2RC_1 \ln\left(1 + \frac{2R_1}{R_4}\right) \tag{29.1}$$

开关 SW1 用来改变电阻 R,从而改变方波的周期。

占空比可调的方波发生器电路如图 29.3 所示。此电路增加了两个二极管和一个电位器,利用二极管的单向导电性改变电容的充放电通路,改变充放电的时间,从而改变占空比,但是周期不会改变。假设二极管为理想二极管,则方波的周期为

$$T = 2\left(R_2 + \frac{\text{VR1}}{2}\right) C_1 \ln\left(1 + \frac{2R_1}{R_4}\right) \tag{29.2}$$

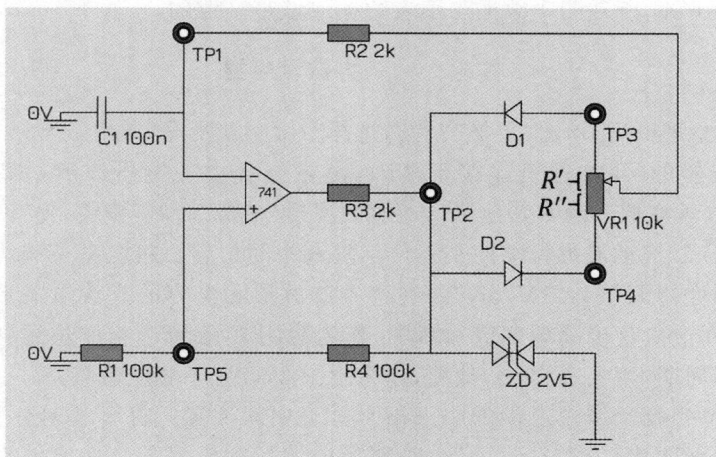

图 29.3　占空比可调的方波发生器的电路图

频率为

$$f = \frac{1}{T} \tag{29.3}$$

占空比为

$$D = \frac{R_2 + R'}{2\left(R_2 + \dfrac{\text{VR1}}{2}\right)} \tag{29.4}$$

最小占空比为

$$D_{\min} = \frac{R_2}{2\left(R_2 + \dfrac{\text{VR1}}{2}\right)} \tag{29.5}$$

最大占空比为

$$D_{\max} = \frac{R_2 + \text{VR1}}{2\left(R_2 + \dfrac{\text{VR1}}{2}\right)} \tag{29.6}$$

3. 预习内容

(1) 参考图 29.2,定性对应画出输出方波电压波形与电容上的电压波形,计算开关 SW1 打开和闭合时方波的周期和频率,填入表 29.1。

(2) 参考图 29.3,根据式(29.2)、式(29.3)、式(29.5)、式(29.6)计算方波发生器的周

期、频率、最小占空比和最大占空比,填入表 29.2。(周期和频率与占空比无关,因此只填一处即可)。

4. 实验内容

打开浏览器,进入实验平台(http://166.111.60.60),两个实验步骤要选择不同的实验电路。过程中可以边读数、填表边裁图,也可以先裁图,放在相应的位置保留,然后看图读数据。不管用哪种方式,所裁图中数据与填表数据应该是一致的。

实验 29-1　方波发生器

(1) 进入实验平台后,单击"更换实验",选择"10.1 方波发生器"。

(2) 将示波器的 ChA 通道连接于 TP1,测量电容上的电压波形;ChB 通道连接于 TP2,测量方波电压波形。隐藏其他测量通道的波形(单击"时域"按键,使其变灰即可)。

(3) 打开 SW1,拖动波形左端的小三角至垂直中间位置。将时基调整为"5ms/div",两个通道的垂直刻度均调整为"1V/div"。观察方波波形和电容的充放电波形,直接读数、记录方波频率(从左上角直接读频率值),裁图,作为附图 1,放置于相应位置。用鼠标拉方框的方式测量方波周期,填入表 29.1,裁图,作为附图 2,放置于相应位置。

(4) 闭合 SW1,拖动波形左端的小三角至垂直中间位置。将时基调整为"500μs/div",两个通道的垂直刻度均保持"1V/div"。观察方波波形和电容的充放电波形,直接读数、记录方波频率(从左上角直接读频率值),裁图,作为附图 3,放置于相应位置。用鼠标拉方框的方式测量方波周期,填入表 29.1,裁图,作为附图 4,放置于相应位置。

实验 29-2　占空比可调的方波发生器

(1) 进入实验平台后,单击"更换实验",选择"10.2 占空比"。

(2) 将示波器的 ChA 通道连接于 TP1,测量电容上的电压波形;ChB 通道连接于 TP2,测量方波电压波形。隐藏其他测量通道的波形(单击"时域"按键,使其变灰即可)。

(3) 拖动波形左端的小三角至垂直中间位置。将时基调整为"1ms/div",两个通道的垂直刻度均调整为"1V/div"。

(4) 测量最大占空比。调整 VR1 至最上端,观察方波和电容上的电压波形,读出方波频率,裁图,作为附图 5,放置于相应位置。用鼠标拉方框的方式测量周期和高电平时长,填入表 29.2,测量占空比的过程不用裁图。

(5) 测量最小占空比。调整 VR1 至最下端,观察方波和电容上的电压波形,读出方波频率,裁图,作为附图 6,放置于相应位置。用鼠标拉方框的方式测量周期和高电平时长,填入表 29.2,测量占空比的过程不用裁图。

5. 实验总结

(1) 对于占空比可调的方波发生器,比较用式(29.3)计算的频率的理论值与实际测量值,分析二者差别大的主要原因。

(2) 根据测量数据计算占空比可调的方波发生器的最大占空比和最小占空比,指出至少两个造成误差的可能原因。

6. 实验报告

实验 29　方波发生器

1) 实验预习

（1）方波发生器

……

（2）占空比可调的方波发生器

……

2) 实验记录

表 29.1　方波发生器周期和频率的测量

实验条件	SW1 打开		SW1 闭合	
	周期	频率	周期	频率
理论值				
测量值				

表 29.2　占空比可调的方波发生器占空比的测量

实验条件	最大占空比		最小占空比	
	理论值	测量值	理论值	测量值
周期			—	
频率			—	
高电平时长	—		—	
占空比				

3) 实验总结

……

4) 实验附图

附图 1　方波发生器波形（SW1 打开，可以读出频率）

（下图为裁图举例，实验前请删除此图）

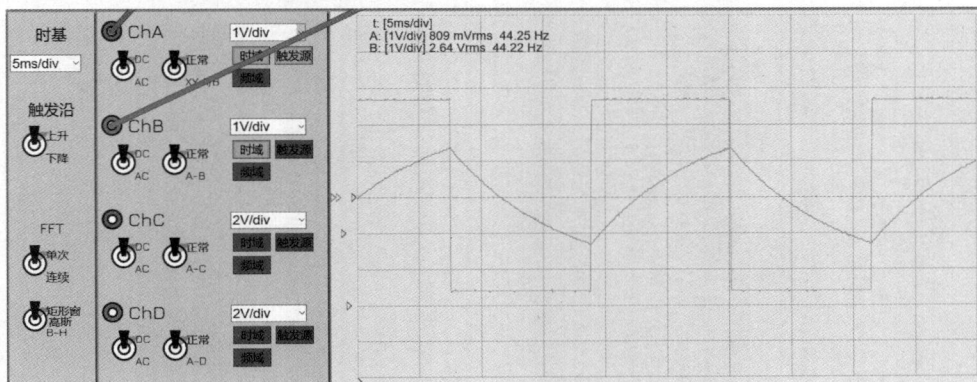

附图 2　方波发生器波形（SW1 打开，测量周期）

……

附图 3　方波发生器波形（SW1 闭合，可以读出频率）

……

附图 4　方波发生器波形（SW1 闭合，测量周期）

……

附图 5　最大占空比时的波形（可读出频率）

……

附图 6　最小占空比时的波形（可读出频率）

……

附录 1　电路仿真软件 Multisim 介绍

F1.1　前言

电路仿真软件 Multisim 在电工电子技术学习甚至以后的工作中是很重要的软件工具，初学者应该本着循序渐进的原则，从仿真简单电路开始，逐步掌握电路图的编辑、虚拟仪表的使用、分析功能、元件的建模、后处理等功能。

F1.2　Multisim 用户界面介绍

Multisim 的主窗口与一般的应用软件有很多共同之处，参考图 F1.1，对各部分的功能介绍如下：

(1) 主菜单里包含了所有的操作命令。

(2) 设计工具箱用来浏览项目中不同格式的文件(电路图文件、PCB 文件以及报告文件)，观察层次结构的电路文件，可以显示或隐藏不同的层。

(3) 标准工具栏里是一些常用的工具条命令，这些工具条命令都可以在主菜单里找到。

(4) 视图工具栏里是一些常用的用来控制主窗口视图的命令，如电路的缩放、显示或隐藏设计工具箱和元件表格等。

(5) 元件工具栏里有一系列的元件组，通过单击相应的元件工具条可以方便快速地选择和放置元件。

(6) 虚拟仪表工具栏里包含了可能用到的所有电子仪器，可以完成对电路的测试。有些虚拟仪表与实际仪表类似，如一般的万用表、示波器、信号源、逻辑分析仪等；有些虚拟仪表与某一型号的实际仪表完全相同，如 Agilent33120A 函数发生器、Agilent54622D 示波器、Tektronics2024 示波器和 Agilent34401A 万用表；有些虚拟仪表是其特有的仪表，如字产生器(Word Generator)、逻辑转换器(Logic Converter)、伏安特性分析仪(IV Analysis)和动态测试笔。这些虚拟仪表显示的数据来源于仿真计算的结果，因此，Multisim 中的仪表显示不是实时显示，比如示波器所显示波形的变化速度与数据的计算量和计算机的计算速度有关，计算量越大，显示速度越慢，这和实际示波器是不同的。

(7) 表格视图显示了电路中的元件信息。元件表格输出工具栏是用来输出元件表格的工具条，可以将元件表格输出为各种格式的文件(txt、csv、excel)或者进行打印输出。

(8) 已使用元件列表以下拉列表的形式列出了电路中所有的元件，利用它可以快速选择已经使用过的元件。运行按钮用来启动或停止仿真，对它的操作模拟了实际工作台上电源的开与关(有的版本没有运行按钮，仿真工具栏中的工具条具有相同的功能)。

(9) 在电路窗口中完成电路的编辑和测试、分析。单击活动电路标签可以交替显示已经打开的电路。进行电路仿真时，界面最下方的仿真状态条显示仿真进度。

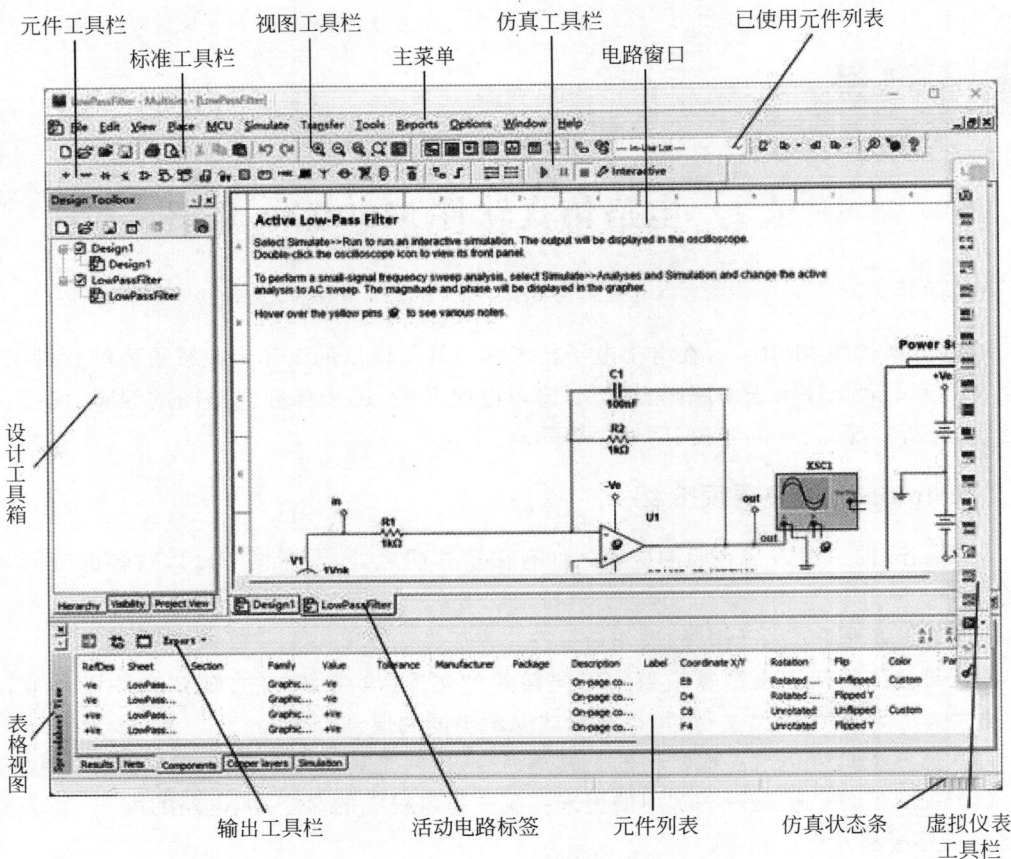

图 F1.1　Multisim 用户界面

F1.3　菜单及工具栏的功能介绍

F1.3.1　主菜单和工具栏列表

　　按照菜单命令的特点及使用规律，所有的 Multisim 命令被分类并归入 **File**（文件）、**Edit**（编辑）、**View**（视图）、**Place**（放置）、**MCU**（单片机）、**Simulate**（仿真）、**Transfer**（传输）、**Tools**（工具）、**Reports**（报告）、**Options**（选项）、**Window**（窗口）和 **Help**（帮助）这 12 个主菜单中，每个主菜单里包含一系列的子菜单。**File** 主菜单包含文件的建立、保存、打印等子菜单命令；**Edit** 主菜单包含完成电路图的编辑等操作的子菜单命令；**View** 主菜单包含完成对窗口界面的控制和定制功能的子菜单命令；**Place** 主菜单包含向电路图中放置元件、导线、文本等操作的子菜单命令；**Simulate** 主菜单包含电路分析、仪表、后处理器等与仿真有关的子菜单命令；**Transfer** 主菜单包含将电路信息传输到 PCB 布线软件、网表文件等操作的子菜单命令；**Reprots** 主菜单中的子菜单命令提供电路的各种报告，如元件清单、交叉参考报告等；**Options** 主菜单包含各种定制界面的子菜单命令；**Window** 主菜单包含对界面窗口操作的子菜单命令；**Help** 主菜单提供了软件的帮助文件等。

　　为了简化操作，Multisim 提供了一系列的工具栏，每个工具栏包含一系列同类的工具

条指令。可以利用 **View**|**Toolbars** 菜单命令显示或隐藏各个工具栏。工具条命令与菜单命令对应，新安装的软件中不是所有的菜单命令都有工具条，但是可以通过 **Options**| **Customize User Interface** 命令定制所有菜单命令的工具条。

　　表 F1.1～表 F1.10 给出了各主菜单的子菜单命令以及子菜单命令对应的初始工具栏图形。

表 F1.1　File 主菜单各子菜单

子　菜　单	相应的工具条	功　能　说　明
New		建立新文件
Open		打开旧文件
Open Samples		打开示例电路
Close		关闭文件
Save		存储文件
Save As		存储为
New Project		建立新项目
Open Project		打开旧项目
Save Project		存储项目
Close Project		关闭项目
Version Control		版本控制
Print Setup		打印设置
Print Circuit Setup		打印电路设置
Print Instruments		打印仪表
Print		打印
Recent Files		最近打开的文件
Recent Projects		最近打开的项目

表 F1.2　Edit 主菜单各子菜单

子　菜　单	相应的工具条	功　能　说　明
Undo		撤消最近的操作
Redo		重做
Cut		剪切
Copy		复制
Paste		粘贴
Delete		删除
Select All		选择全部

子 菜 单		相应的工具条	功 能 说 明
Delete Multi-Page			删除多页
Select All			选择全部
Find		🔍	查找
Graphic Annotation			标注图形选择
Order			图表排序,往前或往后排图表
Assign to Layer			将选定的项目指派到标注层
Layer Setting			打开层设置菜单
Orientation	Flip Vertical	◁	垂直翻转
	Flip Horizontal	◁▷	水平翻转
	90 Clockwise	⟳	顺时针转动 90°
	90 CounterCW	⟲	逆时针转动 90°
Title Block Position			打开标题栏位置选择菜单
Edit Symbol/Title Block			打开标题栏编辑窗口
Font			打开字体选项对话窗口
Comment			编辑选定的标注
Forms/Questions			打开问题编辑界面,进行问题编辑
Properties		📋	打开电路图(或选中对象)的特性窗口

表 F1.3　View 主菜单各子菜单

子 菜 单	相应的工具条	功 能 说 明
Full Screen	🖥	全屏
Zoom In	🔍	放大
Zoom Out	🔍	缩小
Zoom Full		
Zoom Area	🔍	区域放大
ZoomFit to Page	🔍	适合图纸尺寸
Zoomto magnification		按放大倍数放大
Show Grid		显示格点
Show Border		显示边界
Show Page Bounds		显示页边
Show Title Block		显示标题框
Show Ruler	📇	显示标尺

续表

子　菜　单	相应的工具条	功　能　说　明
Statusbar	⊤	显示或隐藏状态条
Design Toolbox		显示或隐藏设计工具箱
Spreedsheet View		显示或隐藏元件表格
SPICE netlist Viewer		SPICE 网表观察器
LABVIEW Co-simulation Terminals		显示或隐藏 LABVIEW 共同仿真端口
Circuit Description Box		显示或隐藏电路描述窗口
Toolbars		打开工具栏选择子菜单,可以定制所有的工具栏。由于子菜单较多,下表单独列出
Show Comment/Probe	⊞!	显示或隐藏注释
Grapher	▦	显示或隐藏图表

表 F1.4　View｜Toolbars 菜单各子菜单的功能

子　菜　单	显示或隐藏的工具栏及工具栏图形
Standard	标准工具栏
View	视图工具栏
Main	主工具栏
Edit	编辑工具栏
Align	对准工具栏
Place	放置工具栏
Select	选择工具栏
Graphic Annotation	图形标注工具栏
3D Components	3D 元件工具栏
Analog Components	模拟元件工具栏
Basic	基本元件工具栏
Diodes	二极管工具栏
Transistors	三极管工具栏
Measurement Components	测量元件工具栏
Miscellaneous Components	杂项元件工具栏
Components	元件工具栏
Ladder Diagram	梯形图工具栏
Power Source Components	电源组元件工具栏
Rated Virtual components	有额定值的虚拟元件工具栏

续表

子　菜　单	显示或隐藏的工具栏及工具栏图形
Signal Source Components	信号源工具栏
Virtual	虚拟元件工具栏
Simulation	仿真工具栏
Instruments	仪表工具栏
Description Edit Bar	电路描述编辑
MCU	单片机

由于元件工具栏和仪表工具栏一般都比较长,因此上表中未给出元件工具栏和仪表工具栏的图形,后面将单独介绍。

使用软件时应首先根据需要定制窗口视图、窗口元件和工具栏,只显示常用的窗口视图、窗口元件和工具栏,这样可以使界面简单整洁,方便操作。当选中某一子菜单,该菜单前显示为 ✓ 时,表示已经选中,显示相应的工具栏。再次选择此菜单,即去除 ✓ 选择,将使工具栏隐藏。

另外,在工具栏区域右击鼠标,将直接弹出 **Toolbars** 子菜单,进行相应的选择就可以显示或隐藏某个工具栏。

表 F1.5　Place 主菜单各子菜单

子　菜　单	相应的工具条	功　能　说　明
Component		放置元件(打开选择元件窗口)
Junction	⊬	放置节点
Wire		放置导线
Bus	⌐	放置总线
Connectors		放置连接器
New Hierarchical Block		新建层次化模块
Replace by Hierarchical Block		替代物为层次化模块
Hierarchical Block	⬚	放置层次化模块
New Circuit		建立新电路
Replace by Subcircuit		替代为子电路
Multi-page		放置多页
Merge Bus		合并总线
Bus Vector Connector		总线连接器
Comment	⬚	添加注释
Text	A	添加文本

续表

子 菜 单		相应的工具条	功 能 说 明
Graphics	Arc	⌒	放置圆弧
	Ellipse	⬭	放置椭圆
	Line	╲	放置直线
	Multiline	⟨	放置折线
	Polygon	▧	放置多边形
	Rectangle	▢	放置矩形
	Piture	▣	放置图像
Title Block			放置标题块
Place Ladder Rungs		☰	放置梯形图

表 F1.6　Simulate 主菜单各子菜单

子 菜 单	相应的工具条	功 能 说 明
Run	◀	运行
Pause	❚❚	暂停
Stop	▣	停止
Instruments		选择仪表(后面将详细说明)
Interactive Instruments Setting		交互式仪表设置
Digital Simulation Setting		数字仿真设置
Analysis		选择分析类型(后面将详细说明)
Postprocessor	▦	打开后处理窗口进行数据的后处理
Simulation Error Log/Audit Trail		错误记录与检查跟踪
Xspice Command Line interface		打开 Xspice 命令行界面窗口
Load Simulation Setting		载入仿真设置
Save Simulation Setting		存储仿真设置
Auto Fault Option		自动错误选择
VHDL Simulation		运行 VHDL 仿真模块
Dynamic Probe Properties		打开动态测试笔特性设置
Reverse Probe Direction		翻转测试笔方向
Clear Instrument Data		清除仪表数据
Use Tolerances		使用误差

表 F1.7　Transfer 主菜单各子菜单

子　菜　单	相应的工具条	功　能　说　明
Transfer to Ultiboard10		传输到 Ultiboard 10
Transfer to Ultiboard Ultiboard 9 or earlier		传输到 Ultiboard Ultiboard 9 或更早期版本
Transfer to Other PCB Layout		传输到其他 PCB 布线软件
Forward Annotate to Ultiboard		前注到 Ultiboard
Backannotate from Ultiboard		从 Ultiboard 反注
Highlight selection in Ultiboard		高亮显示在 Ultiboard 的选择区域
Export Nelist		导出网表(Netlist)文件

表 F1.8　Tools 主菜单各子菜单

子　菜　单		相应的工具条	功　能　说　明
Component Wizard			元件向导
Database	Database Manager		打开数据库管理器
	Save Component to DB		将元件存入数据库
	Merge Database		合并数据库
	Convert Database		转换数据库
Variant Manager			打开变量管理器
Set Active Variant			设置活动变量
CircuitsWizard	555 Time Wizard		555 电路设计向导
	Filter Wizard		滤波器设计向导
	Opamp Wizard		运放电路设计向导
	CE BJT Amplifier Wizard		三极管共射放大器电路设计向导
Rename/Renumber Components			为元件重命名/重编号
Replace Components			替代元件
Update Circuit Components			升级电路元件
Electrical Rules Check			电气规则检查
Clear ERC Markers			取消电路规则检查标记
Toggle NC Marker			插入非连接标记
Symbol Editor			符号编辑器
Title Block Editor			标题栏编辑器
Description Box editor			电路描述编辑器
Edit Labels			编辑标号

续表

子　菜　单	相应的工具条	功　能　说　明
Capture Screen Area	▣	屏幕区域抓图
Show Breadboard	▦	显示面包板
Education Web Page	🖉	登录 Multisim 教学网
Update Hb/Sb Symbols		更新 Hb/Sb 符号
Covert V6 Datebase		转换 V6 版本的数据库（元件库）
Modify Title Block Data		调整标题块数据
Title Block Editor		标题块编辑器
Internet Design Sharing		Internet 设计共享
EDAparts.com	.com	连接到 EDAparts.com 网站

表 F1.9　Reports 主菜单各子菜单

子　菜　单	相应的工具条	功　能　说　明
Bill of Material		材料表报告
Component Detail report		元件详细报告
Netlist report		网表报告
Cross Reference		交叉参考报告
Schematic Statistics		原理图统计
Spare Gates Report		没有用到的门报告

表 F1.10　Options、Window 和 Help 主菜单

子　菜　单	相应的工具条	功　能　说　明
Global Preferences	▧	全局设置
Sheet Properties		打开电路图特性定制窗口，功能与"Edit| Properties"相同
Global Restrictions		设置全局限制密码
Circuit Restrictions		设置电路限制密码
Customize User Interface		定制用户界面
Simplified Version		简化的界面
New Windows	▣	打开新窗口
Close	▤	关闭窗口
Arrange Icons		安排图标位置
Close All		关闭所有窗口
Cascade	▥	重叠窗口
Tile Horizontal	▬	纵向排列窗口

续表

子　菜　单	相应的工具条	功　能　说　明
Tile Vertical		横向排列窗口
Windows		打开文件窗口,可以关闭或激活已经打开的电路窗口
Multisim Help	?	Multisim 帮助
Component Reference		元件参考
Release Notes		软件发布说明
Check For Updates		检查软件更新
About Multisim		关于 Multisim

F1.3.2　弹出式菜单

将鼠标对准窗口中的**"某一对象"**,右击鼠标("右击"即单击鼠标的右键),将会弹出针对该对象的**"弹出式菜单"**,选择菜单中的指令便可执行相应的操作。使用弹出式菜单比从主菜单选择指令更快捷方便。

1. 工具栏的弹出式菜单

右击工具栏区域所出现的弹出式菜单是针对工具栏操作的,与 **View|Toolbars** 的子菜单相同,如图 F1.2 所示,利用此弹出式菜单可以定制工具栏,菜单中各项的介绍见表 F1.4。

2. 电路图编辑窗口的弹出式菜单

右击电路窗口的弹出式菜单及各项的功能如图 F1.3 所示。电路窗口的弹出式菜单主要是针对电路编辑及电路特性设置的指令,在 **Edit** 和 **Place** 两个主菜单里可以找到,在此不再做详细介绍。如果未选中电路图中的任何对象,最下面的 **Properties** 菜单指令可打开电路图的特性窗口。

3. 电路元件的弹出式菜单

右击电路元件弹出的菜单是针对元件操作的,如图 F1.4 所示,最下面的 **Properties** 菜单指令可打开元件的特性窗口,在特性窗口可以对元件进行各种编辑。这些指令与 **Edit** 主菜单中的指令对应,请参考表 F1.4。

4. 电路连线的弹出式菜单

将鼠标对准元件的连线,右击鼠标,弹出的菜单可以进行删除连线,改变连线的颜色,以及打开连线的特性窗口,对连线进行编辑等操作,如图 F1.5 所示。当选中器件时,这些指令会出现在 **Edit** 主菜单中。

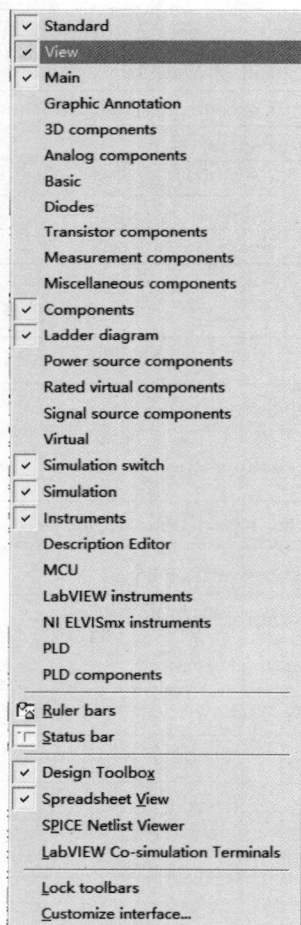

图 F1.2　右击工具栏区域的弹出式菜单

Place component...	Ctrl+W
Junction	Ctrl+J
Wire	Ctrl+Shift+W
Bus	Ctrl+U
On-page connector	Ctrl+Alt+O
Global connector	Ctrl+Alt+G
Hierarchical connector	Ctrl+I
Bus hierarchical connector	
Off-page connector	
Bus off-page connector	
Hierarchical block from file...	Ctrl+H
New hierarchical block...	
New subcircuit...	Ctrl+B
Replace by subcircuit...	Ctrl+Shift+B
Multi-page...	
Bus vector connect...	

Place component...	Ctrl+W
Place on schematic	▶
Place graphic	▶
Place comment	
Cut	Ctrl+X
Copy	Ctrl+C
Paste	Ctrl+V
Paste special	▶
Delete	Delete
Select all	Ctrl+A
Toggle NC marker	
Clear ERC markers...	
Replace by hierarchical block...	Ctrl+Shift+H
Replace by subcircuit...	Ctrl+Shift+B
Merge selected buses...	
Save selection as snippet...	
Font	
Properties	Ctrl+M

A Text	Ctrl+Alt+A
Line	Ctrl+Shift+L
Multiline	
Rectangle	
Ellipse	Ctrl+Shift+E
Arc	Ctrl+Shift+A
Polygon	Ctrl+Shift+G
Picture	

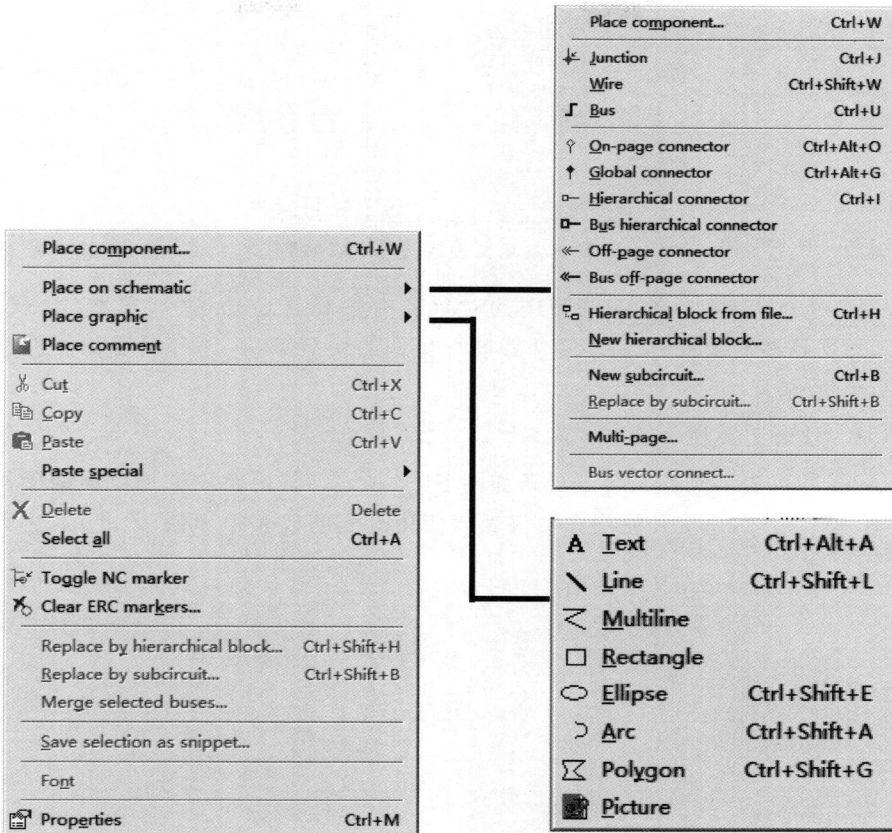

图 F1.3 右击电路窗口的弹出式菜单及其子菜单

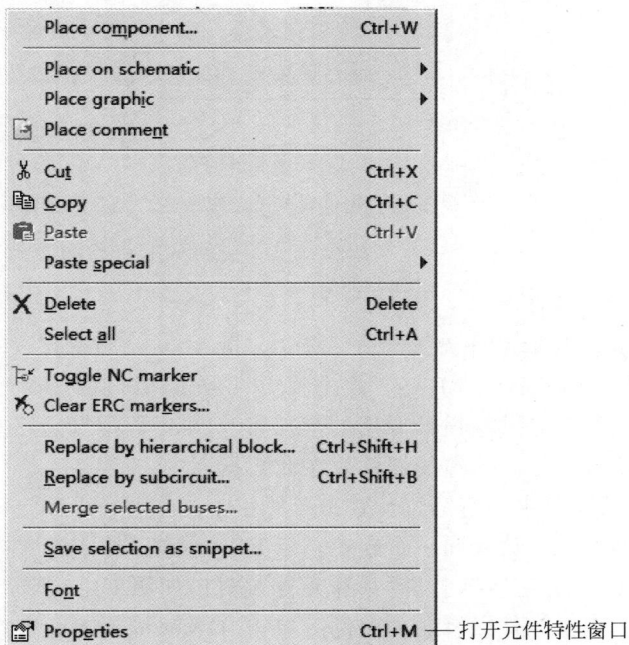

Place component...	Ctrl+W
Place on schematic	▶
Place graphic	▶
Place comment	
Cut	Ctrl+X
Copy	Ctrl+C
Paste	Ctrl+V
Paste special	▶
Delete	Delete
Select all	Ctrl+A
Toggle NC marker	
Clear ERC markers...	
Replace by hierarchical block...	Ctrl+Shift+H
Replace by subcircuit...	Ctrl+Shift+B
Merge selected buses...	
Save selection as snippet...	
Font	
Properties	Ctrl+M

—打开元件特性窗口

图 F1.4 右击电路元件的弹出式菜单

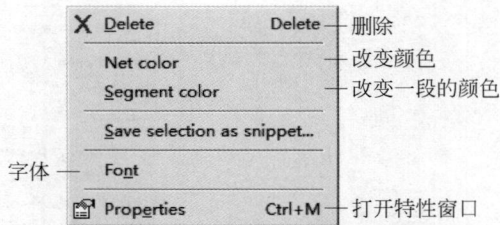

图 F1.5　电路连线的弹出式菜单

除上面介绍的几种对象外，电路中的对象还有注释（Comment）、文本（Text）和位像（Picture），右击这些对象同样会弹出对其进行操作的快捷菜单，读者只要稍加练习便可掌握，在此不再赘述。

F1.3.3　仪表工具栏

Multisim 的仪表工具栏及各工具条如图 F1.6 所示。往电路中添加仪表的操作与添加元件的操作基本相同，连接和使用虚拟仪表与使用真实的仪表很相似，因此，本文不再讲解仪表的使用方法。

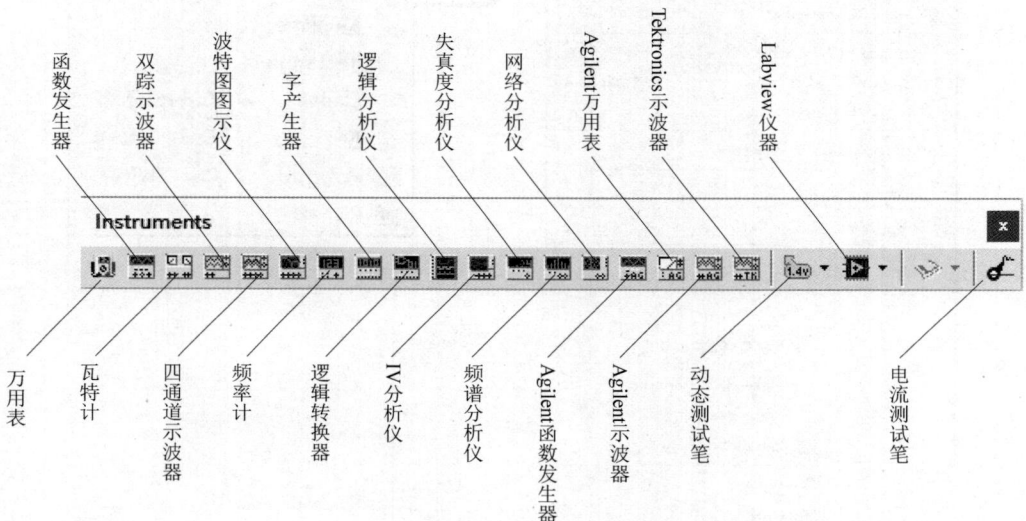

图 F1.6　仪表工具栏

F1.3.4　Multisim 元件库

Multisim 中的元件数据库分为三部分：Multisim Master 数据库、Corporate Library 数据库和 User 数据库。Multisim Master 数据库是主数据库，其内部元件是不能改动的。Corporate Library 数据库是共享设计专用的数据库。User 数据库是用户自定义的数据库，用户可以将常用的器件和自己编辑的器件放在此数据库中。

在 Multisim 主数据库中，元件被分成 20 个"组（Group）"，每个组又包含数个元件"族（Family）"，同一类型的元件放在同一个族中。图 F1.7 是主数据库元件工具栏。

单击元件"组"相应的工具条，打开"选择元件"窗口，如图 F1.8 所示。从此窗口便可以选择要放置的器件。双击元件或者选中元件后单击"OK"，将关闭此窗口，所选择的元件将跟随鼠标移动，确定要放置的位置后单击鼠标，元件就被放置在电路窗口中了。之后元件窗

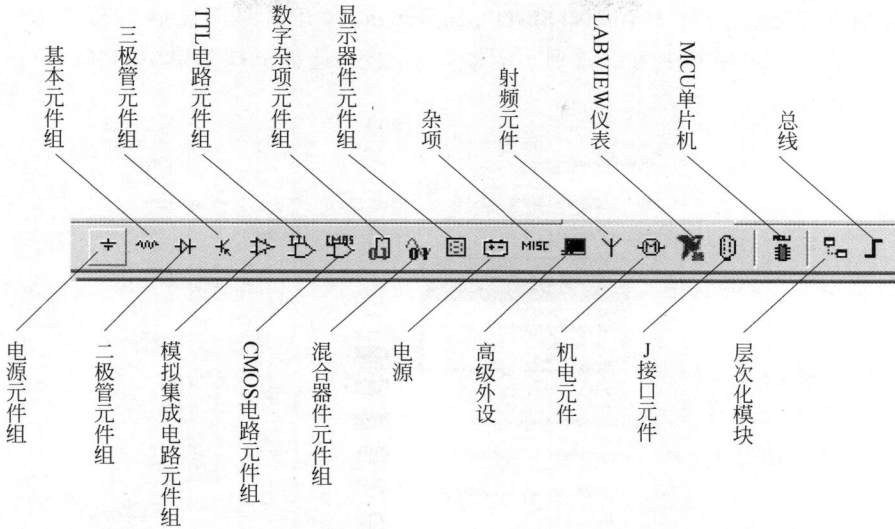

图 F1.7　主数据库元件工具栏

口又自动打开,可以继续选择并放置元件。

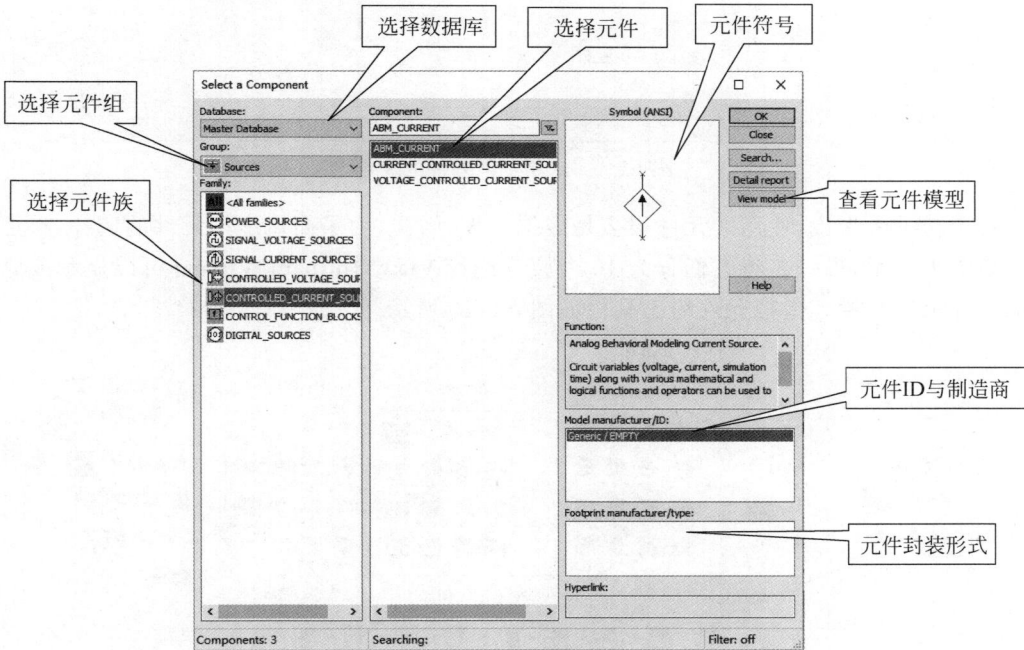

图 F1.8　"选择元件"窗口

　　Multisim 将元件分为两类:一类元件带有封装信息,和实际的元件对应,称为"实际元件"。实际元件中大多数具有仿真模型,可以进行仿真,这些元件称为"Component with model"元件;少部分没有模型,只能用于电路布线,这些元件称为"Component without model"元件。另一类元件没有封装信息,只有仿真模型,只能进行仿真,称为"Component without package"元件,我们将其称为"虚拟元件"(Virtual Component)。不同的元件可以

用不同的颜色显示。选择 **Options** | **Sheet properties**，打开电路图纸特性设置窗口（Sheet Properties），在 Color 标签中可以看到不同器件的颜色，选择下拉菜单中的"Custom"可以定制，如图 F1.9 所示。

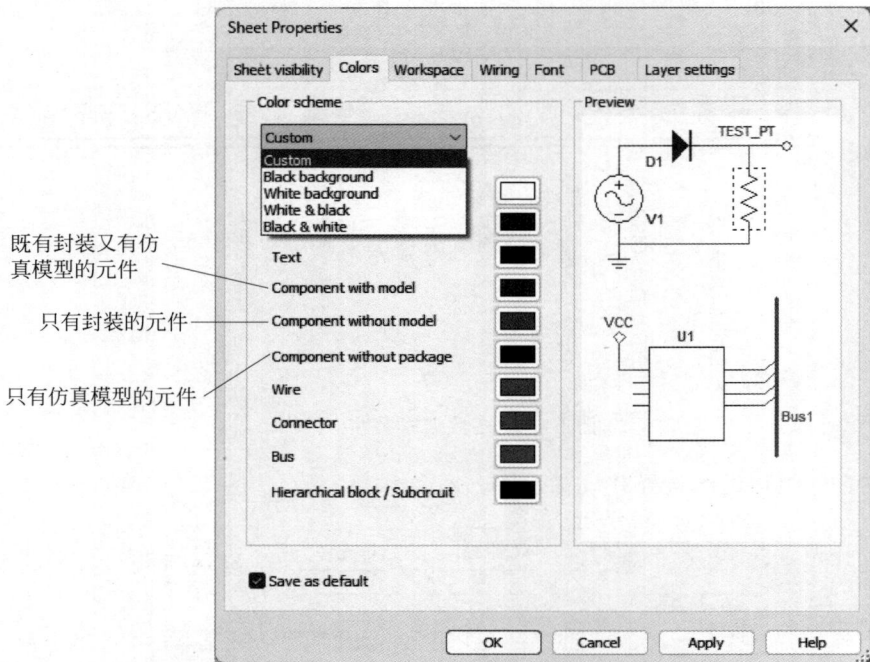

图 F1.9　定制不同元件的颜色

对于初学者来说，使用的元件很多是虚拟元件，因此，为了简化虚拟元件的选择，将虚拟元件集中为一组，进一步将它们分为 10 个族。选择 **View** | **Toilbars** | **Virtual** 可以显示或隐藏虚拟元件组工具栏。虚拟元件组工具栏如图 F1.10 所示。

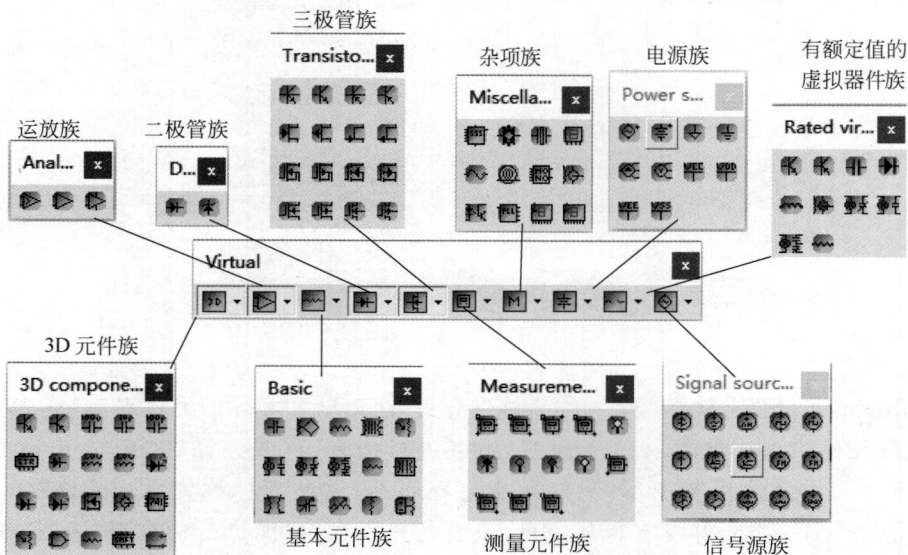

图 F1.10　虚拟元件组工具栏及其族工具栏

虚拟元件组工具栏的各工具条分别对应各虚拟元件族的工具栏,单击虚拟元件组工具栏的工具条可以显示或隐藏相应的族工具栏。而族工具栏中的工具条对应具体的虚拟元件,单击工具条便可以选择虚拟元件。读者在编辑电路时应根据需要适时地显示或隐藏相应的族工具栏,避免界面过于混乱;也可以单击相应工具栏右边的小三角,临时显示族工具栏,选择元件后族工具栏会自动消失。

F1.4　电路设置

Multisim 可以进行几乎任何方面的设置,包括电路中使用的颜色、缩放倍数、符号系统(ANSI 和 IEC)、自动保存时间间隔以及打印设置等。这些设置都是随具体的电路文件保存的,例如不同的电路可以使用不同的颜色方案。也可以针对某个实例重载设置,如可以将电路中某个元件设置成独立的颜色。电路窗口的设置是通过 **Options**|**Global Preference**(全局偏好设置)和 **Options**|**Sheet Properties**(电路特性)菜单指令进行的。

F1.4.1　全局设置

选择 **Options**|**Global Options**(全局设置)菜单指令,弹出偏好设置窗口,如图 F1.11 所示。此窗口有 7 个标签,分别是 **Path**、**Message Prompt**、**Save**、**Components**、**General**、**Simulation**、**Preview** 标签。其中 **Path**、**Save**、**Components**、**General** 标签是 4 个主要标签,如图 F1.11 所示。在 **Path** 标签的窗口中设置文件存储路径和数据库所在路径。在 **Save** 标签的窗口中设置备份文件、存储的仿真数据的最大值。在 **Components** 标签的窗口中设置放置元件的模式(只放置一个或连续放置)、符号标准(ANSI 或 IEC,ANSI 是美国符号标准,IEC 是国际电工委员会的符号标准)。在 **General** 标签的窗口中设置鼠标轮行为、连线模式等。对于初学者来说,没有必要对所有的项目进行设置,使用其默认设置就可以了。但是,由于我国的符号标准基本与 IEC 标准一致,与美国符号标准不同,建议使用前先在 **Components** 标签的窗口中将符号系统设置为 IEC 符号标准。

F1.4.2　电路图窗口设置

选择 **Options**|**Sheet Properties**(电路图特性)菜单指令,弹出 **Sheet Properties** 标签。此窗口有 6 个标签,分别是 **Sheet visibility**、**Colors**、**Workspace**、**Wiring**、**Font**、**PCB** 和 **Layer settings** 标签。在 **Sheet visibility** 标签的窗口中设置要显示的元件属性、是否显示节点名称等显示属性,如图 F1.12 所示。在 **Colors** 标签的窗口中设置颜色方案,如图 F1.13 所示,图中颜色方案选择了白色背景。早期的版本中刚安装的软件默认是黑色背景,如果不喜欢,应该首先把它改成白色背景或其他颜色方案。其中关于元件颜色的设置前面已经介绍了。

另外,在 **Workspace** 标签的窗口中设置是否显示各点与页边界、纸张尺寸等,在 **Wiring** 标签的窗口中设置连线和总线的宽度等,在 **Font** 标签的窗口中设置字体,在 **PCB** 标签的窗口中设置输出单位、印制电路板的层数等,在 **Layer settings** 标签的窗口中设置 PCB 布线的定制层。

虽然设置窗口比较复杂,但是对一般的使用者来说需要设置的内容并不多。一般需要在 Circuit 窗口中对颜色方案进行设置,需要的话可以对 **Show** 和 **Net Name** 中的内容进行设置,定制要显示的元件属性和是否显示节点名称。

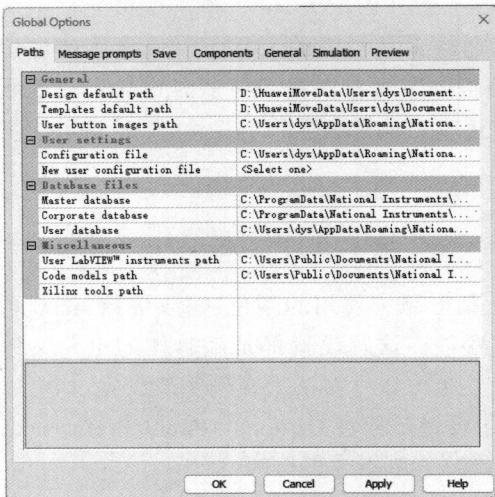

(a)

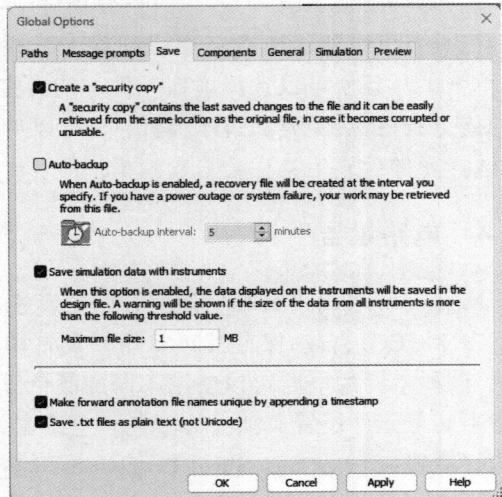

(b)

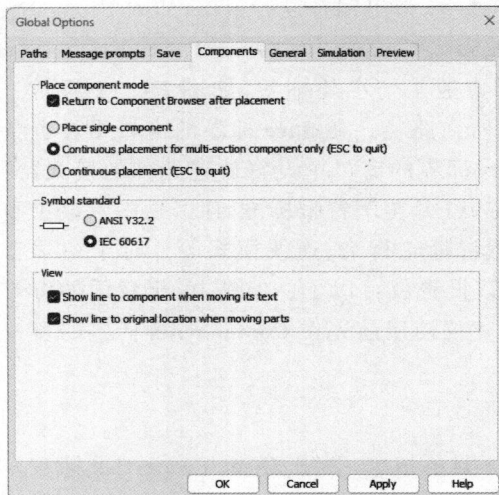

(c)

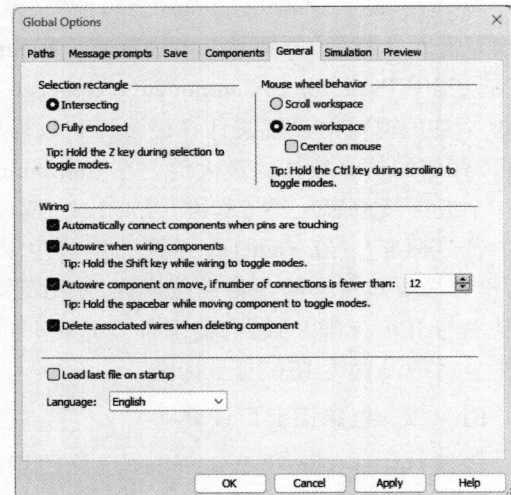

(d)

图 F1.11　Global Options 窗口中的 4 个重要标签

(a) Path 标签；(b) Save 标签；(c) Components 标签；(d) General 标签

F1.4.3　定制用户界面

用户可以利用 **Options | Customize Interface** 菜单指令灵活地定制自己的用户界面,定制的内容包括菜单、工具栏、键盘特性等。考虑到一般用户无需特意定制用户界面,此处不再赘述。

如果初学者感觉界面太复杂,对定制界面不太熟悉,可以直接选择简化版界面,即选择 **Options | Simplified Version**。简化版界面隐藏了很多初学者用不到的内容,只显示了标准工具栏(Standard)、主工具栏(Main)、部分常用仪器工具栏和虚拟元件工具栏。如果不需要 Design Toolbars(设计工具栏),可以单击其窗口右上方的关闭窗口工具将其隐藏。

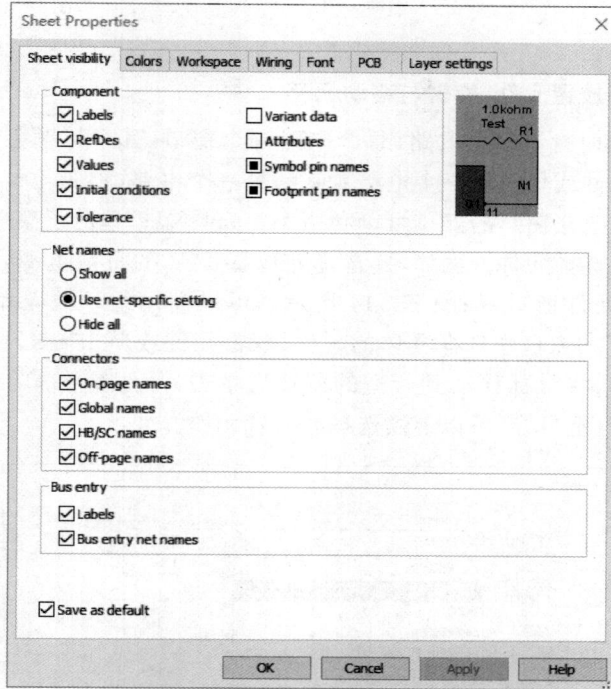

图 F1.12　Sheet Properties 标签

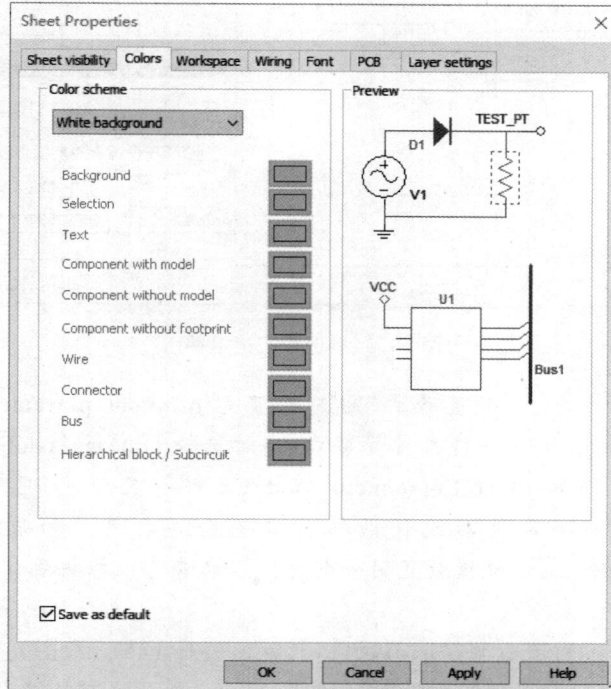

图 F1.13　Colors 标签

F1.5　编辑电路

F1.5.1　选择与放置元件、旋转与移动元件

Multisim 可以同时打开多个电路，每个电路一个窗口，其中标题条高亮的窗口是活动电路窗口。可以将元件或仪表从一个电路复制到另一个电路，但是不能将元件和仪表直接移动到另一个电路。电路窗口的安排可以利用 Windows 菜单里的子菜单指令完成。

利用元件工具栏选择元件。例如，要选择并放置 10V 的直流电源，单击元件工具栏中的电源组，弹出选择元件窗口，如图 F1.14 所示。可以利用组下拉菜单转到其他元件组。在元件 Component 下的窗口中选择具体的元件，双击元件或单击 OK，窗口关闭，同时所选择的元件随鼠标移动，将鼠标移动到合适的位置后单击，元件就放置在电路窗口中了。之后，选择元件窗口又重新打开，可以继续选择并放置元件。

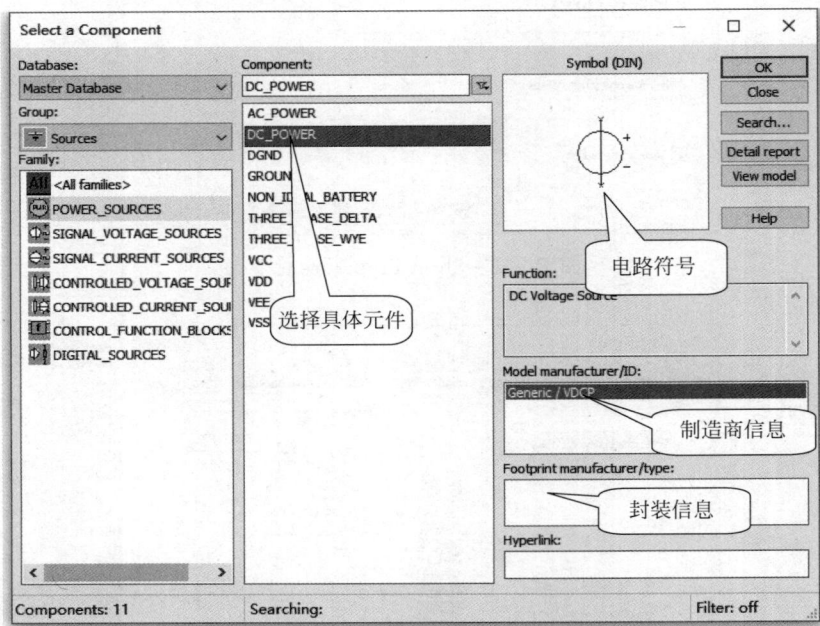

图 F1.14　选择直流电源

注：以上操作是在"元件放置模式"中选择了 Continuous placement for multi-section part only(ESC to quit)。如果在特性设置窗口（通过选择 Options|Global Preference 打开）中的 Parts 标签窗口中的 Place Component Mode（元件放置模式）区域选择 Place single componet，则在放置一个元件后元件选择窗口不会再打开。如果选择了 Continuous placement(ESC to quit)，则会连续放置同一个元件。读者可以根据编辑电路的需要和习惯设置。

刚添加到电路中的直流电源是虚拟元件，其默认值是 12V。双击元件符号，打开其特性设置窗口，在 Value 窗口中将其值改为 10V，如图 F1.15 所示。在特性设置窗口中可以对包括标号（Label）在内的元件的各种属性进行设置，读者应该尽量熟悉。

在电路窗口中单击或框选元件就可以选中元件。利用 Edit 菜单或弹出菜单中的 Cut、

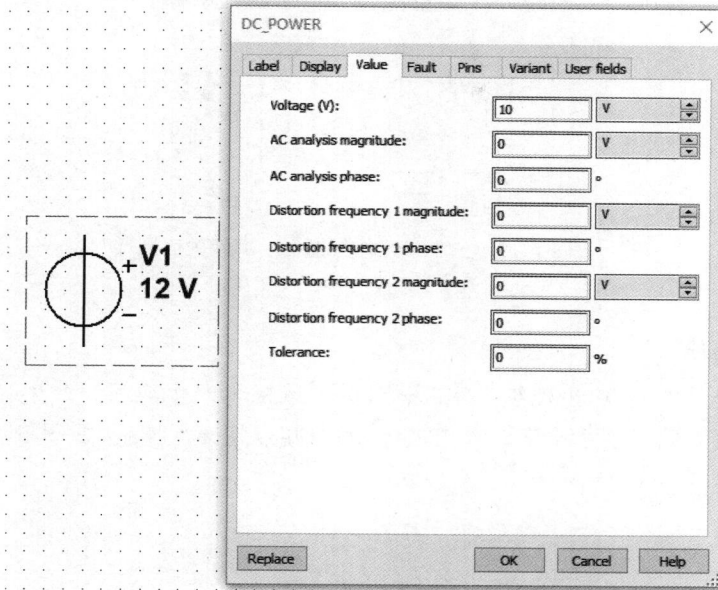

图 F1.15　元件及其特性设置窗口

Copy 和 **Paste** 可以剪贴、复制和粘贴已选择的元件,也可以使用 Ctrl＋C、Ctrl＋V 复制和粘贴元件。

利用 **Edit|Orientation** 中的指令或弹出式菜单中相应的指令对元件进行水平、垂直、顺时针、逆时针旋转。在菜单后面还给出了旋转元件的快捷键,掌握了快捷键会加快操作。

将鼠标对准元件,按住左键,移动鼠标时一个虚的元件会跟鼠标一起移动,选定合适的位置后释放鼠标,元件也被释放并移动到新的位置,如图 F1.16 所示。

如果连续放置同一种元件,窗口会自动对其进行编号,显示连续的元件标号(Label),如 V1、V2、V3……如图 F1.17 所示。可以在元件特性窗口中编辑元件的标号。

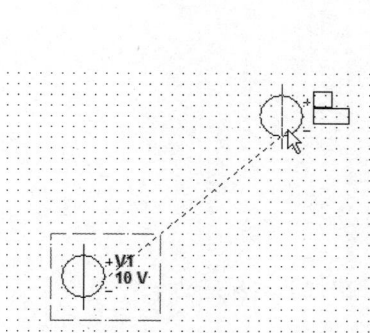

图 F1.16　移动元件

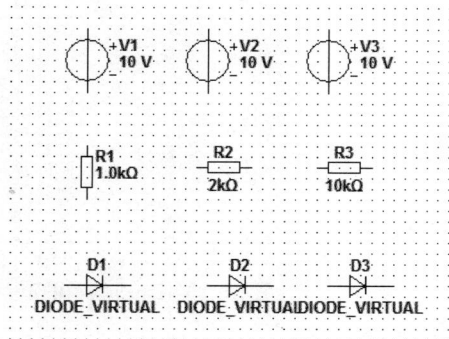

图 F1.17　连续编号的元件

元件旁边所显示的属性是可以单独移动的。将鼠标对准某个属性,单击就可以选中它,此时可以用鼠标拖动属性。不过单独移动属性显示的意义不大,读者应注意避免不慎只选中了属性,欲移动元件却移动了某个属性。注意,选中元件时元件周围显示一个矩形框,而属性被选中时其周围四角仅出现 4 个矩形黑点,如图 F1.18 所示。

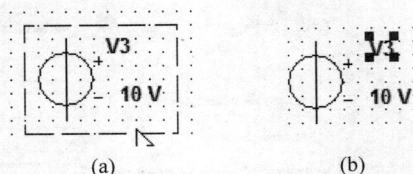

图 F1.18　选中了元件与选中了属性的区别
(a) 选中了元件;(b) 选中了属性

F1.5.2　连线

将鼠标对准元件端点,出现小十字"✛",单击鼠标将产生连线。产生连线后移动鼠标至下一个元件端点并出现小十字时单击鼠标,两个端点将建立连线,如图 F1.19 所示。

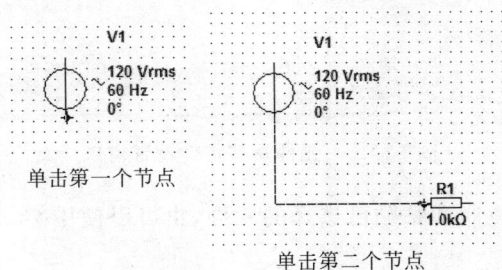

图 F1.19　连接两个端点

产生一个连线时自动产生一个"节点"(node),即等电位点。在 PCB 中常称之为"网络节点"(net),网络节点是一系列等电位连线的集合。网络节点产生的同时程序赋予其一个可以使用的最小的整数作为节点的名称,在电路设置窗口(通过选择 **Options | Sheet Properties** 打开)中的 **Net Names** 区域中选择 **Show all** 可以显示网络节点名称,如图 F1.20 所示。

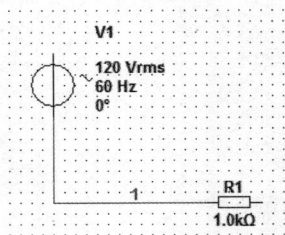

图 F1.20　自动赋予的节点(net)名称(图中网络节点名称是 1)

在节点特性窗口中可以修改网络节点的名称,双击连线即可打开节点特性窗口,如图 F1.21 所示。

在电路中如果将两个不相连的节点赋予相同的名称,就将其"合并"了,也就是它们成为了同一个节点,这种连接称为"虚相连"(virtual wiring),如图 F1.22 所示。使用"虚相连"概念可以简化电路的画法,使整个电路变得简单明了。

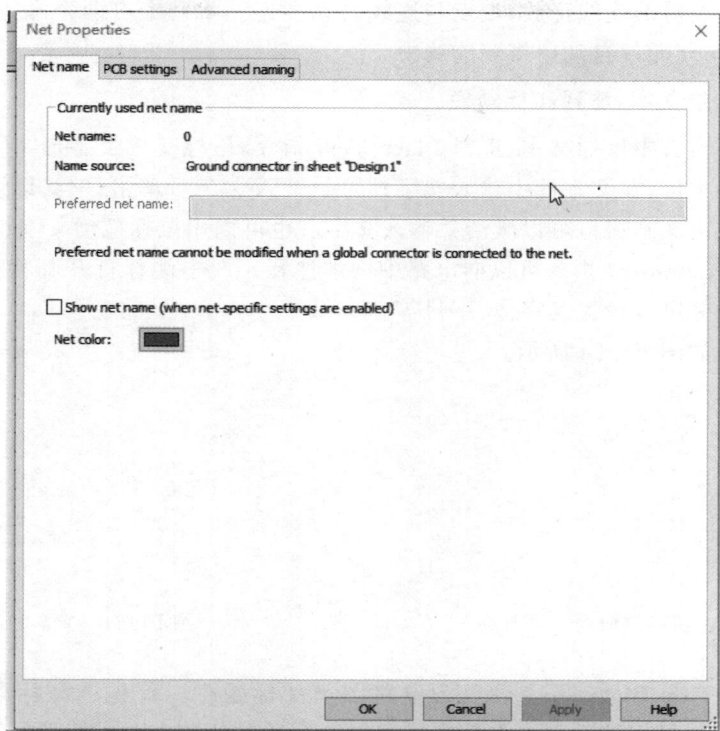

图 F1.21　网络节点特性窗口

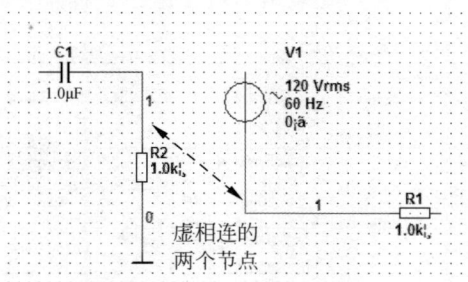

图 F1.22　虚相连的节点

特别注意：Multisim 是基于 SPICE/XSPICE 的电路仿真软件，按照 SPICE 的要求，电路中必须有参考点，参考点的节点名称必须是"0"。参考点元件的名称是 GROUND（地），电路符号是 ⊥（IEC 符号）或者 ⏚（ANSI 符号）。所以，任何电路必须添加 GROUND 元件，其节点号会被自动命名为"0"，而且不能更改。没有参考点的电路是无法仿真的。任何节点号为 0 的节点都与 GROUND 是等电位的，任何节点只要与 GROUND 相连线，其节点号会自动改为 0。

产生连线后移动鼠标至一条连线后单击，则自动增加一个"节点"将两个连线连接起来。两个交叉的连线如果在交叉点处没有节点是不相连的，可以手动增加一个节点将其连接起来，选择 **Place|Junction**，然后单击交叉点即可。任何时候双击窗口的空白处将自动添加一个节点，并同时产生连线或产生连接。图 F1.23 所示是在电路窗口的空白处产生的节点及连线。

将元件的端点对准连线释放,端点与连线自动相连。将一个有两个端点的元件与一条连线重合时释放,此元件自动串接到连线中。

F1.5.3　增加文本、注释和标题栏

可以在电路窗口中增加文本,选择 **Place|Text** 指令,鼠标变成工字形"Ｉ",在合适的位置单击则产生文本框,在文本框中输入文字即可。输入文字后单击任何其他空白位置则结束增加文本。双击文本窗口可以激活并输入文字。也可以用鼠标拖动文本窗口。

选择 **Place|Comment** 指令可以向电路中增加注释。双击注释打开其特性窗口,在特性窗口中输入注释并可以设置其字体、字号等。

文本和注释如图 F1.24 所示。

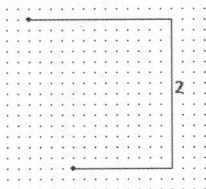

图 F1.23　双击窗口空白处产生节点　　　　　图 F1.24　文本和注释

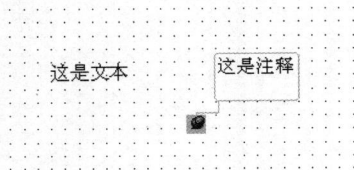

选择 **Place|Title Block** 指令可以为电路图增加标题栏。首先选择标题栏文件(后缀为.tb7 的文件),选择文件后可以将标题栏添加到合适的位置。单击标题栏可以进行编辑,编辑窗口如图 F1.25 所示。

图 F1.25　标题栏(Title Block)编辑窗口

还可以为电路增加图形注释(Graphics Annotations),选择 **Place|Graphics** 中相应的子菜单,可以增加圆弧、直线、椭圆等,也可以增加位图。

F1.5.4　子电路

当电路规模比较大或者有重复部分时,可以将电路分成几个分电路,分电路通过端口相

连,这样可以使电路图变得比较简洁。在 Place 主菜单中有 3 个子菜单,分别是 **New hierarchical block**(插入新的层次化模块)、**Hierarchical block from file**(从文件插入层次化模块)和 **Replace by hierarchical block**(用层次化模块代替),如图 F1.26 所示。选择 **New hierarchical block**,可以先插入一个空白的子电路(要选择子电路名称和输入输出端口数量),然后编辑。选择 **Hierarchical block from file**,可以把电路文件作为一个子电路插入。选择 **Replace by hierarchical block**,可以将电路窗口中已经编辑好的部分电路变成子电路。

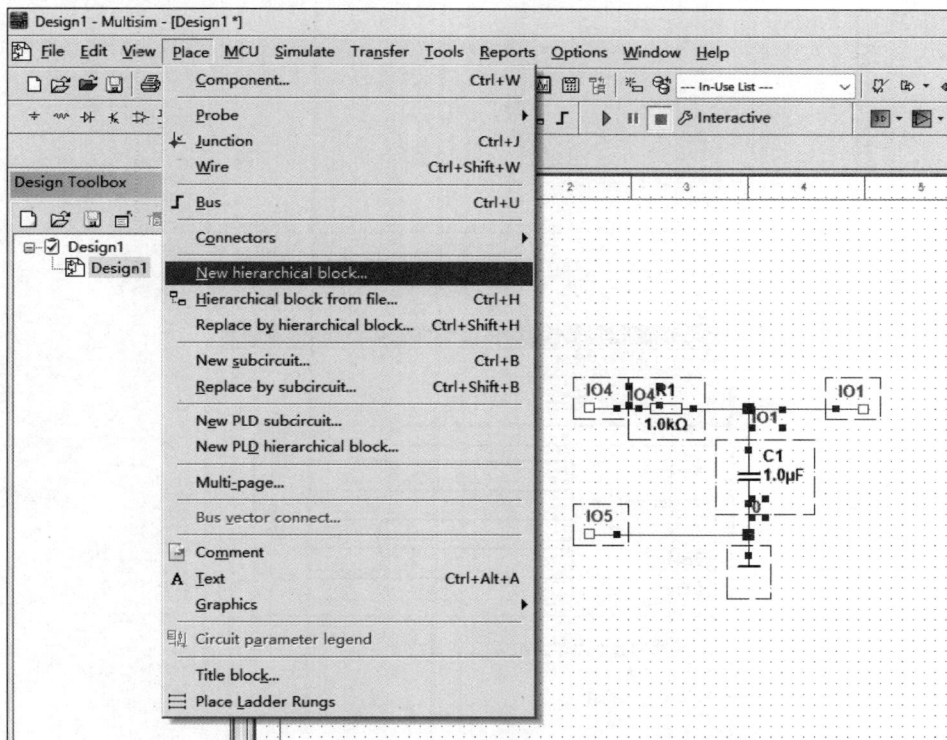

图 F1.26　Place 主菜单的子菜单相关指令

F1.5.5　电路描述窗口(Circuit Description Box)

除为电路增加文本外,还可以为电路增加通用的"电路描述窗口",并且可以向电路描述窗口中增加位图、音频和视频。选择 **View**|**Description Box** 菜单指令显示电路描述窗口,但是不能在此窗口中直接编辑内容。要编辑电路描述,选择 **Tools**|**Description Editor**,打开电路描述编辑器进行编辑。电路描述编辑器窗口如图 F1.27 所示。

Multisim 的电路描述功能很强大,可以向窗口中添加问题、设定格式,利用插入对象的功能可以向窗口中添加图像、音频和视频等各种文件,比如演示文稿、Word 文档、公式等。更为有趣的是,结合仪表中的动态测试笔,可以实现电路仿真与电路描述的联动,比如当电路中的电压达到一定值时使文本滚动。另外,还可以在描述窗口中添加多选或单选问题,学生回答问题后可以直接发给老师判卷,带有提问的电路描述窗口如图 F1.28 所示。总之,利用电路描述窗口可以完成电路的描述、演示、测验等功能。

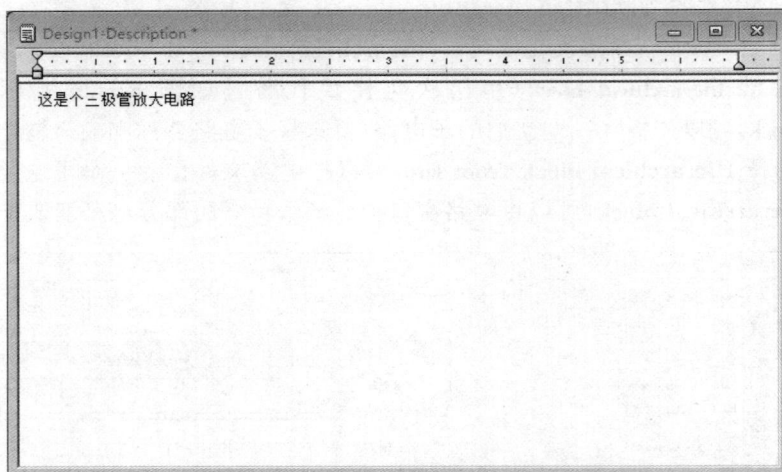

图 F1.27　电路描述编辑器窗口

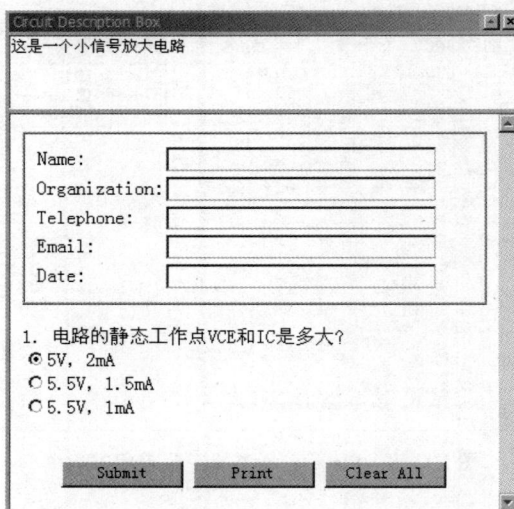

图 F1.28　带有提问的电路描述窗口

F1.6　Multisim 的分析功能

Multisim 是基于 SPICE3F5/XSPICE 的电路仿真软件,其所有的数据结果源自 SPICE3F5/XSPICE 内核的分析结果。利用独特的虚拟仪表可以像在实验室里做实验一样观察数据,方便直观。然而,过多使用虚拟仪表会耗费大量计算机资源,降低仿真速度。另外,虚拟仪表对数据的观察和处理方式受到很大限制,不方便数据的输出。而利用 Multisim 的分析功能可以灵活定义分析要求,并且可以直接输出仿真结果,大大提高了仿真速度。

Multisim 的分析功能命令都在 **Simulate|Analyses and Simulation** 菜单下,如图 F1.29 所示。它们的功能以及与 SPICE 指令的对应关系见表 F1.11。从表中可以看出,Multisim

除具有 SPICE 的所有分析功能外，还增加了很多扩展的分析功能。SPICE 分析功能仍然是分析电路的基本操作功能，而 Multisim 的扩展功能使得电路的分析和设计更加方便、快捷。

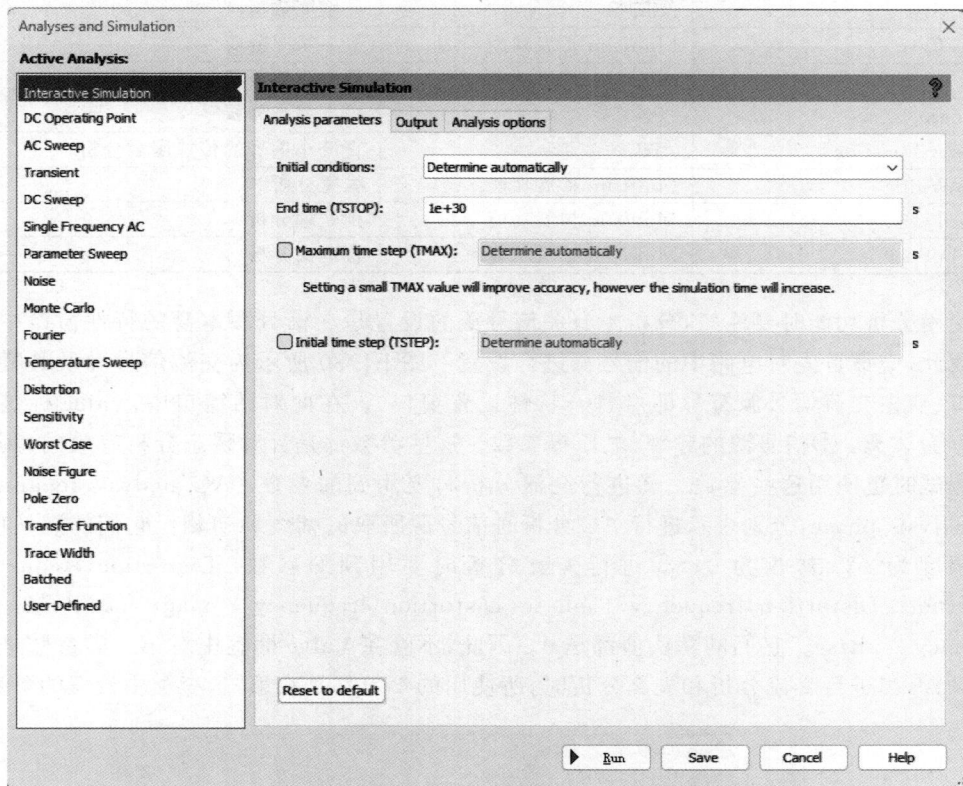

图 F1.29　Multisim 的分析功能窗口（右面窗口是进行仿真参数设置）

　　表 F1.11 的第一行"**Interactive Simulation**"用于利用虚拟仪表实时观察电路变量的情况。

表 F1.11　Multisim 的分析功能与 SPICE 语句的对应关系

分 析 名 称	对应的 SPICE 语句	功　　能
Interactive Simulation	Multisim 扩展功能	交互仿真
DC Operating Point	.OP	直流分析
AC Sweep	.AC	交流分析
Transient	.TRAN	瞬态分析
DC Sweep	.DC	直流扫描分析
Single Frequency AC	属于.AC 分析	单频率分析（适用于分析正弦交流电路）
Parameter Sweep	Multisim 扩展功能	参数扫描分析
Noise	.NOISE	噪声分析
Monte Carlo	Multisim 扩展功能	蒙特卡罗分析
Fourier	.FOURIER	傅里叶分析
Temperature Sweep	Multisim 扩展功能	温度扫描分析
Distortion	.DISTO	失真分析

分 析 名 称	对应的 SPICE 语句	功　　能
Sensitivity	. SENS	灵敏度分析
Worse Case	Multisim 扩展功能	最坏状况分析
Noise Figure	Multisim 扩展功能	噪声指数分析
Pole Zero	. PZ	极点零点分析
Transfer Function	. TF	直流小信号的传递函数分析
Trace Width	Multisim 扩展功能	线宽分析
Batched	Multisim 扩展功能	批处理分析
User-Defined	Multisim 扩展功能	自定义分析

　　使用分析功能时要注意,分析中有关信号源的设置是在信号源本身的特性窗口中设置的。因此,应该首先对电路中的信号源进行设置。图 F1.30 所示为交流信号源及其特性设置窗口(双击交流信号源符号即可打开特性设置窗口)。在此对话窗口中,**Value** 标签中的参数分为 3 类:①信号源的频率、电压等参数。这些参数都是针对瞬态分析有效的,用虚拟仪表测试时也使用这些参数。②进行交流分析时要用到的参数:AC analysis magnitude、AC analysis phase,分别表示进行 AC 分析时信号源所取的幅度和初相。它们的默认值为:电压幅度为 1V、初相为 0。③进行失真分析时要用到的参数:Distortion frequency 1 magnitude、Distortion frequency 1 phase、Distortion frequency 2 magnitude、Distortion frequency 2 phase。它们的默认值都是 0。因此,不管在 **Value** 标签中对第一类参数进行了何种设置,当进行交流分析和失真分析时,所使用的参数都是在第二、三类中设置的参数。

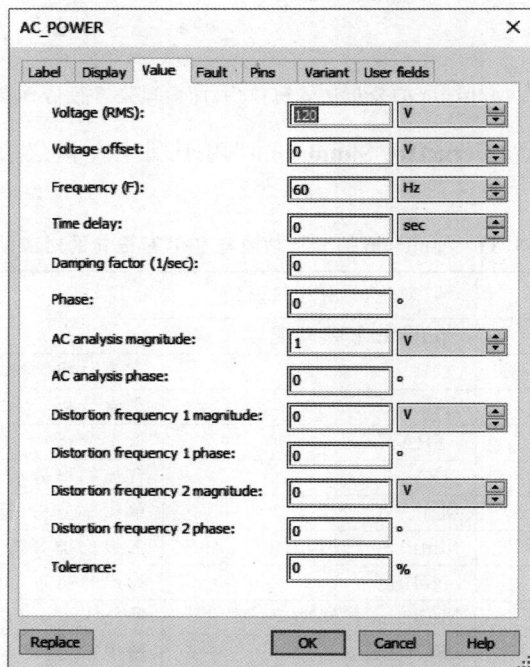

图 F1.30　交流信号源及其特性设置窗口

信号源不同,与其相关的分析也可能不同,因此针对分析的设置内容也不同。熟悉 SPICE 的读者很容易了解这些参数设置,此处不再赘述。

在 **Simulate** 主菜单中选择相应的子菜单,将弹出分析设置窗口,进行适当的设置后单击 **Simulate** 按钮开始分析。下面对几种常用的分析功能及其参数设置进行简单介绍。

F1.6.1　直流分析(DC Operating Point)

直流分析的设置窗口如图 F1.31 所示,在 **Output** 标签窗口中设计要输出的参数。选中左边窗口中要输出的参数,单击 **Add** 按钮即可将其放在右边要输出的菜单中。单击左下部的 **Add device/model parameter** 按钮,可以向参数列表中添加"器件/模型参数"。

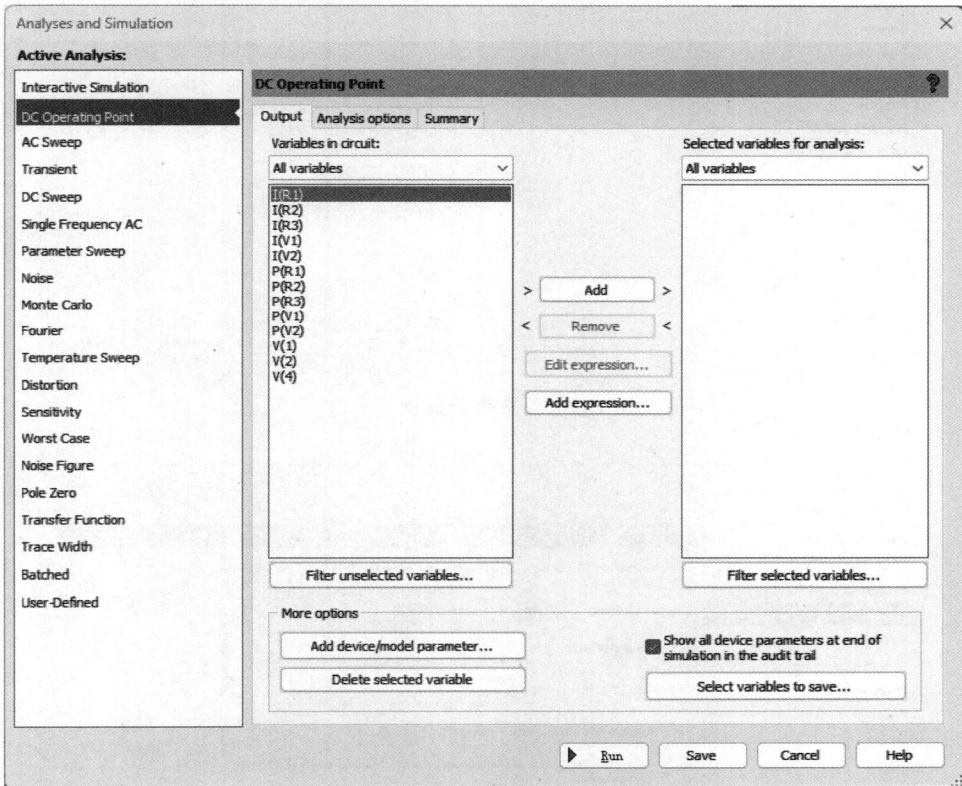

图 F1.31　直流分析设置窗口

另外,单击 **Add expression** 按钮可以添加表达式,将电路变量进行运算后输出显示。

F1.6.2　交流分析(AC Sweep)

交流分析的特性设置窗口如图 F1.32 所示。在 **Output** 标签中设置输出参数,在 **Frequency parameters** 标签中设置开始频率(Start frequency)、结束频率(Stop frequency)、扫描形式(Sweep type)、扫描点数(Number of points per decade)和纵坐标的形式(Vertical scale)。这些都是与.AC 语句的参数设置相对应的。

F1.6.3　瞬态分析(Transient)

瞬态分析是在时域上对电路进行分析,其设置窗口如图 F1.33 所示。与交流分析相同,

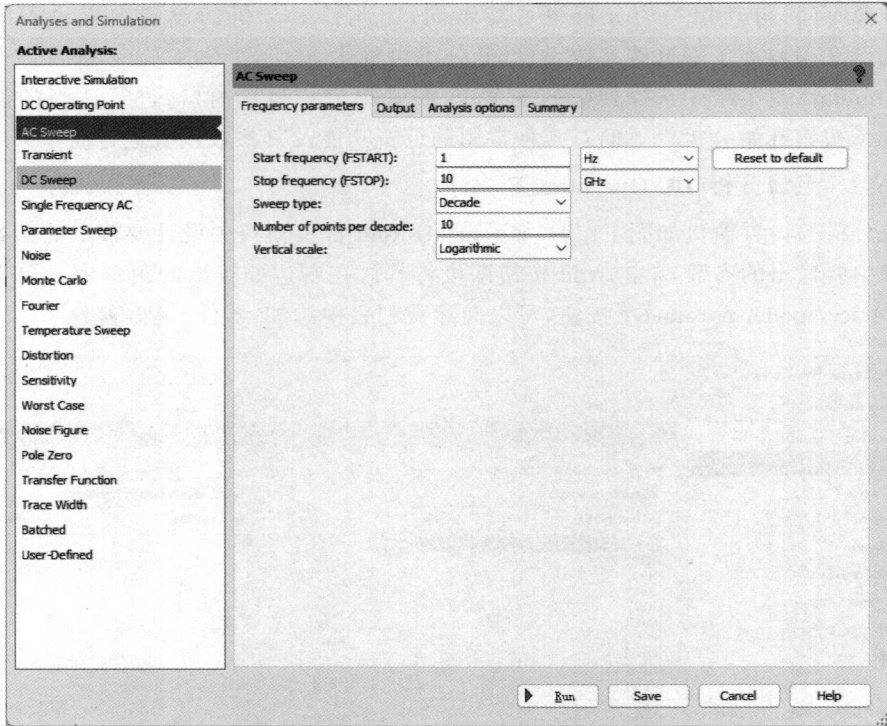

图 F1.32　交流分析设置窗口

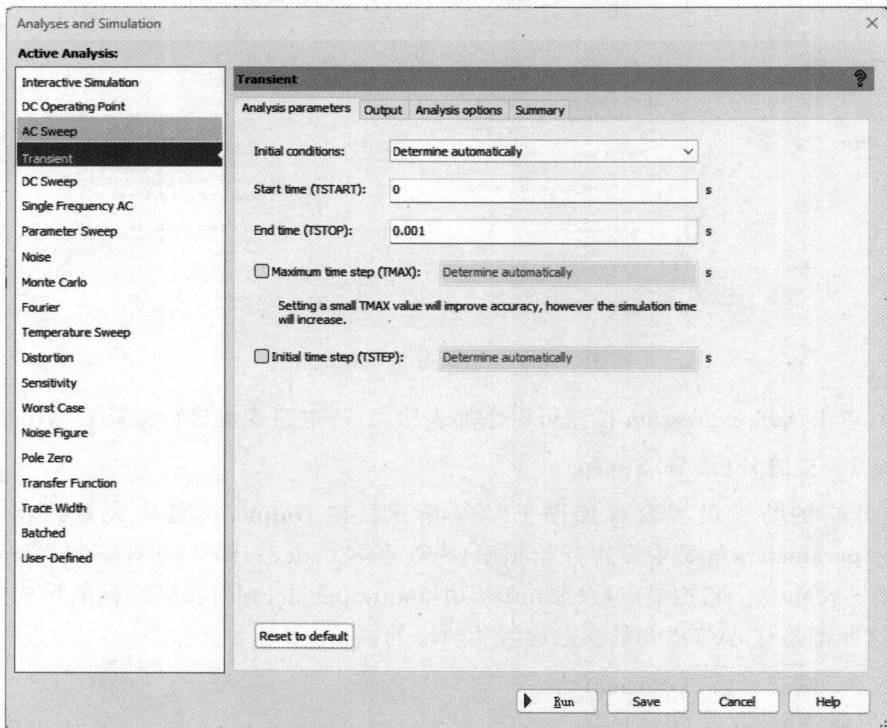

图 F1.33　瞬态分析设置窗口

在 **Output** 标签中设置输出参数。在 **Analysis parameters** 标签中设置初始条件（Initial conditions）、开始时间（Start time）、结束时间（End time）、最大步长（Maximum time step）等。这些与. TRAN 语句中的参数设置完全一样。

F1.6.4　傅里叶分析（Fourier）

傅里叶分析的设置窗口如图 F1.34 所示，在 **Analysis parameters** 标签中可以进行采样设置等，如设置基波频率。因为傅里叶分析是在瞬态分析的基础上进行的，所以还需要对瞬态分析进行设置。单击 **Edit transient analysis** 按钮即可打开瞬态分析设置窗口。

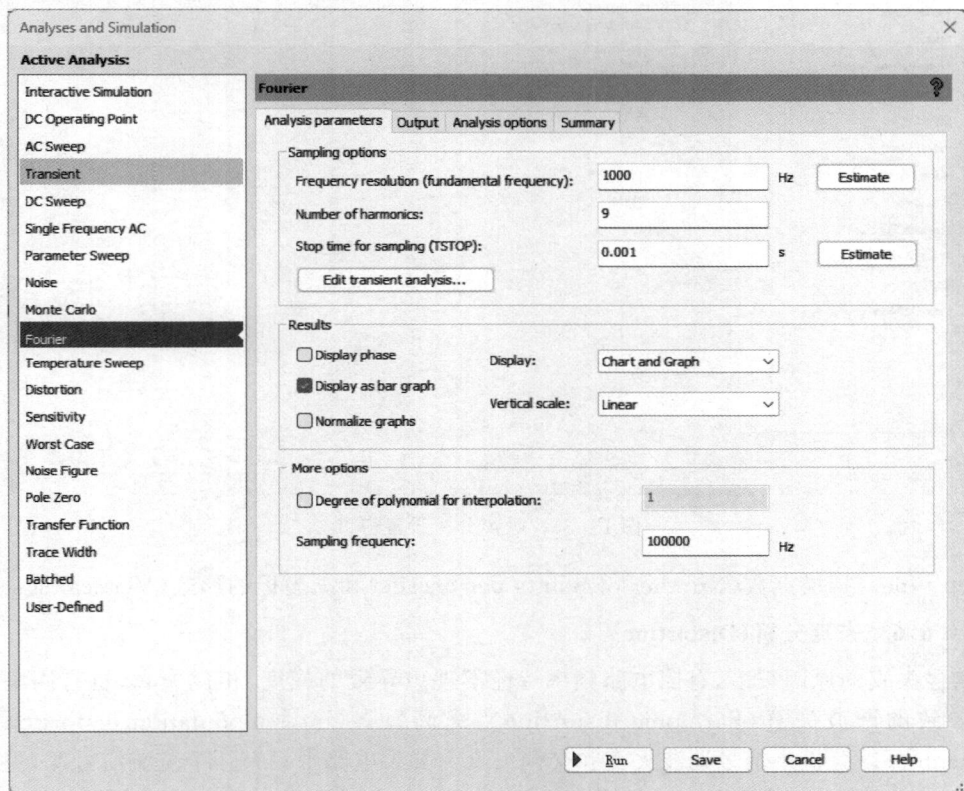

图 F1.34　傅里叶分析设置窗口

F1.6.5　噪声分析（Noise）

Multitsim 中的噪声分析是计算电路中每一个电阻和半导体器件对指定输出节点的噪声贡献。输出节点的总噪声是各个分噪声的均方根。总噪声除以输入源和输出节点之间的增益，得出等价输入噪声。例如，选择 V1 作为输入噪声参考源，V(4)作为输出节点，则电路中所有的噪声源将其噪声贡献等价到节点 1，产生总输出噪声。该值除以从输入源 V1 到输出节点 V(4)的增益，得到等价输入噪声。如图 F1.35 所示。

在进行噪声分析之前，应确定输入噪声参考源、输出节点和参考节点。噪声分析与. NOISE 语句对应，其设置完全相同。在 **Analysis parameters** 标签中设置输入噪声参考源（Input noise reference source）、输出节点（Output node）、参考节点（Reference node）。在 **Frequency parameters** 标签中设置开始频率（Start frequency）、结束频率（Stop frequency）、扫描形式

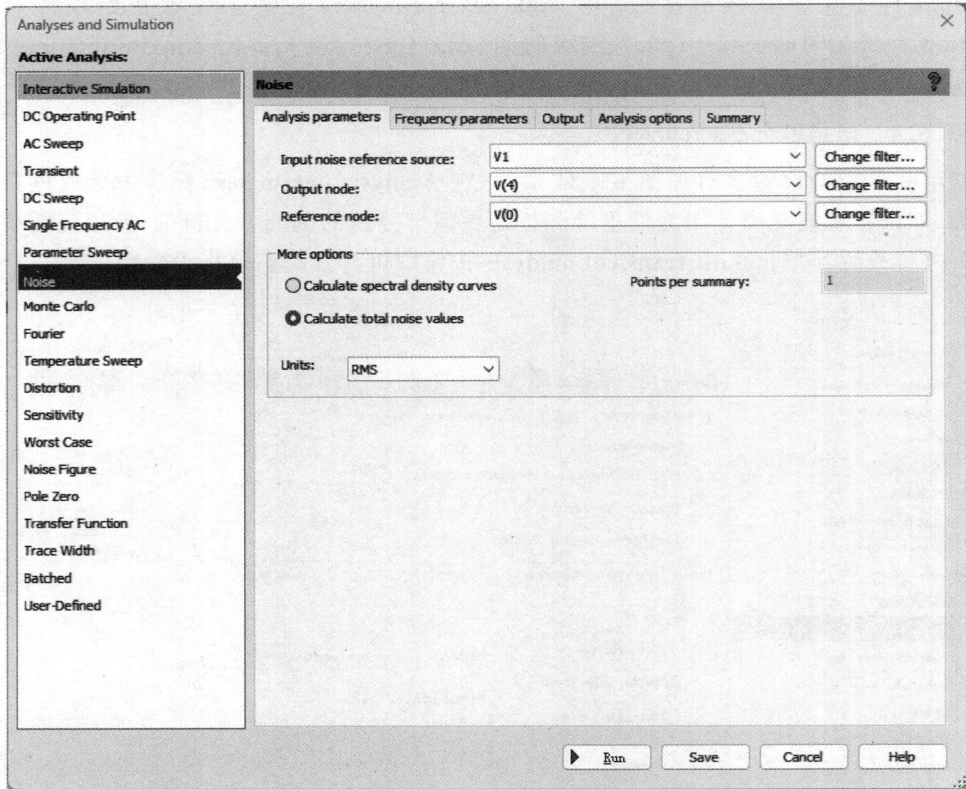

图 F1.35　噪声分析设置窗口

(Sweep type)、扫描点数(Number of points per decade)和纵坐标的形式(Vertical scale)。

F1.6.6　失真分析(Distortion)

信号失真的原因很多,有因电路频率特性不理想导致的幅度、相位失真,也有因电路非线性导致的谐波失真(harmonic distortion)、交调失真(inter-modulation distortion)等。Mulitisim 可以分析小信号谐波失真和交调失真。如果电路中只有一个交流信号源,失真分析将确定电路中每一点的第二次和第三次谐波造成的谐波失真。如果电路中有两个交流信号源(假设频率分别是 F1 和 F2,且 F1>F2),那么该分析将寻找电路变量在 3 个不同频率上的谐波失真,这 3 个频率分别是:F1+F2、F1−F2 和 2F1−F2。

失真分析参数设置窗口如图 F1.36 所示。在 **Analysis parameters** 标签中设置频率参数。如果要分析交调失真,需要选中 F2/F1 并设置此比值大小。

F1.6.7　直流扫描分析(DC Sweep)

执行菜单命令 **Simulate|DC Sweep** 进行直流扫描分析。直流扫描分析是计算电路在不同直流电源下的静态工作点,相当于多次模拟同一电路,每次模拟时直流电源取不同的值。它与.DC 语句相对应,其参数设置也完全相同。如图 F1.37 所示,要设置的参数包括选择输出参数、选择要扫描的直流电源(Source)、开始值(Start value)、结束值(Stop value)和步长(Increment)。

如果选定复选框"Use source 2",则可以定义第二个扫描源的参数,使用双电源扫描。

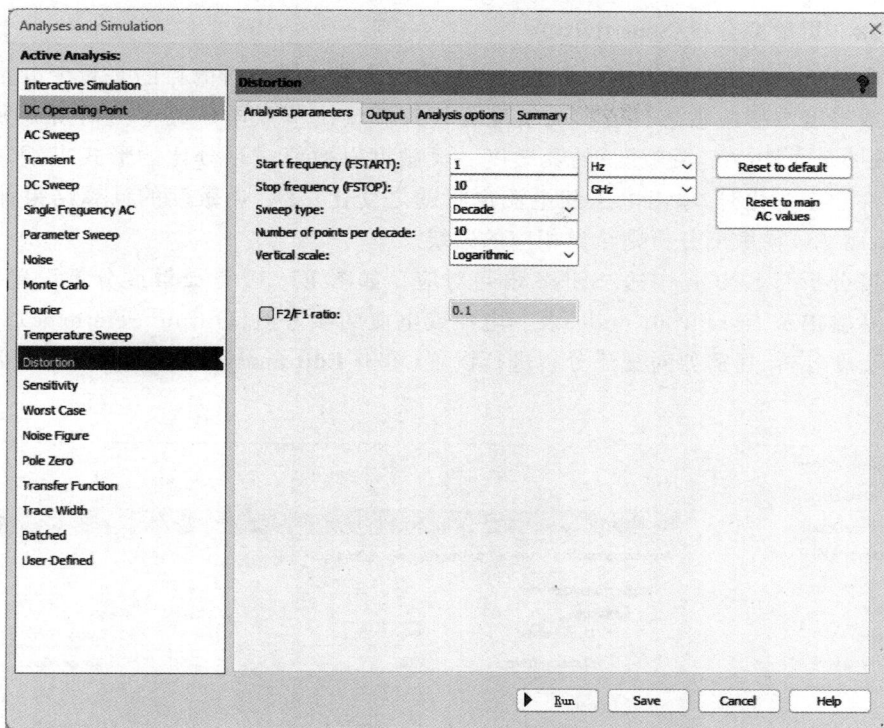

图 F1.36　失真分析设置窗口

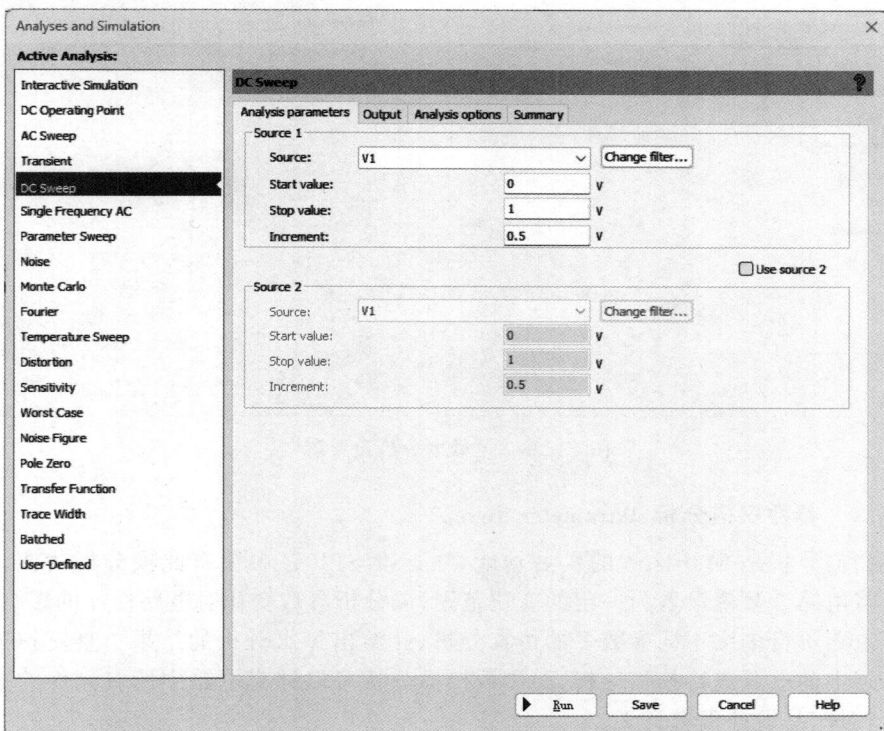

图 F1.37　直流扫描分析设置窗口

F1.6.8　灵敏度分析(Sensitivity)

灵敏度分析包括 DC 灵敏度分析和 AC 灵敏度分析。该分析的目的是减少电路对元件参数变化或温度漂移的敏感程度。灵敏度分析计算输出节点电压或电流对所有元件(DC 灵敏度)或一个元件(AC 灵敏度)的灵敏度。灵敏度以数值或百分比的形式表示。当电路中每个元件独立变化时,输出电压和电流也将随之变化。DC 灵敏度的计算结果保存在一个表格中,而 AC 灵敏度分析则绘出相应的曲线。

灵敏度分析与 SPICE 中的.SENS 语句对应。如图 F1.38 是灵敏度分析设置窗口,参数设置包括输出节点(Output node)及其电压或电流的参考值(Output reference)。如果进行 AC 灵敏度分析,还需要对交流分析进行设置(单击 **Edit analysis** 按钮即可打开交流分析设置窗口)。

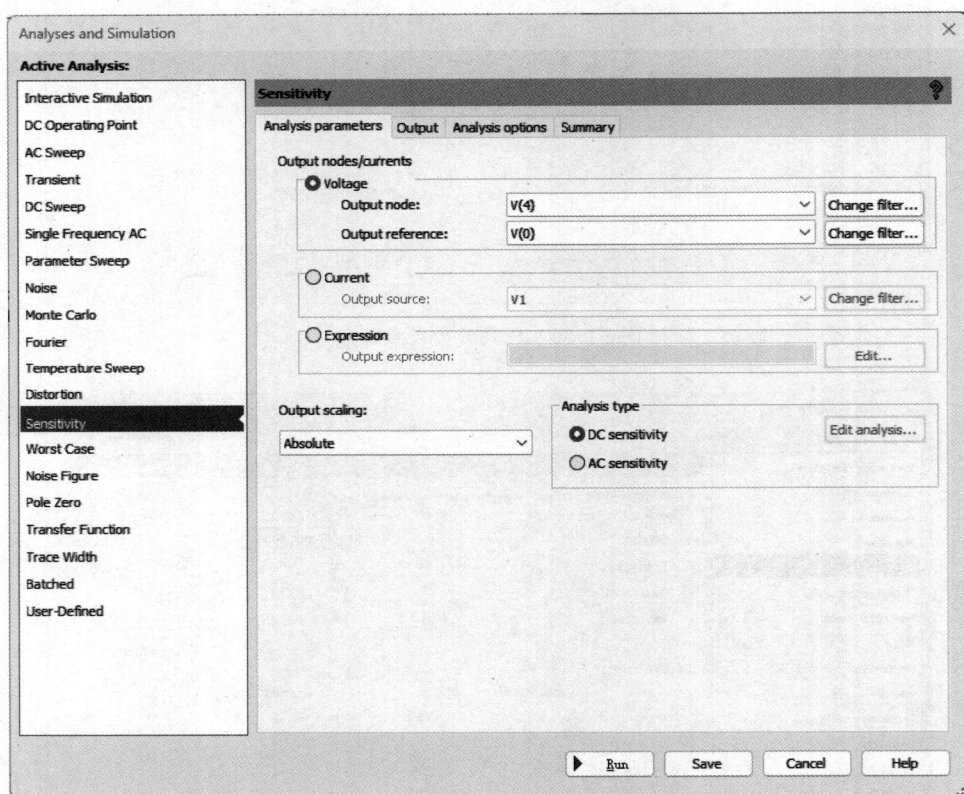

图 F1.38　灵敏度分析设置窗口

F1.6.9　参数扫描分析(Parameter Sweep)

参数扫描分析是 Multisim 的扩展功能,在标准 SPICE 中没有此项分析功能。参数扫描分析是将电路参数值设置为一定的变化范围,以分析参数变化对电路性能的影响,其作用相当于对电路进行多次不同参数下的仿真分析,并给出每次分析的结果。直流扫描分析只能针对电路中的电源进行扫描分析,而参数扫描分析可以针对电路中所有元件的参数进行扫描分析,对产品设计很有意义。

如图 F1.39 是参数扫描分析设置窗口。在此窗口中设置输出参数、要扫描的器件参数

（Sweep parameters）、扫描形式（Sweep variation type）和选择每变化一次参数要进行的分析类型（静态分析、交流分析或瞬态分析）。

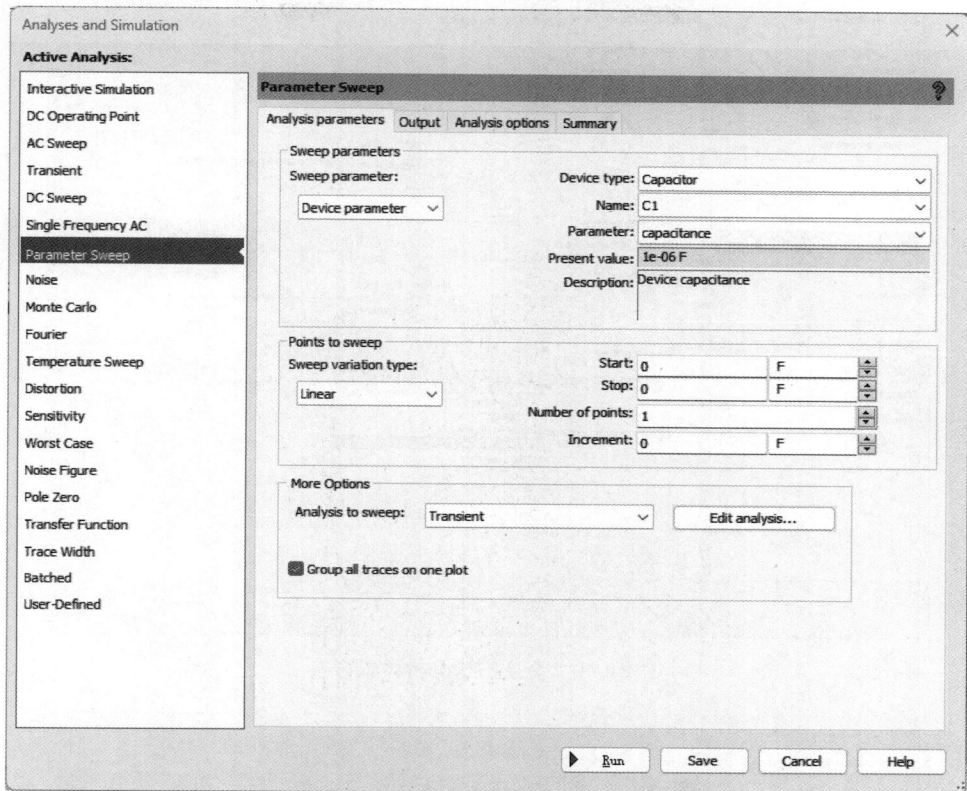

图 F1.39　参数扫描分析设置窗口

F1.6.10　温度扫描分析（Temperature Sweep）

标准 SPICE 可以在不同的温度条件下分析电路，但是不能自动完成温度扫描分析，因此温度扫描分析也是 Multisim 的扩展功能。利用温度扫描分析可以快速检验温度变化对电路性能的影响。温度扫描分析相当于在不同的工作温度下多次仿真电路性能，并按照一定的形式给出分析结果。如图 F1.40 是温度扫描分析的设置窗口，在此窗口中设置输出参数、温度扫描形式（Sweep variation type）和每变化一次温度要进行的分析类型（静态分析、交流分析或瞬态分析）。

F1.6.11　极点零点分析（Pole Zero）

极点零点分析与 SPICE 中的.PZ 语句对应。极点零点分析用来分析电路的小信号交流传递函数的极点和零点。极点和零点对于电路的稳定性非常有用。所设计的电路必须具有负实数的极点，否则电路可能在某个频率下出现预期不到的后果，如产生自激振荡。如图 F1.41 是极点零点分析的参数设置窗口，需要设置的参数包括：分析类型（增益分析 Gain analysis、转移阻抗分析 Impedance analysis、输入阻抗 Input impedance、输出阻抗 Output impedance），输入节点正负端[Input（＋）和 Input（－）]，输出节点正负端[Output（＋）和 Output（－）]。

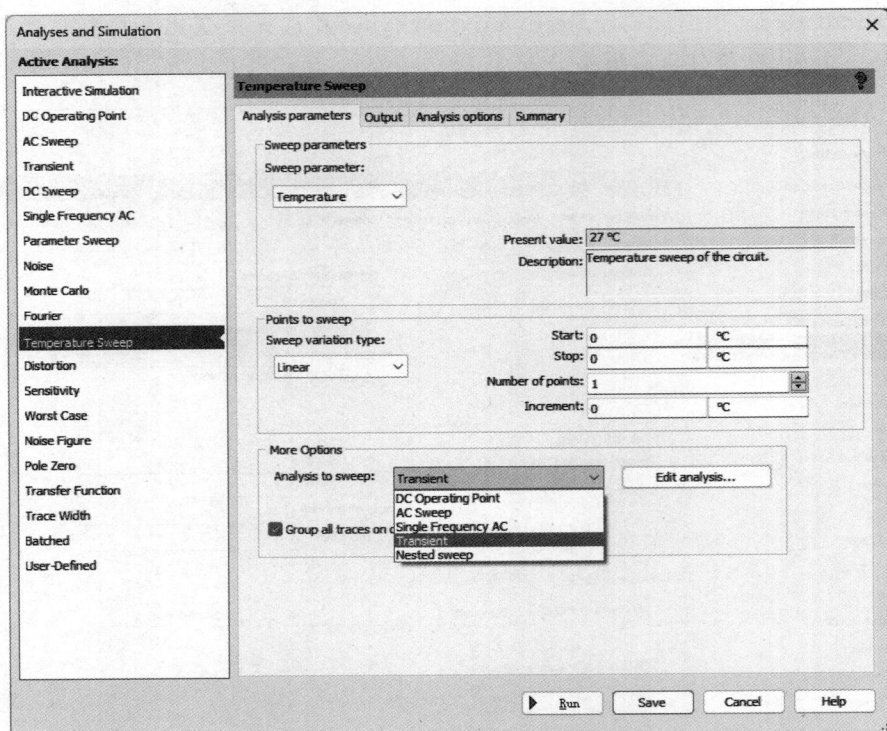

图 F1.40　温度扫描分析设置窗口

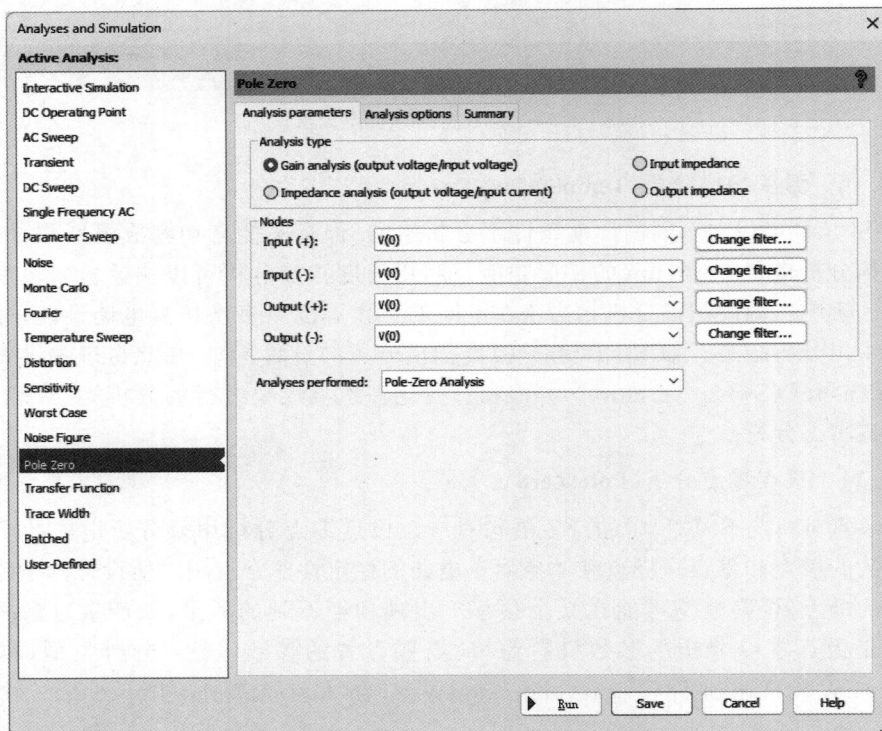

图 F1.41　极点零点分析设置窗口

F1.6.12　直流小信号的传递函数分析（Transfer Function）

直流小信号的传递函数分析与 SPICE 中的 .TF 分析语句完全相同，Multisim 的直流小信号的传递函数分析计算电路的直流小信号增益、输入电阻和输出电阻。如图 F1.42 是直流小信号的传递函数分析参数设置窗口，分析时需要设置输入信号源（Input source）、输出节点（Output node）和输出参考节点（Output reference）。分析结果将给出从输入信号源两端看进去的输入电阻、从输入到输出的增益和从输出节点看进去的输出电阻。

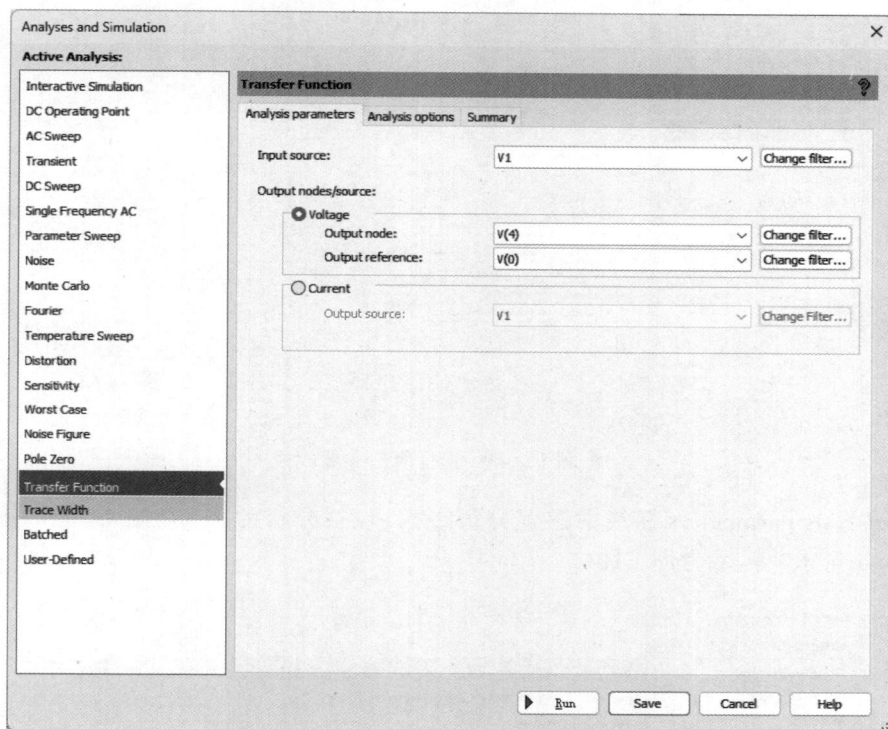

图 F1.42　直流小信号的传递函数分析设置窗口

F1.6.13　最坏状况分析（Worse Case）

最坏状况分析是一种统计分析，它有助于电路设计者研究元件参数的变化对电路性能的最坏影响。最坏状况分析相当于在容差范围内多次运行指定的分析，给出元件参数变化对电路性能的最坏影响。第一次分析采用元件的标称值，然后进行灵敏度分析，这样，仿真器可以计算出输出变量（电压或电流）相对每一个元件参数的灵敏度。如果元件的灵敏度是一个负值，则最坏状况分析将取该元件的最小值；如果元件的灵敏度是一个正值，那么最坏状况分析将取该元件的最大值。获得所有的灵敏度参数之后，最后一次仿真运算将给出最坏状况分析结果。

执行菜单命令 Simulate|Analysis|Worst Case，出现最坏状况分析参数设置对话窗口。首先单击对话框的 Model tolerance list 标签，选择希望选用的容差参数。在此窗口中，单击 Add tolerance 按钮增加一个新容差参数。单击 Edit selected tolerance 按钮对已有的容差参数进行修改，单击 Delete selected tolerance 删除已有的容差参数。参考图 F1.43。

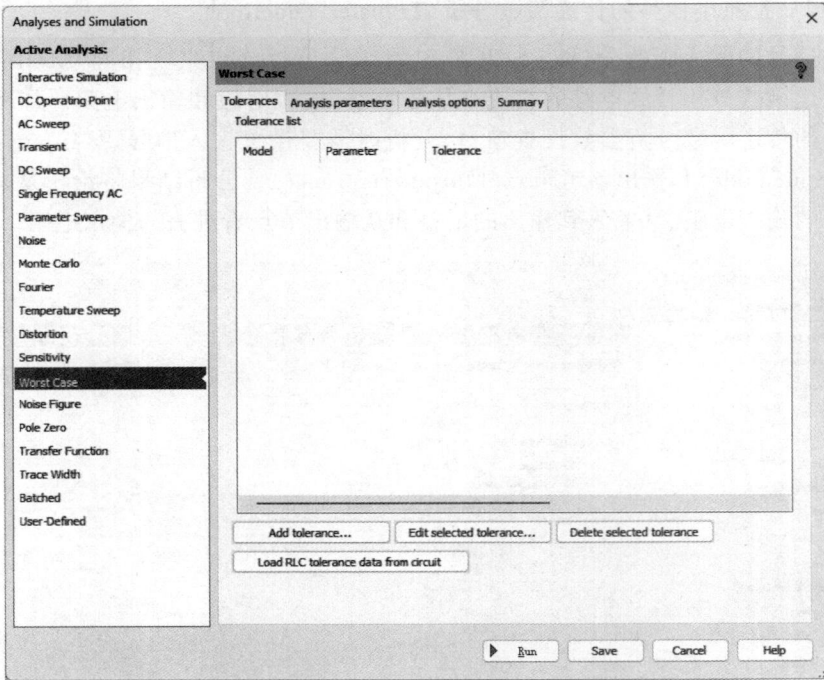

图 F1.43　选择容差参数

在 **Analysis parameters** 标签中设置分析参数,包括分析的类型(Analysis)、输出参数(Output variable)等,参考图 F1.44。

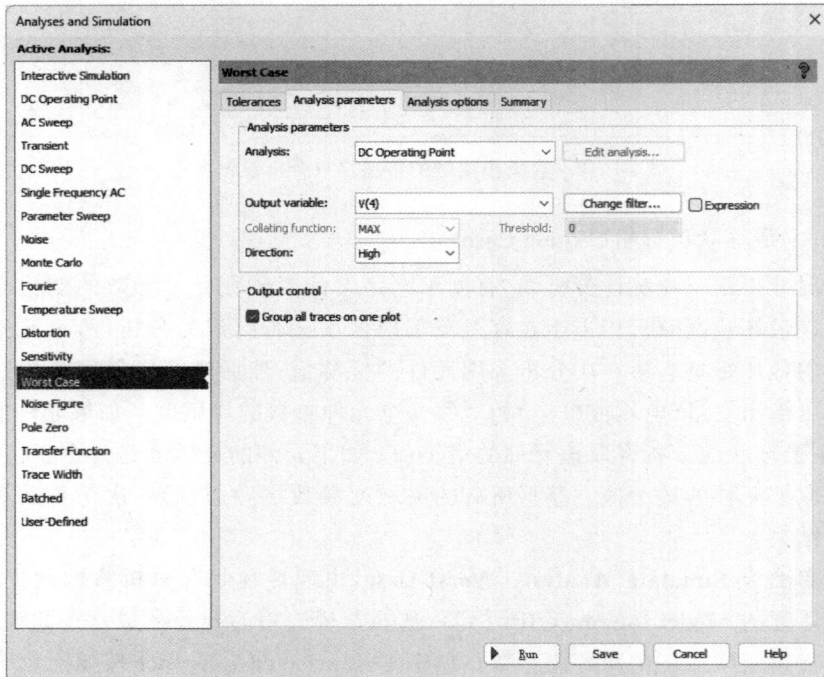

图 F1.44　设置最坏状况分析的分析参数

除上面介绍的分析功能外,还有线宽分析、批处理分析、用户自定义的分析和 RF 分析等。线宽分析根据电流大小计算需要的走线宽度,其电流大小是在仿真时确定的;批处理分析是将多个分析功能放在一起进行的;而用户自定义的分析就是利用 SPICE/XSPICE 命令进行分析,直接执行 **Simulate│Analysis│XSPICE Command interface** 也可启动自定义分析功能。限于本书的应用范围,对这 4 种分析功能不再详细介绍,读者可以参考 Multisim 的帮助文件。

附录 2　硬件描述语言仿真软件 ModelSim 入门向导

ModelSim 是一款针对硬件描述语言的仿真软件,支持 Verilog 与 VHDL。ModelSim 属于商业软件,如果单纯为了学习用,可以采用 Intel 的 ModelSim-Intel FPGA Edition 免费版本。该版本软件可以到 Intel 的网站上下载,在 Quartus Prime Lite 软件包中可以找到(需要采用 21.1 之前的版本,21.1 版本及之后的版本配套的仿真软件是 Questa-Intel)。本附录介绍的是 ModelSim-Intel。

F2.1　启动 ModelSim 软件

下载并成功安装 ModelSim-Intel FPGA Edition 软件后,启动 ModelSim。启动界面如图 F2.1 所示。

图 F2.1　ModelSim 启动界面

启动之后,会弹出一个显示软件版本信息的窗口和主界面,分别如图 F2.2 和图 F2.3 所示。

可以单击图 F2.2 所示信息窗口右上角的"×"或右下角的"Close"按钮关闭该窗口。此外,还可以选中该窗口左下角的"Don't show this dialog again"选择框,这样在下次启动 ModelSim 时该窗口就不会再出现了。

在主界面中,有一个显示库(Library)的窗口,包含很多针对不同型号 FPGA 的库文件,仿真时无需操作这些库文件。

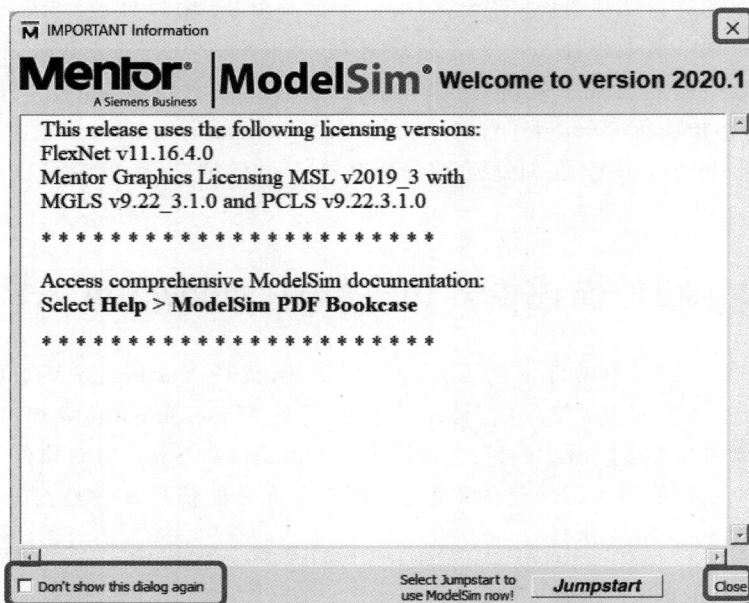

图 F2.2　信息窗口

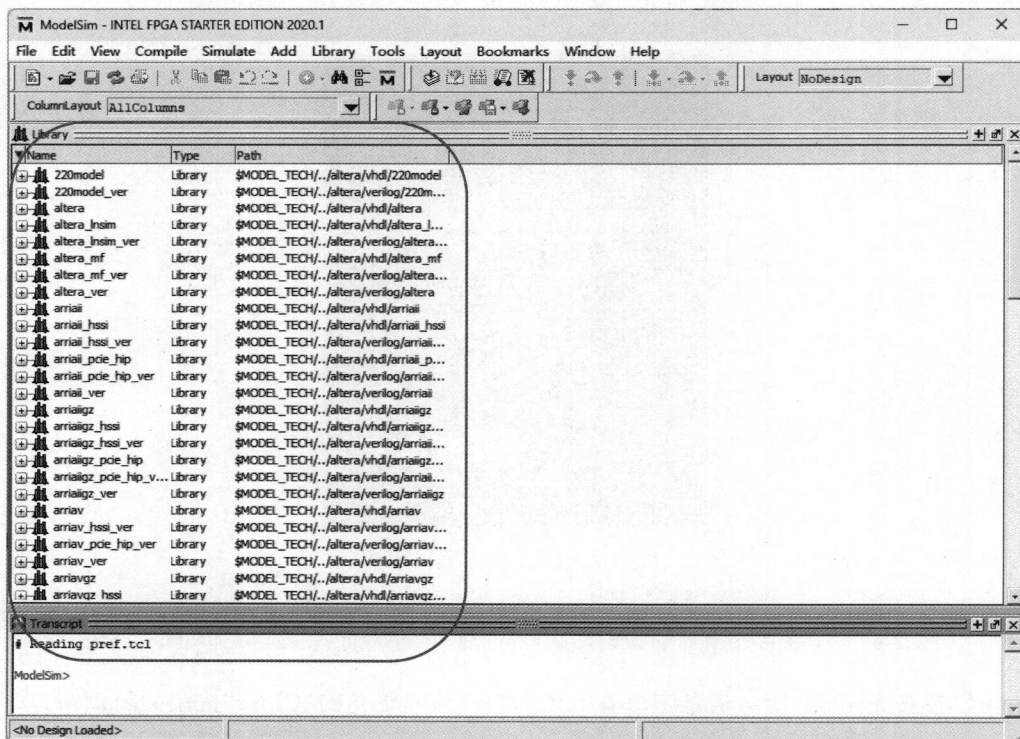

图 F2.3　主界面

下面通过一个完整的例子来讲解 ModelSim 的使用过程。

F2.2　建立工程用的库

在建立新的工程前,先建一个工程用的库。

如图 F2.4 所示,选择 **File | New | Library**,会弹出如图 F2.5 所示的创建一个新库 (Create a New Library)的窗口。

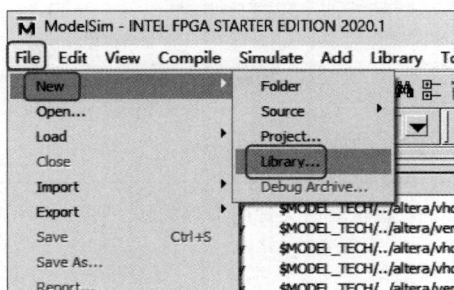

图 F2.4　建立一个新的库

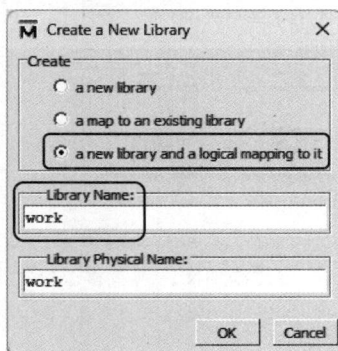

图 F2.5　建立一个新库的窗口

图 F2.5 中,库的类型、名称和物理名称均选择默认值,单击"OK",此时,在主界面的 Library 窗口中就会出现新建立的名称为"work"的库条目。

F2.3　建立新工程

如图 F2.6 所示,在主界面中选择 **File | New | Project**,会弹出如图 F2.7 所示的创建工程 (Create Project)的窗口。

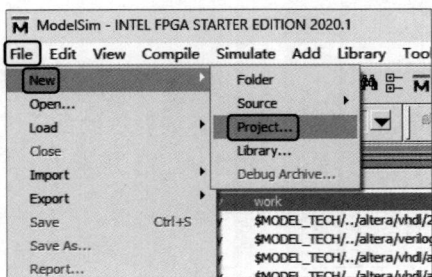

图 F2.6　创建工程

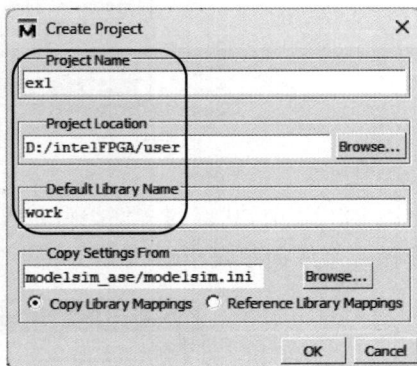

图 F2.7　创建工程窗口

在创建工程窗口中,首先给工程命名,通常用字母、下划线和数字的组合。然后选择一个工程目录,其他选项采用默认值。图 F2.7 中,给工程命名为 ex1,工程路径设置为: D:/intelFPGA/user(需要先建立 user 文件夹)。单击"OK"后,弹出图 F2.8 所示窗口,可以向新建工程中加入新文件(Create New File)、已有文件(Add Existing File)等。

可以关闭图 F2.8 所示窗口,在工程窗口的空白处单击鼠标右键,也可以实现图 F2.8

所示窗口同样的功能，如图 F2.9 所示。

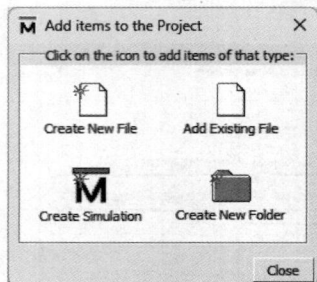

图 F2.8　创建添加文件到工程窗口

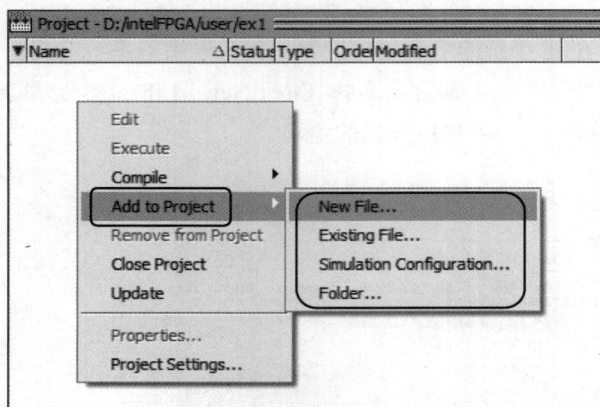

图 F2.9　创建添加文件到工程的另一种方式

F2.4　创建新文件

需要建立两类文件：一类是设计文件，另一类是测试文件。设计文件是用硬件描述语言设计的电路文件；测试文件是针对设计文件的仿真文件，通过施加激励，来验证设计电路功能的正确性。

以图 F2.8 或图 F2.9 的方式建立两个文件，分别命名为 and_or 和 and_or_tb，文件类型均选择 Verilog。建立 and_or 文件的窗口如图 F2.10 所示。

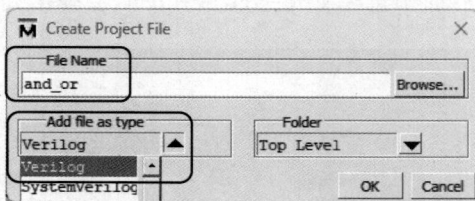

图 F2.10　创建新文件

图 F2.10 中，默认的文件类型是 VHDL，可通过单击 "Add file as type" 右侧的三角进行选择。文件创建完毕后，在 Project 窗口中将出现两个 .v 文件，如图 F2.11 所示。

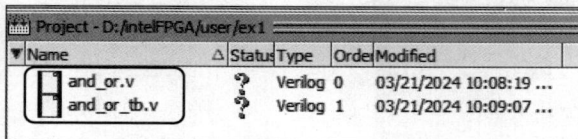

图 F2.11　在工程中创建了两个文件

此外，还可通过 ModelSim 主界面中的 File 菜单来创建文件，如图 F2.12 所示，选择 **File｜New｜Source｜Verilog**。

通过 File 菜单新建文件时，单击图 F2.12 中的 "Verilog" 后，在 ModelSim 窗口中会出现一个空白的文件窗口，写入代码并保存后，可以参照图 F2.8 或图 F2.9 中所示，以

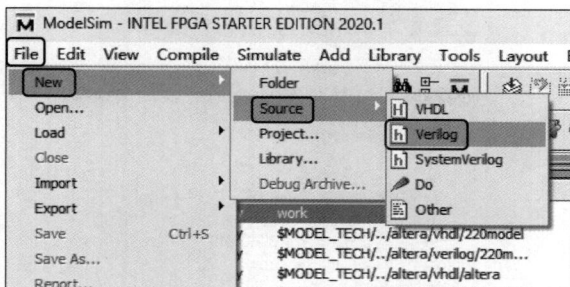

图 F2.12　通过 File 菜单创建文件

"Existing file"的方式将新建的文件添加到工程中。

F2.5　编写设计文件

图 F2.11 所示工程中虽然建立了两个 .v 文件,但还是空的,需要在其中加入设计代码。

双击 and_or.v 文件,在 ModelSim 窗口中会出现一个空文件窗口(如果双击打不开,可以通过主界面菜单命令 **File|Open**,浏览到文件目录,选择文件并打开),在其中写入设计代码,如图 F2.13 所示。

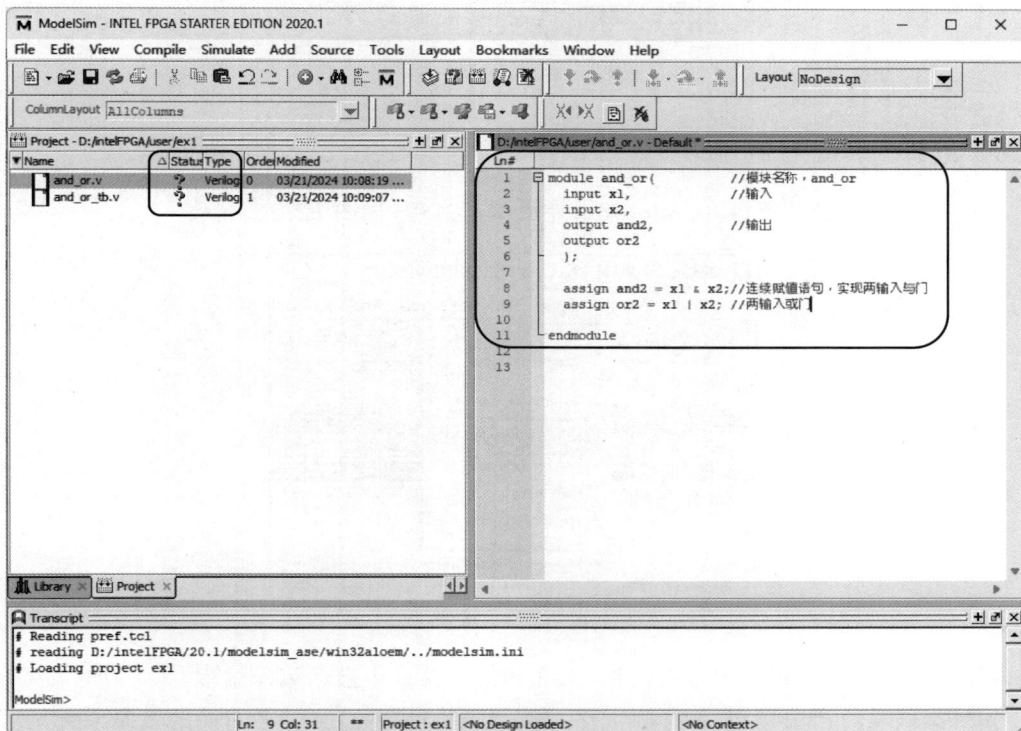

图 F2.13　编写设计文件

以同样的方式完成测试文件 and_or_tb.v 的编写,如图 F2.14 所示。

完成了上述两个文件的编写后,要单击主界面中的保存按钮分别将其保存。

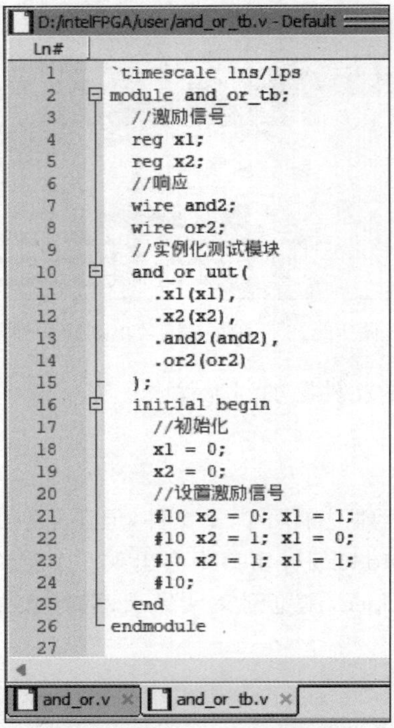

图 F2.14　编写测试文件

F2.6　编译

通过主界面中的编译(Compile)菜单完成编译过程,如图 F2.15 所示。

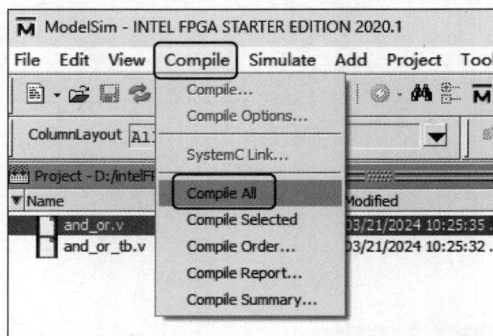

图 F2.15　编译

此外,还可以在工程窗口中右击鼠标,在弹出的菜单中启动编译过程。

如果文件没有语法错误,编译完成后,在工程窗口中两个文件名右侧的状态栏会显示出"√"(编译前是"?",如图 F2.13 所示)。同时,在主界面下方的 Transcript 栏中会显示编译结果提示信息,如图 F2.16 所示。

如图 F2.16 所示,两个文件均成功编译,没有错误。如果文件中有语法错误,在此处可以找到错误提示信息,根据提示信息进行修改后再编译,直到两个文件都编译成功。

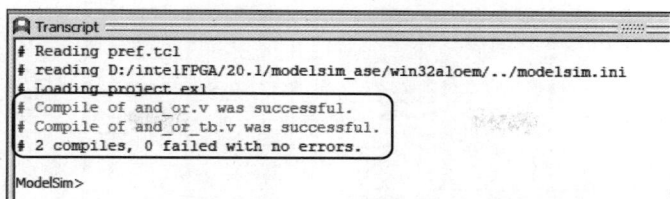

图 F2.16　编译结果提示信息

F2.7　仿真

在主界面菜单中选择 **Simulate|Start Simulation...**（见图 F2.17），即可启动仿真过程，会弹出图 F2.18 所示的开始仿真窗口。

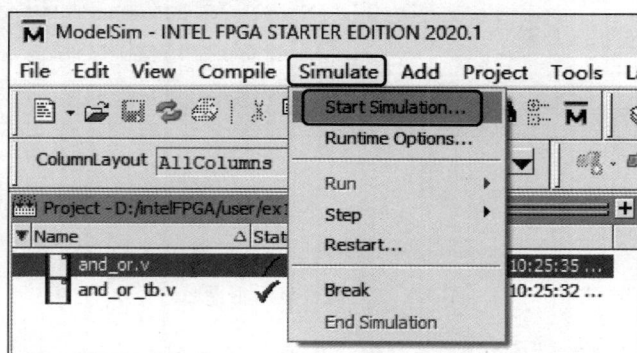

图 F2.17　启动仿真过程

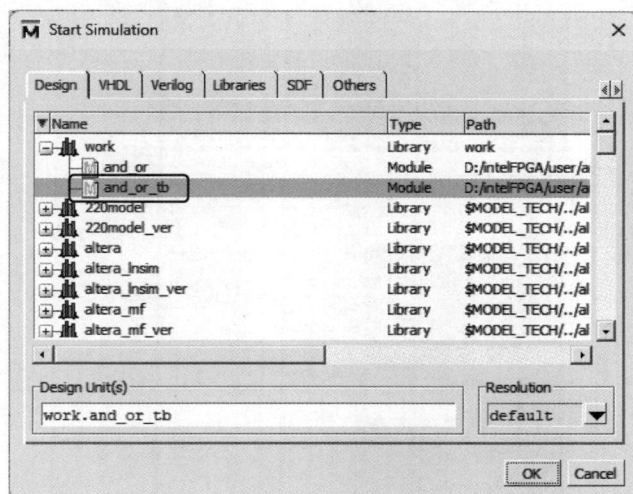

图 F2.18　开始仿真窗口

在图 F2.18 中，展开库 work 前的"＋"号，会看到前面建立的两个文件，选中"and_or_tb"文件（此为仿真测试文件），单击"OK"，会在主界面中弹出对象（Objects）窗口和波形（Wave）窗口，如图 F2.19 所示（此时波形窗口中还是空的）。

图 F2.19 中的波形窗口可通过单击其下方的切换栏看到。

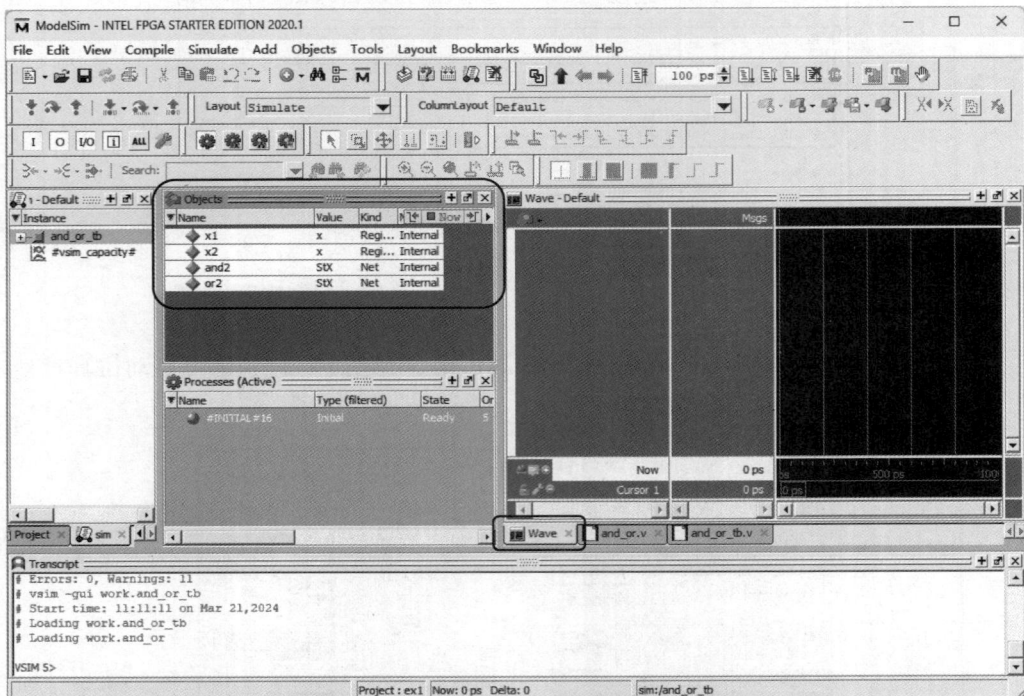

图 F2.19　仿真显示主界面

在仿真显示主界面的对象(Objects)窗口中有 4 个信号(x1,x2,and2 和 or2),分别对应设计文件中的两个输入信号和两个输出信号。按住 Shift 键,在鼠标的配合下选中这 4 个信号后,右击鼠标,在弹出的窗中选择"Add Wave",如图 F2.20 所示,即可将这些信号添加到波形窗口中。

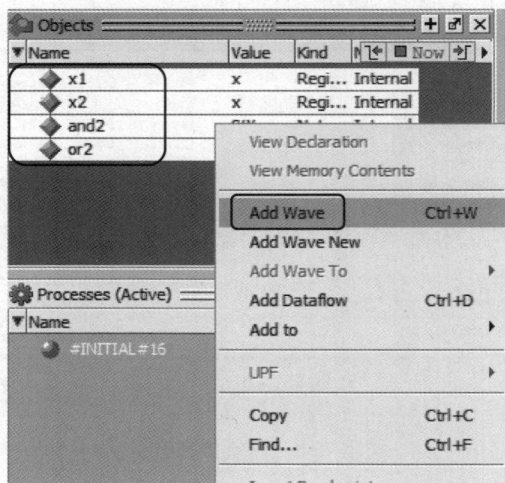

图 F2.20　添加信号到波形窗口

上述操作完成后,波形窗口中会出现这 4 个信号,然后就可以启动波形仿真了。在主界面菜单中选择 **Simulate|Run|Run-All**,如图 F2.21 所示。此时,在波形窗口中会出现 4 个信

号的波形图。调整主界面，让波形窗口显示合适大小，并用主界面菜单中的"Zoom in"
"Zoom out"按钮调整波形的时间轴，可以看到如图 F2.22 所示的仿真波形图。在图 F2.14
中的测试文件中，输入信号状态设置为 10ns 变化一次；在图 F2.22 中，对应的是 10000ps
（即 10ns）。从图 F2.22 中还可以看出仿真结果与真值表是对应的。通过仿真波形可知，所
设计电路的逻辑功能正确。

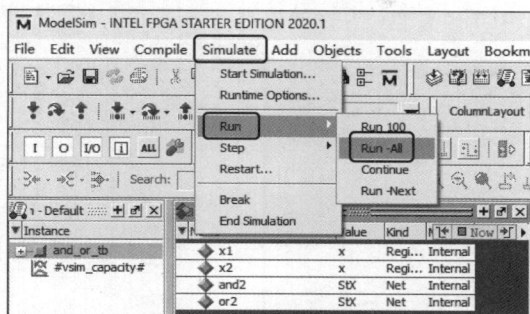

图 F2.21　开始波形仿真

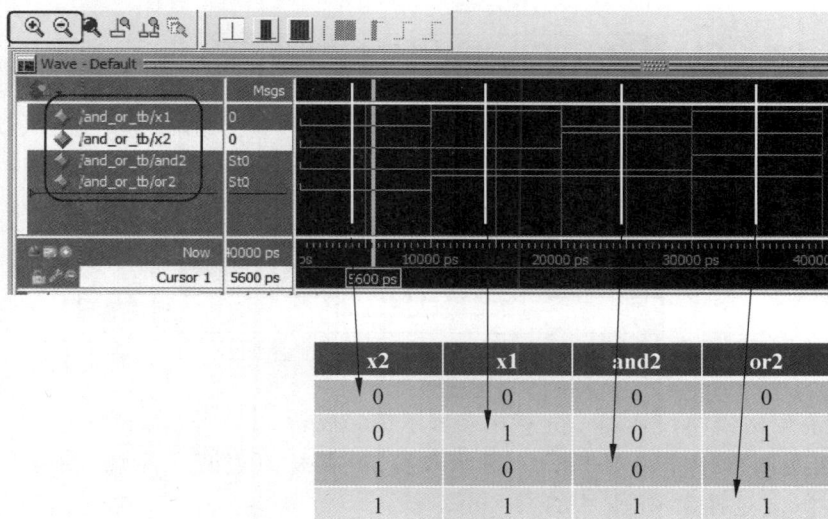

图 F2.22　仿真波形图及其与真值表的对应关系

F2.8　举例

下面再以一个时序电路为例，说明使用 ModelSim 进行仿真的过程。

用状态机实现一种三分频电路（输出信号每三个时钟周期保持一个时钟周期的高电
平）。首先，编写设计文件和测试文件，分别如图 F2.23 和图 F2.24 所示。

文件编写完毕后，分别保存。

然后，在 Project 窗口选中这两个文件，选择"Compile Selected"（编译选中的文件）进行
编译，如图 F2.25 所示。

图 F2.23　三分频电路设计文件

图 F2.24　三分频电路测试文件

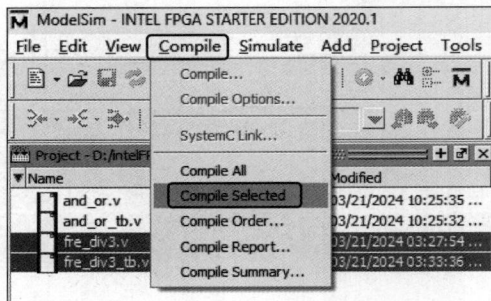

图 F2.25　编译选中的文件

如果没有语法错误,Transcript 栏中会提示编译成功。

随后,按照图 F2.17~图 F2.21 所示步骤,开始仿真过程。注意,在开始仿真界面(图 F2.18)中,要选择库 work 中的 fre_div3_tb。

在主界面菜单中选择 **Simulate|Run|Run-All**。由于在图 F2.24 的测试文件中没有设置仿真停止的条件,所有需要手动单击主界面中的"Stop"按钮。仿真停止后,可得到如图 F2.26 所示波形图。

注意要使用主界面中的"Zoom in""Zoom out"按钮调整波形图显示比例。

从图 F2.26 中可以看出,在经过 30ns(30000ps)复位后,输出信号 y 每三个时钟周期输出一个时钟周期宽度的高电平,实现了三分频。从仿真波形可见,所设计的电路实现了预期功能。

在图 F2.23 的电路设计代码中,有两个输入(clk,rst)和一个输出(y)共 3 个端口。用上面的方式,在最终的仿真波形图中可以看到这 3 个信号。不过图 F2.23 的设计代码中还有两个中间变量(状态变量 state 和 nextstate),中间变量也可以在波形图中显示。

首先,用鼠标右键单击仿真界面的 sim 窗口中的 fre_div3_tb,然后单击"Add Wave",即

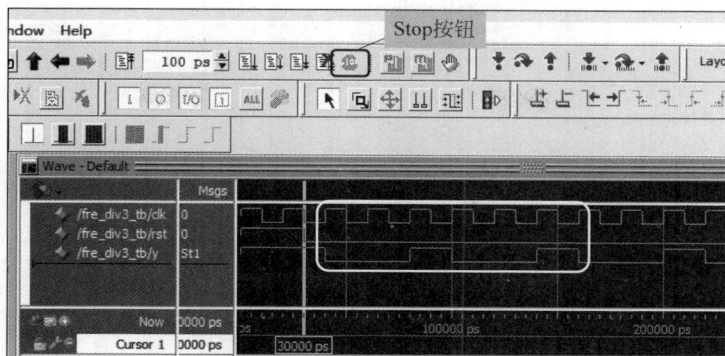

图 F2.26　三分频电路的仿真波形图

可在波形窗口中加入包含中间变量在内的所有信号,如图 F2.27 所示。

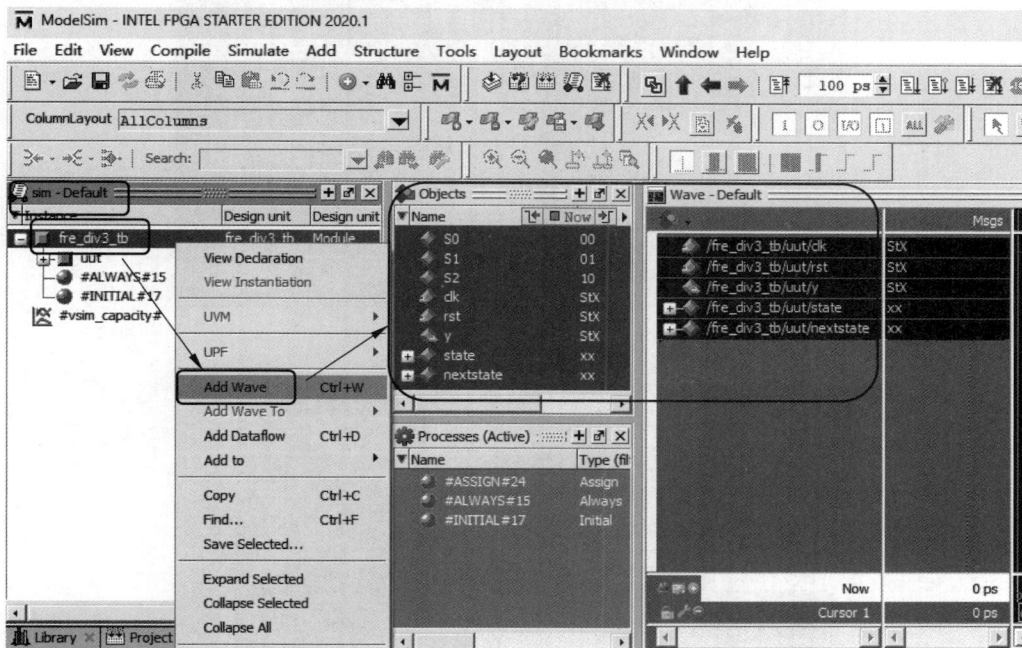

图 F2.27　添加包含中间变量在内的所有信号

　　然后,单击主菜单中的 **Simulate**|**Restart**,如图 F2.28 所示,在弹出的窗口(见图 F2.28 右侧所示窗口)中单击"OK"。

　　最后,选择菜单 **Simulate**|**Run**|**Run -All**,单击"Stop",可以得到包含两个中间变量(状态变量)的波形图,如图 F2.29 所示。

　　图 F2.29 中的两个状态变量均为 2 位向量,图中显示为二进制格式,可以在波形图中改变其数值显示格式。如图 F2.30 所示,选中要改变显示格式的信号,单击鼠标右键,在弹出的菜单中选中"Radix",然后可在多种格式中进行选择,常用的格式为二进制(Binary)、十进制(Decimal)、无符号数(Unsigned)和十六进制数(Hexadecimal),图中选择了无符号数。

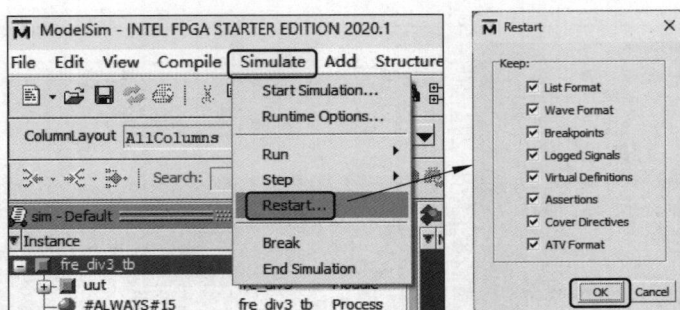

图 F2.28　重新启动仿真

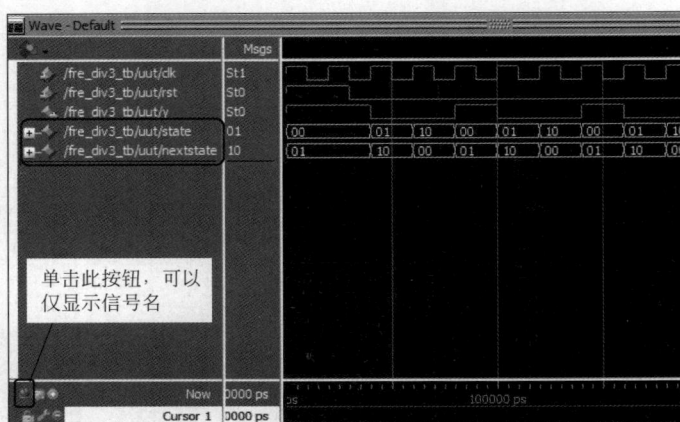

图 F2.29　包含中间变量的波形图

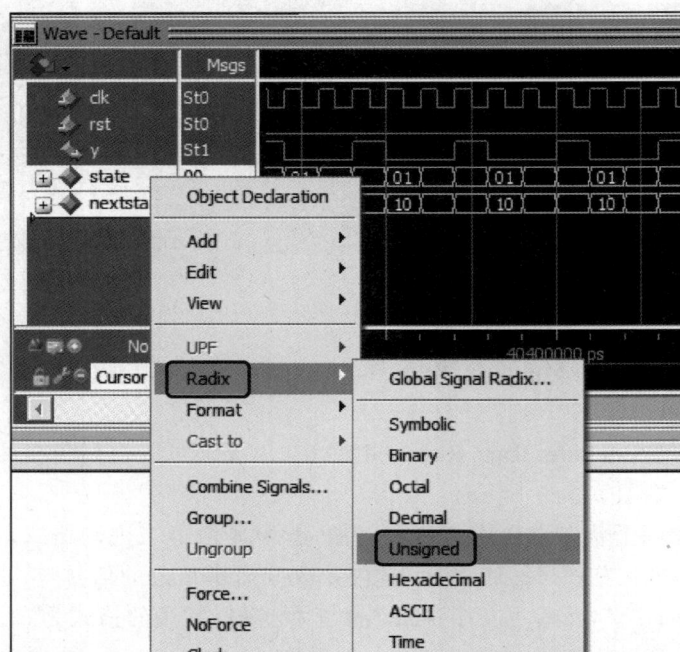

图 F2.30　改变向量的数据显示格式

附录 3　500 型万用表使用说明

F3.1　外形图

500 型万用表是一种能测量交/直流电压、直流电流、电阻及音频电平的多量程仪表,其外形如图 F3.1 所示。使用前要配合调节左、右两个选择旋钮盘,以选择出所需要的功能和量程。其左旋钮盘上有电流、电阻量程。该万用表的特点是:作为电压表使用时具有较高的输入电阻。

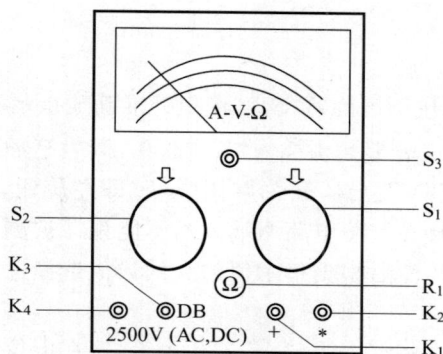

图　F3.1

使用时,应将红表笔插入"＋"插孔,黑表笔插入"＊"插孔。测量电流及电压时其接线方式与一般电表相同,测量电流时串接于电路中,测量电压时并接于电路中,只是要注意合理选择量程。

F3.2　500 型万用表的性能指标

(1) 仪表的测量范围及准确度等级等见表 F3.1。

表 F3.1　500 型万用表的性能指标

测量范围		灵敏度 /$(\Omega \cdot V^{-1})$	准确度等级	基本误差/%	基本误差表示法
直流电压	0,2.5V,10V,50V,250V,500V	20000	2.5	±2.5	以标度尺工作部分上量限的百分数表示
	2500V	4000	4.0	±4.0	
交流电压	0,10V,50V,250V,500V	4000	5.0	±5.0	
	2500V	4000	5.0	±5.0	
直流电流	0,50μA,1mA,10mA,100mA,500mA		2.5	±2.5	
电阻	2kΩ,20kΩ,200kΩ,2MΩ,200MΩ		2.5	±2.5	以标度尺工作部分长度的百分数表示
音频电平	−10～+22dB				

（2）仪表应放在水平位置使用。

（3）仪表防御外界磁场的性能等级为Ⅲ级，耐受机械力作用的性能等级为普通类型。

（4）当周围空气温度从 20℃±2℃ 变化到 0～40℃ 范围内的任何温度时，所引起仪表读数的变化为：温度每变化 10℃，直流电压及直流电流的指示值不超过其上量限的 ±2.5%，交流电压不超过其上量限的 ±4.0%，电阻不超过其上量限的 ±2.5%。

（5）仪表外壳与电路的绝缘电阻：在相对湿度不大于 85% 的室温条件下不小于 35MΩ。

（6）仪表电路对外壳的绝缘强度：能耐受 50Hz 交流正弦电压 6000V 历时 1min 的耐压试验。

F3.3　使用方法

（1）使用之前须调整机械调零旋钮"S_3"，使指针准确地指示在标度尺的零位上。

（2）测量直流电压：将红表笔插头插入"K_1"插孔，黑表笔插头插入"K_2"插孔。转换开关旋钮"S_1"（即右旋钮盘）至"V"位置，开关旋钮"S_2"（即左旋钮盘）至所欲测量直流电压的相应量限位置，再将表笔跨接在被测电路两端。当不能预计被测直流电压的数值时，可将开关旋钮旋在最大量限的位置，然后根据指示值的大约数值选择适当的量限位置，尽量使指针的偏转度最大。

测量直流电压时，应注意将红表笔（"+"插孔表笔）接在电位较高的一端。一旦接错，出现指针向相反方向偏转的现象，应立即停止测量，并将表笔的"+""−"极互换。

测量高于 500V 而低于 2500V 的交流或直流电压时，将表笔线的插头插在"K_4"和"K_2"插孔中。

（3）测量交流电压：将开关旋钮"S_1"旋至交直流电压位置"⩒"上，开关旋钮"S_2"旋至所欲测量交流电压值相应的量限位置，测量方法与直流电压的测量方法类似。仪表读数为被测正弦电压的有效值。

（4）测量直流电流：将开关旋钮"S_2"旋至"A"位置，开关旋钮"S_1"旋至需要测量的直流电流值的相应量限位置，然后将表笔串接在被测电路中（注意：直流电流的方向是从红表笔流入，从黑表笔流出），就可量出被测电路中的直流电流值。测量过程中仪表与电路的接触应保持良好，并应注意切勿将表笔直接跨接在被测电路的两端，以防止仪表损坏。

（5）测量电阻：将开关旋钮"S_2"旋到"Ω"位置，开关旋钮"S_1"旋到需要测量的电阻值的相应量限内。先将两表笔短接，使指针向满度偏转，然后调整"Ω"调零电位器"R_1"，使指针指示在欧姆标度尺的"0Ω"位置上，再将表笔分开，就可以测量未知电阻的阻值。注意：每换一次量程就应该调零一次。

为了提高测量精度，指针所指示的被测电阻值尽可能指示在刻度中间一段，即全刻度起始的 20%～80% 弧度范围内。在 R×1、R×10、R×100、R×1k 量限所用直流工作电源为 1.5V 二号电池一节，R×100k 量限所用直流工作电源为 9V 层叠电池一节。

（6）测量音频电平的分贝值：测量方法与测量交流电压相似。将表笔线插头插入"K_3""K_2"插孔内，转换开关旋钮"S_1""S_2"分别放在"⩒"和相应的交流电压量限位置。音频电平的刻度是根据"0dB 对应 1mW，600Ω"的输送标准设计的。标度尺指示值范围为 −10～22dB，当被测的量≥22dB 时，应在 50V 或 250V 量限进行测量，指示值应按表 F3.2 所示数值进行修正。

表 F3.2　测量音频电平的分贝值时修正值的选择

量　限	按电平刻度增加值	电平的范围/dB
50V	14	+4~+36
250V	28	+18~+50

音频电平的计算公式如下：

$$10\lg\frac{P_2}{P_1} \quad 或 \quad 20\lg\frac{U_2}{U_1}$$

式中　P_1——在 600Ω 负荷阻抗上 0dB 的标称功率，其值为 1mW；

U_1——在 600Ω 负荷阻抗上消耗功率为 1mW 时的相应电压，即

$$U_1 = \sqrt{PZ} = \sqrt{0.001 \times 600}\,\text{V} = 0.775\text{V}$$

P_2, U_2——被测功率和电压。

例如，用 500 型万用表在 250V 量限测量分贝值为 12dB，实际值为 12dB + 28dB = 40dB，代入上面的公式可求出 P_2、U_2 的值。由于

$$10\lg\frac{P_2}{P_1} = 20\lg\frac{U_2}{U_1} = 40\text{dB}$$

因此有

$$\lg\frac{P_2}{P_1} = 4, \quad \frac{P_2}{P_1} = 10^4, \quad P_2 = 10^4 P_1 = 10^4 \times 0.001\text{W} = 10\text{W}$$

$$\lg\frac{U_2}{U_1} = 2, \quad \frac{U_2}{U_1} = 10^2, \quad U_2 = 10^2 U_1 = 10^2 \times 0.775\text{V} = 77.5\text{V}$$

F3.4　注意事项

（1）测量电阻时必须使待测电阻从工作电路中断开才能进行。

（2）电阻有 R×1、R×10、R×100、R×1k、R×10k 5 个量程，使用时应正确选择。

（3）使用完毕应使两个开关旋钮"S_1"与"S_2"停在"·"位置。

（4）严禁用电阻挡、电流挡测量电压。

（5）当被测交流电压小于 10V 时，应选用交流 10V 挡量程，并由"10V"刻度线读取结果（注意：直流电压不能使用此刻度线）。在标定交流 10V 刻度线时，考虑了整流电路中整流管的管压降（约 0.7V），所以 1V 以下的刻度是非线性的。

（6）当表笔短路，调节电位器"R_1"不能使指针指示到 0Ω 时，表示电池电压不足，应尽早取出旧电池并更换新电池，以防止因电池腐蚀而影响其他零件。更换新电池时，应注意电池极性，并与电池夹保持良好接触。仪表长期搁置不用时，应将电池取出。

附录 4　DH1718-E4 型双路直流稳压电源使用说明

DH1718-E4 型双路直流稳压电源具有稳压和稳流两种工作模式，这两种工作模式可随负载的变化而自动转换。两路电源可以分别调整，也可跟踪调整，因此可以构成单极性或双

极性电源。该电源具有较强的过流与输出短路保护功能,外接负载过小或输出短路时电源自动进入稳流工作状态。电源输出电压(电流)值由面板上的数字表直接显示,准确直观。

F4.1　主要性能指标

(1) 输出电压:0~32V。

(2) 输出电流:0~3A。

(3) 输入功率:250V·A。

(4) 负载效应:稳压 $5\times10^{-4}+2mV$[①],稳流 20mA。

(5) 源效应:稳压 $5\times10^{-4}+2mV$,稳流 $5\times10^{-4}+5mA$。

(6) 周期与随机偏差:稳压 1mV,稳流 5mA。

(7) 输出调节分辨率:稳压 20mV,稳流 50mA。

(8) 跟踪误差: $5\times10^{-4}+2mV$。

(9) 瞬态恢复时间:20mV,50μs。

(10) 数字显示精度:电压 1%+6 个字,电流 2%+10 个字。

(11) 温度范围:工作温度 0~+40℃,储存温度 0~+45℃。

(12) 可靠性:>5000h。

F4.2　电源面板各部件的作用与使用方法

DH1718-E4 型双路直流稳压电源的面板如图 F4.1 所示。各部件的作用如下:

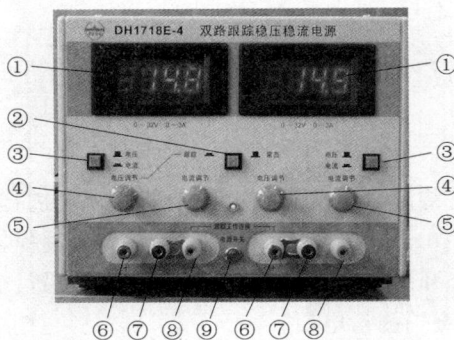

图　F4.1

(1) 数字显示窗:显示左、右两路电源输出电压/电流的值。

(2) 电压跟踪按键:此键按下,左、右两路电源的输出处于跟踪状态,此时两路的输出电压由左路的电压调节旋钮调节;此键弹出,为非跟踪状态,左、右两路电源的输出单独调节。

(3) 数字显示切换按键:此键按下,数字显示窗显示输出电流值;此键弹出,显示输出电压值。

---

① 表示由于负载变化所引起的输出电压的误差为: $U_o\times5\times10^{-4}+2mV$,其中 U_o 为输出电压。源效应和跟踪误差的计算类同。

（4）输出电压调节旋钮：调节左、右两路电源输出电压的大小。

（5）输出电流调节旋钮：调节电源进入稳流状态时的输出电流值，该值便为稳压工作模式的最大输出电流（达到该值，电源自动进入稳流状态），所以在电源处于稳压状态时，输出电流不可调得过小，否则电源进入稳流状态，不能提供足够的电流。

（6）左、右两路电源输出的正极接线柱。

（7）左、右两路电源接地接线柱：此接线柱与电源的机壳相连，并未与电源的正极或负极连接。可通过接地短路片将其与电源的正极或负极相连接。

（8）左、右两路电源输出的负极接线柱。

（9）电源开关：交流输入电源开关。

F4.3　使用 DH1718-E4 型直流稳压电源时应注意的几个问题

（1）输出电压的调节最好在负载开路时进行，输出电流的调节最好在负载短路时进行。

（2）如上所述，使用输出电流调节旋钮设置电源进入稳流状态的输出电流值，该值便为稳压工作模式的最大输出电流，也是稳压、稳流两种工作状态自动转换的电流阈值。因此，当电源作为稳压电源工作时，如果上述电流阈值不够大，减小负载电阻，使输出电流增加到阈值后就不会再增加，电源失去稳压作用，可能会出现输出电压下降的现象。此时应调节电流设置旋钮，加大输出电流的阈值，以使其能带动较重的负载。同样，当电源作为稳流电源工作时，其电压阈值也应适当调得大一些。

（3）电压跟踪调节只能在左路电源输出正电压（电源输出的负极与地短接）、右路电源输出负电压（电源输出的正极与地短接）的情况下才有效，因此，欲使电源工作于跟踪状态，应先检查电源的接地短路片的位置是否合适。

附录 5　部分数字集成电路组件引脚图

（1）74LS00 四 2 输入与非门（图 F5.1）。

（2）74LS02 四 2 输入或非门（图 F5.2）。

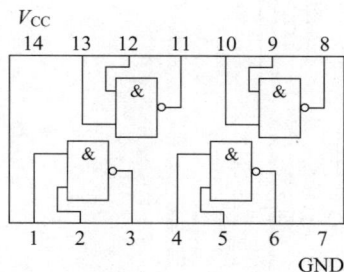

图 F5.1　74LS00 引脚图

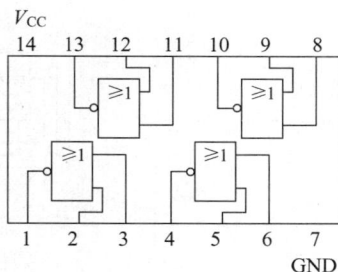

图 F5.2　74LS02 引脚图

（3）74LS04 六反相器（图 F5.3）。

（4）74LS20 双 4 输入与非门（图 F5.4）。

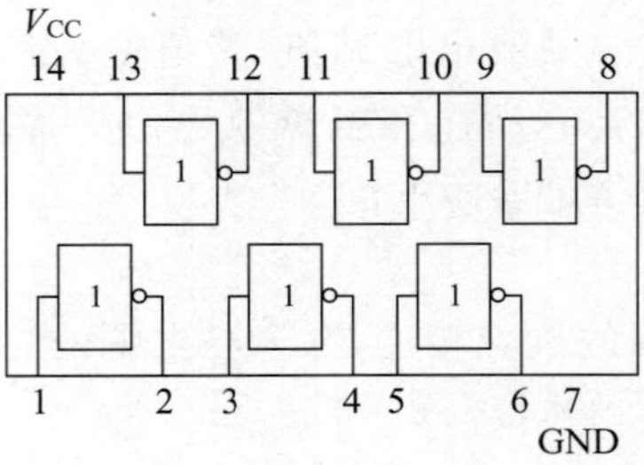

图 F5.3　74LS04 引脚图

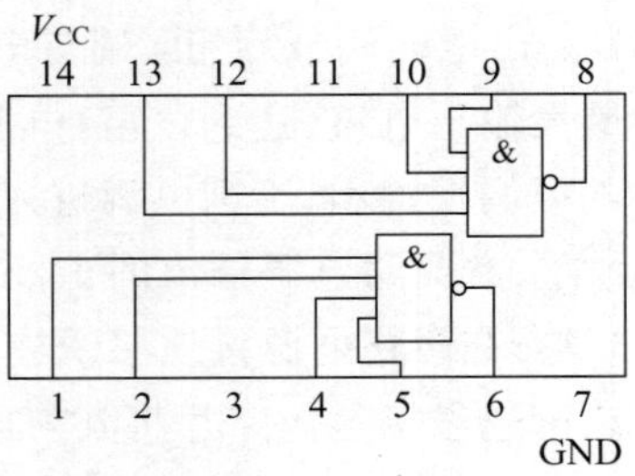

图 F5.4　74LS20 引脚图

(5) 74LS48 BCD——七段译码器/驱动器(图 F5.5)。

(6) 74LS138 三-八线译码器(图 F5.6)。

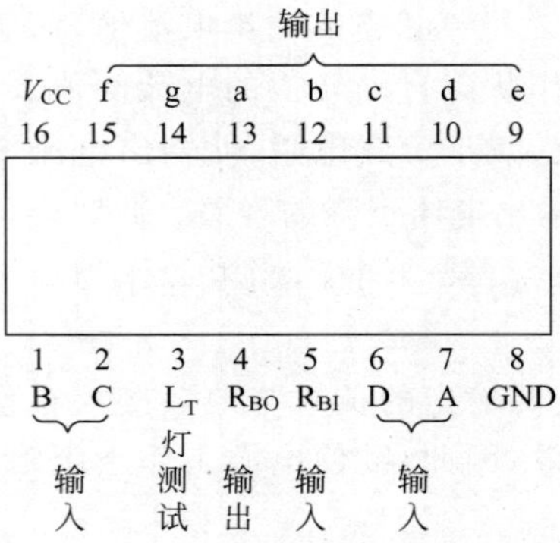

图 F5.5　74LS48 BCD 引脚图

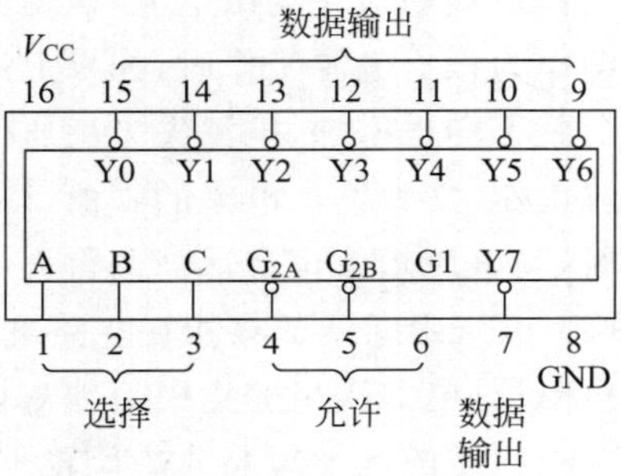

图 F5.6　74LS138 引脚图

(7) 74LS74 双 D 触发器(图 F5.7,附功能表(表 F5.1))。

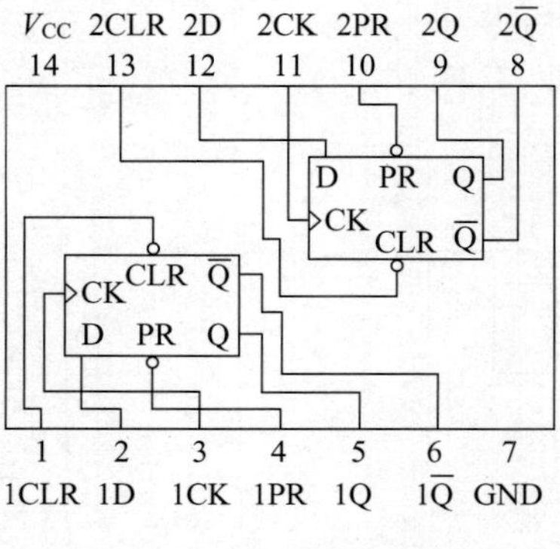

图 F5.7　74LS74 引脚图

(8) 74LS90 二-五-十计数器(图 F5.8,附功能表(表 F5.2))。

表 F5.1 74LS74 功能表

输	入			输	出
预置	清除	时钟	D	Q_{n+1}	$\overline{Q}_{n+1}$
L	H	×	×	H	L
H	L	×	×	L	H
L	L	×	×	H*	H*
H	H	↑	H	H	L
H	H	↑	L	L	H
H	H	L	×	Q_n	$\overline{Q}_n$

注：* 表示该状态为非法状态，当预置或清除信号变为 H 或同时为 H 时,输出变为 1 或 0 状态。

图 F5.8 74LS90 引脚图

表 F5.2 74LS90 功能表

$R_{0(1)}$	$R_{0(2)}$	$R_{9(1)}$	$R_{9(2)}$	CP	Q_3	Q_2	Q_1	Q_0	
1	1	×	×	×	0	0	0	0	清 0
×	×	1	1	×	1	0	0	1	置 9
任一为 0		任一为 0		↓					计数

(9) 74LS107 双 JK 触发器（图 F5.9）。

(10) 74LS123 双可再触发单稳态多谐振荡器（图 F5.10）。

(11) 74LS139 双 2-4 线译码器（图 F5.11,附功能表（表 F5.3））。

图 F5.9 74LS107 引脚图

图 F5.10 74LS123 引脚图

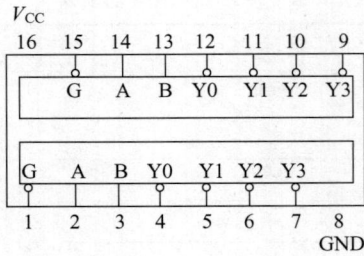

图 F5.11　74LS139 引脚图

表 F5.3　74LS139 功能表

G	B	A	Y0	Y1	Y2	Y3
H	×	×	H	H	H	H
L	L	L	L	H	H	H
L	L	H	H	L	H	H
L	H	L	H	H	L	H
L	H	H	H	H	H	L

注：H——高电平；L——低电平；×——无关。

（12）74LS153 双 4-1 线数据选择器/多路开关（图 F5.12，附功能说明）。

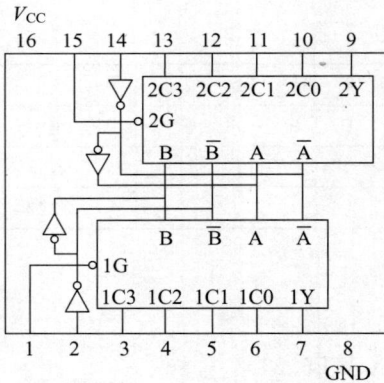

图 F5.12　74LS153 引脚图

74LS153 功能说明：

G＝0 时选通有效；

BA＝00 时 Y＝C0；

BA＝01 时 Y＝C1；

BA＝10 时 Y＝C2；

BA＝11 时 Y＝C3；

1 代表高电平，0 代表低电平。

（13）74LS163 四位同步二进制（图 F5.13）。

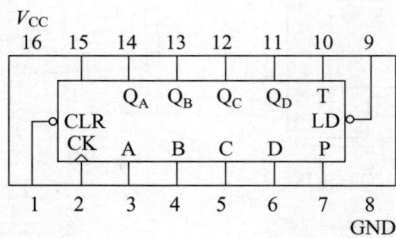

图 F5.13　74LS163 引脚图

(14) 74LS175 四 D 触发器计数器(图 F5.14)。

(15) 74LS194 四位双向移位寄存器(图 F5.15,附功能表(表 F5.4))。

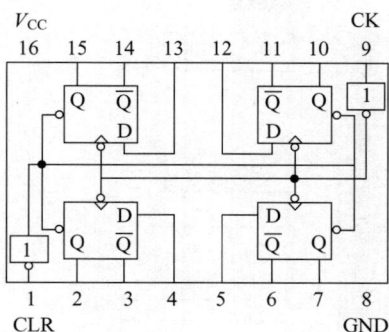

图 F5.14　74LS175 引脚图

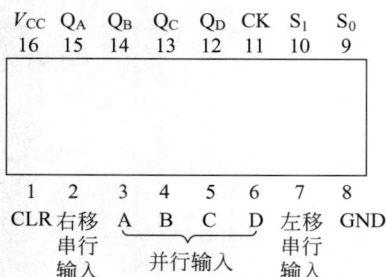

图 F5.15　74LS194 引脚图

表 F5.4　74LS194 功能表

CLR	S_0	S_1	CK	输出
0	×	×	×	置 0
1	0	0	×	保持
1	1	0	↑	右移
1	0	1	↑	左移
1	1	1	↑	并行输入

(16) NE555 定时器(图 F5.16)。

(17) 七段显示数码管(图 F5.17)。

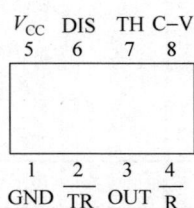

图 F5.16　NE555 定时器引脚图

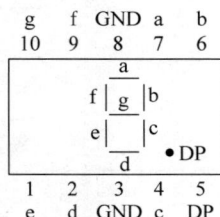

图 F5.17　七段显示数码管引脚图

附录 6　FLUKE 17B 数字万用表使用说明

F6.1　功能及面板说明

FLUKE 17B 数字万用表具有交直流电压、交直流电流、电阻、电容、二极管、短路蜂鸣和温度的测量功能,所有输入端具有安全牢固的设计,还具有温度测试等功能。

测量端口有:适用于 0～10A 的交流和直流电流测量的输入端子;适用于 0～400mA

的交流电和直流电微安及毫安测量的输入端子;适用于所有测试的公共端子;适用于电压、电阻、通断性、二极管、电容测量的输入端子,如图 F6.1 所示。

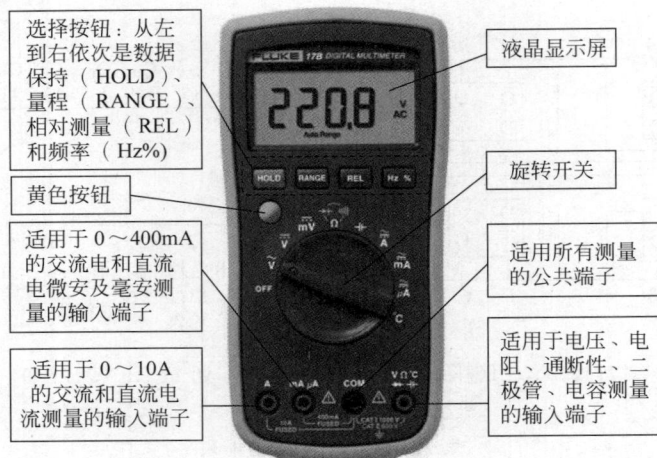

图 F6.1　FLUKE 17B 数字万用表面板说明

测量时输入端子与旋转开关配合使用。选择按钮和黄色按钮是用来选择测量模式的。选择按钮上的文字是白色的,其功能对应于选择开关的白色文字所标注的功能,而黄色按钮对应于黄色文字标注的功能。测量模式及数据显示在液晶显示屏上,其含义见图 F6.2、表 F6.1 和表 F6.2。

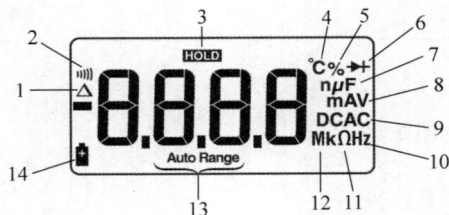

图 F6.2　液晶显示屏

表 F6.1　图 F6.2 标注说明

标注	说　明	标注	说　明
1	已启用相对测量模式	8	A、V——安培或伏特
2	已选中通断性测量	9	DC、AC——直流或交流电压或电流
3	已启用数据保持模式	10	Hz——已选中频率
4	已选中温度测量	11	Ω——已选中欧姆
5	已选中负载循环	12	m、M、k——倍数单位前缀
6	已选中二极管测试	13	已选中自动量程
7	F——法拉	14	电池电量不足,应立即更换

表 F6.2　国际标准电气符号

符号	说明	符号	说明
～	AC(交流电)	⏚	接地
⎓	DC(直流电)	▭	熔断器
≈	交流电或直流电	▣	双重绝缘
⚠	注意安全	⚡	电击危险
▬▬	电池	CE	CE 认证标志(符合欧盟的相关法令)

F6.2　测量方法

F6.2.1　手动量程及自动量程

万用表有手动量程与自动量程两个选择。在自动量程模式下,万用表会为检测到的输入选择最佳量程,用户无需重置量程。可以手动选择量程来改变自动量程。在有超出一个量程的测量功能中,万用表的默认值为自动量程模式。当电表在自动量程模式下,会显示"Auto Range"。

进入及退出手动量程模式的方法:

(1) 按下 RANGE 键,进入手动量程模式。每按下 RANGE 键一次会递增一个量程。当达到最高量程时,万用表会回到最低量程。

(2) 要退出手动量程模式,按住 RANGE 键 2s。

F6.2.2　数据暂停

按下 HOLD 键保存当前读数,再按下 HOLD 键恢复正常操作。

F6.2.3　相对测量

万用表会显示除频率外的所有功能的相对测量。

(1) 当万用表设在想要的功能时,让测试导线接触以后测量要比较的电路。

(2) 按下 REL 键将此测得的值储存为参考值,并启动相对测量模式,将会显示参考值和后续读数间的差异。

(3) 按下 REL 键超过 2s,电表恢复正常操作。

F6.2.4　测量交流或直流电压

测量步骤如下:

(1) 将旋转开关转到"Ṽ""V̄"或"mV̄",选择测量交流电或直流电。

(2) 将红色测试导线插入"VΩ"端子,并将黑色测试导线插入"COM"端子。

(3) 将探针接触电路测试点,测量电压。

(4) 阅读显示屏上的电压值。

测量方法参考图 F6.3。

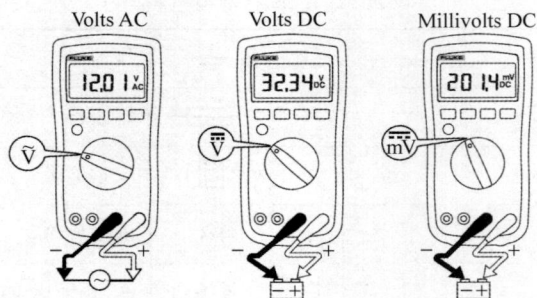

图 F6.3   交直流电压测量

F6.2.5   测量交流或直流电流

(1) 将旋转开关转到"$\widetilde{\overline{A}}$""$\widetilde{\overline{mA}}$"或"$\widetilde{\overline{\mu A}}$"。

(2) 按下黄色按钮,在交流或直流电流测量间切换。

(3) 根据待测的电流大小,将红色测试导线插入"A"或"mA"端子,并将黑色测试导线插入"COM"端子。

(4) 断开待测的电路,然后将测试导线衔接断口并施加电源。

(5) 阅读显示屏上的电流值。

测量过程参见图 F6.4。

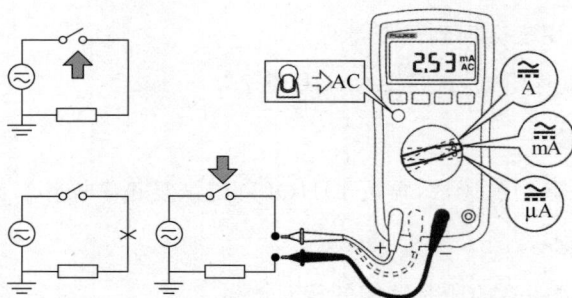

图 F6.4   测量交流或直流电流

F6.2.6   测量电阻

在测量电阻或电路的通断性时,为避免受到电击或造成电表损坏,应确保电路的电源已关闭,并将所有电容器放电。

(1) 将旋转开关转至"$\overset{v\Omega c}{+}$",确保已切断待测电路的电源。

(2) 将红色测试导线插入"$\overset{v\Omega c}{+}$"端子,并将黑色测试导线插入"COM"端子。

(3) 将探针接触电路测试点,测量电阻。

(4) 阅读显示屏上的电阻值。

通断性测试:

当选中了电阻模式时,按两次黄色按钮可启动通断性蜂鸣器。若电阻不超过 50Ω,蜂鸣器会发出连续音,表明短路。若电表读数为"OL",则表示开路。

F6.2.7　测量二极管

在测量电路二极管时,为避免受到电击或造成电表损坏,应确保电路的电源已关闭,并将所有电容器放电。

(1) 将旋转开关转至"→⊢Ω"。

(2) 按黄色功能按钮一次,启动二极管测试。

(3) 将红色测试导线插入"VΩ℃ →⊢ ⊣⊢"端子,并将黑色测试导线插入"COM"端子。

(4) 将红色探针接到待测的二极管的阳极而黑色探针接到阴极。

(5) 阅读显示屏上的正向偏压值。

(6) 若测试导线的电极与二极管的电极反接,则显示屏读数会是"OL"。由此可以区分二极管的阳极和阴极。

F6.2.8　测量电容

为避免损坏电表,在测量电容前,应断开电路电源并将所有高压电容器放电。

(1) 将旋转开关转至"⊣⊢"。

(2) 将红色测试导线插入"VΩ℃ →⊢ ⊣⊢"端子,黑色测试导线插入"COM"端子。

(3) 将探针接触电容器导线。

(4) 待读数稳定后(长达 15s),阅读显示屏上的电容值。

F6.2.9　测量温度

(1) 将旋转开关转至"℃"。

(2) 将热电偶插入电表的"VΩ℃ →⊢ ⊣⊢"和"COM"端子,确保带有"+"符号的热电偶插头插入电表上的"VΩ℃ →⊢ ⊣⊢"端子。

(3) 阅读显示屏上的温度值,显示为摄氏温度。

F6.2.10　测量频率和负载循环

FLUKE 17B 型万用表在进行交流电压或交流电流测量时可以测量频率或负载循环。按下[Hz%]按钮即将电表切换为手动选择量程模式。在测量频率或负载循环之前需选择合适的量程。

(1) 将电表选中想要的功能(交流电压或交流电流),按下[Hz%]按钮。

(2) 阅读显示屏上的交流电信号频率。

(3) 要进行负载循环测量,再按一次[Hz%]按钮。

(4) 阅读显示屏上的负载循环百分数。

附录 7　LPS202 直流稳压稳流电源使用说明

LPS202 电源是一种多功能直流稳压稳流电源,由两路相同且独立的直流稳压稳流电源组成。使用时不需要外部接线,控制前面板设置的开关可自动实现串、并联跟踪。电源工作在独立状态时,两路电源独立。而选择在跟踪状态时,主通道与从通道自动连接成串联跟踪方式或并联跟踪方式。当选择串联跟踪时,从通道输出电压等量跟踪主通道,两路串联输出电压扩展 2 倍;当选择并联跟踪时,两路并联主通道输出电流扩展 2 倍。

F7.1　电源面板各部件功能

　　LPS202 直流稳压稳流电源前面板如图 F7.1 所示。电源前面板右侧部分为主通道(MASTER)控制装置,左侧部分为从通道(SLAVE)控制部分。主、从通道的调节旋钮、输出端子、显示器等分别标有"MASTER"或"SLAVE"。面板右下角的按钮开关 POWER 是电源开关。该开关置"ON"时,主、从通道电源开通并有电压输出;该开关置"OFF"时,主、从通道电源关断。

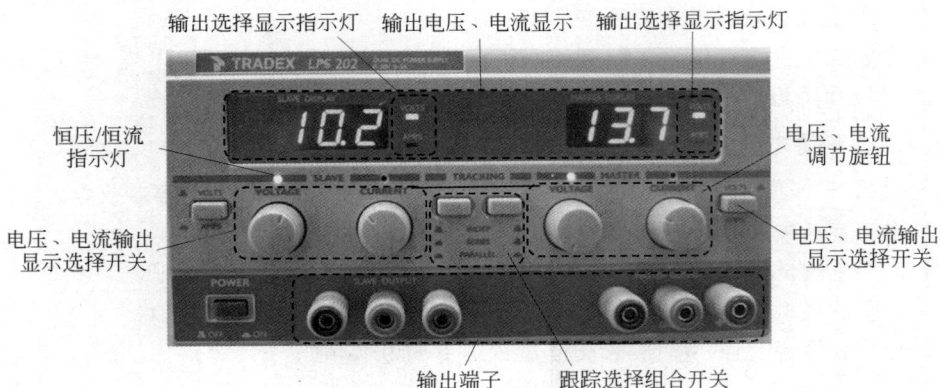

图 F7.1　LPS202 型直流稳压稳流电源前面板图

　　面板下部左右各有 3 个输出端子,分别是从通道和主通道的输出端子,其中红色(标有"+")的端子是电压正极输出,黑色(标有"—")的端子是电压负极输出,中间的输出端子(标有"GND")是接地端子,此端子在机内与电源输入插座(GND)及机箱连接。

　　面板中部有 2 组共 4 个旋钮,分别是两个通道的电压(VOLTAGE)、电流(CURRENT)调节旋钮,用于设置或调节主、从通道的输出电压和输出电流。两个通道的电压、电流调节旋钮上面各有一个指示灯,如图 F7.1 中的恒压/恒流指示灯所示,用来显示此通道处于恒压状态(CV)或者恒流状态(CC)。当电压旋钮上面的灯亮时,此通道处于恒压输出状态;当电流旋钮上面的灯亮时,此通道处于恒流输出状态。

　　面板的上部是两个数字显示表,分别显示两个通道的输出电压或输出电流。两个通道的显示输出是复用的,用电压、电流输出显示选择开关来选择。此开关处于弹起位置时,数字表显示输出电压;此开关处于按下位置时,数字表显示输出电流。两个数字显示表的右侧分别有两个输出选择显示指示灯:"VOLTS"灯亮时,显示的数字是输出电压;"AMPS"灯亮时,显示的数字是输出电流。

　　面板正中有两个跟踪选择组合开关(TRACKING)。当两个开关都处于弹起位置时,主、从通道独立工作;若左侧开关处于按下位置,且右侧开关处于弹起位置,主、从通道串联跟踪工作;当两个开关都处于按下位置时,主、从通道并联跟踪工作。

F7.2　独立输出、串联跟踪、并联跟踪使用方法

　　LSP202 作为稳压源使用时,电流调节旋钮可预置最大输出电流,从而起到电流保护作用。LSP202 作为稳流源使用时,电压调节旋钮可预置最大开路电压,从而起到电压保护作用。

F7.2.1　独立输出使用

可任意使用主、从通道,并可同时使用。根据使用情况主、从通道可分别选择对地输出正电压(负端接地)、对地输出负电压(正端接地)、对地浮动(正负端均不接地)。使用前需确认组合开关 TRACKING 处于独立工作状态,预置稳定电流、稳定电压后电源可以连接负载使用。操作步骤如下:

(1)确认独立工作设置:将电源开关置"OFF",电源关断。确认 TRACKING 组合开关处于独立工作位置"INDEP",即 TRACKING 左、右两个开关处于弹起位置。

(2)预置稳定电流:逆时针调节主通道 VOLTAGE、CURRENT 旋钮至最小,使用截面面积大于 $2\,\mathrm{mm}^2$ 的导线将主通道输出端子短路,确认主通道 VOLTS/AMPS 开关处于按下位置。将电源开关置"ON",电源自动进入独立工作状态。顺时针微调主通道 VOLTAGE 旋钮,主通道稳流指示灯亮,顺时针调节主通道 CURRENT 旋钮使主通道输出电流达到预定值。将电源开关置"OFF",取下短接线。

(3)预置稳定电压:确认主通道 VOLTS/AMPS 开关处于弹起位置。将电源开关置"ON",电源自动进入独立工作状态,调节主通道 VOLTAGE 旋钮使主通道输出电压达到预定值。

F7.2.2　串联跟踪使用

根据使用情况可选择对地输出正电压(从通道负端接地)、对地输出负电压(主通道正端接地)、对地输出正负电压(中点接地,主通道负端接地)、对地浮动(主、从通道正负端均不接地)。处于串联跟踪状态时,从通道输出电压等量跟踪主通道。主通道正极与从通道负极之间可输出 $0\sim60\mathrm{V}$ 电压,输出电压为主通道电压显示值与从通道电压显示值之和。当主通道负极为中点时,从通道负极、中点与主通道正极之间可输出 $-30\mathrm{V}\sim0\mathrm{V}\sim30\mathrm{V}$ 的正负跟踪电压。顺时针调节从通道 CURRENT 旋钮至最大。确认组合开关 TRACKING 处于串联跟踪,经过预置稳定电流、稳定电压的电源可连接负载使用。具体操作步骤如下:

(1)确认串联跟踪工作设置:将电源开关置"OFF",电源关断。确认 TRACKING 组合开关处于 SERIES 位置,即 TRACKING 左开关处于按下位置,右开关处于弹起位置。确认从通道 CURRENT 旋钮处于最大。

(2)预置稳定电流:逆时针调节主通道 VOLTAGE、CURRENT 旋钮至最小,使用截面面积大于 $2\,\mathrm{mm}^2$ 的导线将主通道输出端子短路,确认主通道 VOLTS/AMPS 开关处于按下位置。将电源开关置"ON",电源自动进入主、从通道串联跟踪状态,顺时针微调主通道 VOLTAGE 旋钮,此时主通道稳流指示灯亮,顺时针调节主通道 CURRENT 旋钮使输出电流达到预定值。将电源开关置"OFF",取下短接线。

(3)预置稳定电压:确认主、从通道 VOLTS/AMPS 开关处于弹起位置。将电源开关置"ON",电源自动进入主、从通道串联跟踪状态,调节主通道 VOLTAGE 旋钮使输出电压达到预定值。输出电压为主通道电压显示值与从通道电压显示值之和。

F7.2.3　并联跟踪使用

使用主通道输出端子。根据使用情况可选择对地输出正电压(主通道负端接地)、对地输出负电压(主通道正端接地)、对地浮动(主、从通道正负端均不接地)。主通道输出电流扩展 2 倍,输出电流为主通道电流显示值与从通道电流显示值之和。顺时针调节从通道

CURRENT 旋钮至最大。经确认组合开关 TRACKING 处于并联跟踪状态,经过预置稳定电流/稳定电压的电源可以连接负载使用。

(1) 确认并联跟踪工作设置:将电源开关置"OFF",确认组合开关 TRACKING 处于 PARALLEL 位置,即 TRACKING 左、右两开关处于按下位置。确认从通道 CURRENT 旋钮处于最大。

(2) 预置稳定电流:逆时针调节主通道 VOLTAGE、CURRENT 旋钮至最小,使用截面面积大于 $2\mathrm{mm}^2$ 的导线将主通道输出端子短路,确认主、从通道 VOLTS/AMPS 开关处于按下位置。将电源开关置"ON",电源自动进入主、从通道并联跟踪状态,顺时针微调主通道 VOLTAGE 旋钮,此时主通道稳流指示灯亮,顺时针调节主通道 CURRENT 旋钮使输出电流达到预定值。输出电流为主通道电流显示值与从通道电流显示值之和。将电源开关置"OFF",取下短接线。

(3) 预置稳定电压:确认主通道 VOLTS/AMPS 开关处于弹起位置。将电源开关置"ON",电源自动进入主、从通道并联跟踪状态,调节主通道 VOLTAGE 旋钮可使输出电压达到预定值。